《“中国制造2025”出版工程》
编 委 会

国家出版基金项目
NATIONAL PUBLICATION FOUNDATION

"十三五"国家重点出版物
出版规划项目

"中国制造2025"
出版工程

图像处理并行算法与应用

何 川 胡昌华 著

化学工业出版社
·北 京·

图像去噪、去模糊、修补、超分辨率和压缩感知重建等图像反问题的求解在工程实践中有重要的应用价值，也是近些年来图像处理领域的前沿热点。本书着重对图像反问题病态性的数值分析和基于算子分裂的图像反问题求解方法进行了较系统的研究和介绍。全书共分6章，内容包括预备知识、图像反问题病态性数值分析及正则化方法、自适应正则化参数估计和基于算子分裂的图像反问题并行求解方法等。

本书中的研究方法虽以图像去噪、去模糊、修补和压缩感知重建等复原类问题为例，但也可推广至图像分割、高光谱分解、图像压缩等图像处理问题当中。

本书适于作为高等学校教师及研究生的参考教材，或供从事图像处理的科技工作者自学或进修选用。

图书在版编目（CIP）数据

图像处理并行算法与应用/何川，胡昌华著. —北京：化学工业出版社，2018.3（2019.11 重印）

“中国制造 2025”出版工程

ISBN 978-7-122-31507-6

Ⅰ.①图…　Ⅱ.①何…②胡…　Ⅲ.①图象处理-并行算法　Ⅳ.①TN911.73

中国版本图书馆 CIP 数据核字（2018）第 025841 号

责任编辑：宋　辉　　文字编辑：陈　喆
责任校对：王素芹　　装帧设计：尹琳琳

出版发行：化学工业出版社（北京市东城区青年湖南街 13 号　邮政编码 100011）
印　　装：三河市延风印装有限公司
710mm×1000mm　1/16　印张 12¾　字数 234 千字　2019 年 11 月北京第 1 版第 2 次印刷

购书咨询：010-64518888　　售后服务：010-64518899
网　　址：http://www.cip.com.cn
凡购买本书，如有缺损质量问题，本社销售中心负责调换。

定　　价：58.00 元

序

制造业是国民经济的主体，是立国之本、兴国之器、强国之基。近十年来，我国制造业持续快速发展，综合实力不断增强，国际地位得到大幅提升，已成为世界制造业规模最大的国家。但我国仍处于工业化进程中，大而不强的问题突出，与先进国家相比还有较大差距。为解决制造业大而不强、自主创新能力弱、关键核心技术与高端装备对外依存度高等制约我国发展的问题，国务院于 2015 年 5 月 8 日发布了“中国制造 2025”国家规划。随后，工信部发布了“中国制造 2025”规划，提出了我国制造业“三步走”的强国发展战略及 2025 年的奋斗目标、指导方针和战略路线，制定了九大战略任务、十大重点发展领域。2016 年 8 月 19 日，工信部、发展改革委、科技部、财政部四部委联合发布了“中国制造 2025”制造业创新中心、工业强基、绿色制造、智能制造和高端装备创新五大工程实施指南。

为了响应党中央、国务院做出的建设制造强国的重大战略部署，各地政府、企业、科研部门都在进行积极的探索和部署。加快推动新一代信息技术与制造技术融合发展，推动我国制造模式从“中国制造”向“中国智造”转变，加快实现我国制造业由大变强，正成为我们新的历史使命。当前，信息革命进程持续快速演进，物联网、云计算、大数据、人工智能等技术广泛渗透于经济社会各个领域，信息经济繁荣程度成为国家实力的重要标志。增材制造（3D 打印）、机器人与智能制造、控制和信息技术、人工智能等领域技术不断取得重大突破，推动传统工业体系分化变革，并将重塑制造业国际分工格局。制造技术与互联网等信息技术融合发展，成为新一轮科技革命和产业变革的重大趋势和主要特征。在这种中国制造业大发展、大变革背景之下，化学工业出版社主动顺应技术和产业发展趋势，组织出版《“中国制造 2025”出版工程》丛书可谓勇于引领、恰逢其时。

《“中国制造 2025”出版工程》丛书是紧紧围绕国务院发布的实施制造强国战略的第一个十年的行动纲领——“中国制造 2025”的一套高水平、原创性强的学术专著。丛书立足智能制造及装备、控制及信息技术两大领域，涵盖了物联网、大数据、3D打印、机器人、智能装备、工业网络安全、知识自动化、人工智能等一系列的核心技术。丛书的选题策划紧密结合“中国制造2025”规划及11个配套实施指南、行动计划或专项规划，每个分册针对各个领域的一些核心技术组织内容，集中体现了国内制造业领域的技术发展成果，旨在加强先进技术的研发、推广和应用，为“中国制造2025”行动纲领的落地生根提供了有针对性的方向引导和系统性的技术参考。

这套书集中体现以下几大特点：

首先，丛书内容都力求原创，以网络化、智能化技术为核心，汇集了许多前沿科技，反映了国内外最新的一些技术成果，尤其国内的相关原创性科技成果得到了体现。这些图书中，包含了获得国家与省部级诸多科技奖励的许多新技术，图书的出版对新技术的推广应用很有帮助！这些内容不仅为技术人员解决实际问题，也为研究提供新方向、拓展新思路。

其次，丛书各分册在介绍相应专业领域的新技术、新理论和新方法的同时，优先介绍有应用前景的新技术及其推广应用的范例，以促进优秀科研成果向产业的转化。

丛书由我国控制工程专家孙优贤院士牵头并担任编委会主任，吴澄、王天然、郑南宁等多位院士参与策划组织工作，众多长江学者、杰青、优青等中青年学者参与具体的编写工作，具有较高的学术水平与编写质量。

相信本套丛书的出版对推动“中国制造2025”国家重要战略规划的实施具有积极的意义，可以有效促进我国智能制造技术的研发和创新，推动装备制造业的技术转型和升级，提高产品的设计能力和技术水平，从而多角度地提升中国制造业的核心竞争力。

中国工程院院士 潘垔鹍

前言

由于设备、环境和人为因素的影响，图像在采集、转化和传输的过程中会不可避免地产生退化现象，而显著的图像退化会严重影响图像的后续应用。要改善图像质量，就需要对退化图像进行复原。图像压缩感知实现了图像低速采样和压缩过程的同步进行，在特定条件下，由采样数据可以精确重建原始图像。若将退化图像或压缩采样数据的获取视为正问题，则图像复原问题，如图像去噪、去模糊、修补、超分辨率和压缩感知重建等，同属一类图像反问题，即它们均需从已退化的结果或是不完全的观测中，尽可能准确地恢复出原始信号。该类问题既有重要的理论研究价值，又有广泛的工程应用背景。求解这类反问题所面临的最大挑战是退化过程的高度病态性——其逆运算对噪声高度敏感，甚至逆运算并不存在。

成功进行图像复原的关键在于：构建合理反映图像先验信息的正则化模型，并设计准确、简洁、快速的模型求解算法。近些年信号处理领域兴起的算子分裂方法，可以将一个非光滑图像复原优化问题分解为多个易于求解的子问题加以解决。与此同时，图像大数据时代的到来，对图像复原的质量和效率，都提出了更高要求。发展一类自动化程度高、适用于大规模分布式计算的并行算子分裂方法，成为大数据时代图像复原领域亟待解决的基础问题。

本书总结了笔者近些年在图像复原领域的部分研究工作，重点论述了图像复原中的自适应正则化参数估计、复合正则化策略和目标函数并行求解等若干问题。书中所研究方法虽以图像去噪、去模糊、修补和压缩感知重建等复原类问题为例，但也可方便地推广至图像分割、高光谱分解、图像压缩等图像处理问题当中。

全书共分为 6 章，其主要内容可概括如下。

第 1 章为绪论，简述了图像退化机制和退化建模方法，详细论述了用于图像复原的正则化方法和非线性目标函数求解算法的研究现状和发展趋势。第 2 章阐述了卷积、离散 Fourier 变换、Hilbert 空间中的不动点理论等基础理论。第 3 章以图像去模糊为例，从特征值分析和图像逆滤波的角度揭示了图像退化的病态性根源和影响因素，论证了图像复原正则化的必要性，以及广义全变差和剪切波正则化在保持图像细节方面的有效性。第 4 章研究了图像复原目标函数中平衡先验正则项和观测数据保真项的正则化参数的自适应估计问题，提出了一种可同时估计正则化参数和复原图像的快速算法，正则化参数的自适应估计是图像复原自动实现的重要基础。实验结果表明，相比于已有的一些著名算法，所提算法结构简洁，参数估计更准确，收敛速率更快。第 5 章研究提出了一种求解复合正则化图像复原问题的并行交替方向乘子法，证明了其收敛性，并建立了其至差 O(1/k)收敛速率。单一类型的正则化易使图像复原结果偏重某一性质而抑制其他性质，而融合多种图像先验模型的复合正则化则导致目标函数难以求解。实验表明，所提方法为复合正则化图像复原问题的解决提供了可行途径，且其适用于分布式计算。作为反问题的图像复原算法大多涉及算子求逆问题，在处理多通道（如多光谱）图像时，其执行效率较低，会显著影响算法的计算效率。第 6 章针对图像复原方法中算子求逆环节的消除问题，研究提出了一种并行原始-对偶分裂方法，证明了其收敛性，给出了其收敛条件，并建立了其 o(1/k)收敛速率；证明了该算法对于并行线性交替乘子法的包含性，并将其推广应用到了带有 Lipschitz 连续梯度项的优化问题中。实验表明，相比于并行交替方向乘子法，该方法在附加收敛条件下，单步执行效率更高，更适用于多通道图像的处理。文中涉及的算法程序可在 research gate 平台上下载。

在开展相关研究工作和撰写本书的过程中，笔者有幸得到西安电子科技大学焦李成教授、中科院自动化所模式识别国家重点实验室的胡卫明研究员、中科院西安光学精密机械研究所的李学龙副所长、华中科技大学桑农教授、火箭军工程大学的孔祥玉副教授、司小胜副教授、一系李刚主任等许多专家和领导的指导、支持与帮助，在此表示诚挚的谢意。

衷心感谢国家杰出青年科学基金项目（61025014）、国家自然科学基金项目（61773389）、国家自然科学基金青年项目（61203189）等课题的支持。感谢化学工业出版社的支持和帮助！

笔者感谢相关审稿专家对书稿修改提出的宝贵、中肯的建议。

限于笔者水平，书中不足之处在所难免，敬请读者批评指正。

著　者

目录

第1章

绪论

1.1 图像复原的意义

自 20 世纪末，伴随计算机技术的突飞猛进和离散数学理论的不断完善，数字图像处理技术取得了飞速发展，并在各个领域得到了广泛应用。在军事领域，数字成像技术和图像处理技术为目标侦测、武器制导和打击评估等军事任务提供了不可或缺的技术手段。历次高科技战争中，可见光、红外和合成孔径雷达等成像技术无不贯穿始末，其应用极大地提高了军事装备的信息化水平，从根本上颠覆了传统的作战样式和理念。可以说，现代“信息战”已深深烙上了数字图像处理技术的印记。在民用领域，图像处理技术更是渗透到天文观测、地球遥感、生物医学、社交通信、电影制作和视频监控等人类社会的方方面面。

当今社会，人类已步入图像大数据时代，图像（视频）为人们提供了无数资源信息。然而，在图像的采集、转换和传输过程中，由于人为操作、成像系统缺陷和外部环境不确定因素的影响，不可避免地会产生许多图像退化（image degradation）现象[1]。某些退化情况是人为设定的，如图像压缩（compression）可以大幅度减少图像数据的存储空间和传输时间；图像压缩感知[2]（compressed sensing，CS）可以放宽图像采样条件并大幅降低海量数据的存储、传输和处理成本。更多类型的退化则是人们所不愿看到的，如由噪声和模糊（blurring）所引起的图像退化。图像退化会带来分辨率的下降，进而严重影响后序的分析判读、特征提取和模式识别等处理工作。例如，在红外制导的超声速巡航武器中，光学导引头与大气之间剧烈作用所产生的复杂湍流流场和气体密度变化，会对光学成像系统造成热辐射干扰和图像传输干扰，导致成像图像产生像素偏移和模糊等气动光学退化效应，进而严重影响导引头探测、识别和跟踪目标的能力，降低武器命中精度。

为获得更加真实可靠的信息，在对图像进行高级处理之前，需要对其进行畸变校正、去噪、去模糊（deblurring）、修补（inpainting）、超分辨率（super resolution）重建和压缩感知重建等操作。图像复原（image restoration）技术是抑制噪声、消除模糊、提升图像分辨率和重建图像的有效途径，作为图像处理最基本的研究课题之一，历来受到计算机视觉、信号处理和应用数学等领域研究学者的广泛关注。图像复原可以从两个方面实现，一种是采用硬件技术，如采用更高质量的成像设备，该种途径的优点是快速有效，但其成本高昂，且灵活性不足，往往仅在特定场合下应用；另一种是通过软件的方法，即通过算法实现退化图像的分辨率提升或是图像的重建，该方法成本低廉，方便灵活，自提出后便具有很强的生命力。

图像退化通常意味着某些重要元素的丢失，或是观测数据相对于原始数据维数的压缩，故作为其逆运算的图像复原往往是病态的反问题（Ill-Posed Inverse Problem）。反问题的病态性表现为解不连续地依赖于观测数据，换句话说，即便是退化机制完全已知，观测数据中的轻微噪声和计算过程中的微小扰动都会导致解的很大变动。求解病态问题的关键在于正则化[3]，即利用关于解的先验信息构造附加约束，从而将病态问题转换为具有稳定解的适定问题加以求解[4]。

图像复原的基本实现途径是构造目标函数（当图像函数连续时，应理解为目标泛函）并使其最小化，在这一过程中衍生出了两个图像复原领域的热点问题：

（1）图像正则化模型的构造

反问题研究的先驱者 Tikhonov 于 1963 年提出了正则化（regularization）思想，并随后提出了经典的基于 l_2 范数的 Tikhonov 正则化模型[3]。过强的 Tikhonov 正则化将解限制为平滑解，而在图像信号的复原中通常并不希望得到过平滑的解。图像中的边缘和纹理构成了重要的细节特征，而图像正则化的难点在于如何在噪声抑制和细节保存之间取得平衡。图像细节和高频噪声在频域上是混叠的，过强的正则化在去噪的同时也会抑制图像中的细节信息。后续的正则化方法无不采用融入图像先验模型的方式，来实现保存图像细节的目的。因此，构造能更好地保存图像细节信息的正则化模型成为当前图像反问题领域的研究热点之一。

（2）非线性正则化函数的求解

传统的 Tikhonov 正则化方法的一大优势是可以通过线性滤波得到封闭解（解析解），但这种解被证明是过平滑的。此后的保持边缘的图像复原方法则更多地采用了非线性正则化模型，如全变差（total variation）模型和小波（wavelete）模型。然而，非线性正则化函数很难求得封闭解甚至并不存在封闭解，并且，非线性正则化模型在改善结果的同时，引入了非线性性、非光滑性、甚至是非凸性等一系列问题。这些问题连同图像数据本身的高维性和退化过程建模算子的非稀疏性，使得非线性正则化函数的迭代求解成为一个极富挑战性的工作。深入挖掘正则化函数的结构特点，构建准确、简洁、快速、并行的函数求解算法成为应用数学、计算机视觉和信号处理等多个研究领域关注的焦点。

图像复原问题是一类有着重要理论意义和广泛工程应用背景的科学问题，解决这类问题的关键在于：构建合理反映图像先验模型的正则化函数，设计准确、简洁、快速、并行的函数求解算法。算子分裂[5]是近些年发展起来的用于精确求解非线性函数的有效方法，利用算子分裂理论可以导出利于分布式计算的高效算法，它为大数据时代图像复原问题的解决提供了更好的解决思路。课题着眼于图像复原问题的准确快速解决，对图像复合正则化模型的构建、算子分裂方法的并行实现及其在图像复原反问题中的应用进行了系统深入的研究。

1.2 图像复原正则化方法

近十年，有关图像复原的学术研究发展迅速，呈现出百花齐放、百家争鸣的良好局面。美国的加州大学洛杉矶分校[6-8]、莱斯大学[14]、西北大学[9-13]、葡萄牙里斯本工业大学[15]、法国国家科学研究院[16]、新加坡国立大学[17]等相关科研院所均开展了各具特色、富有成效的研究工作。IEEE Computer Society、IEEE Signal Processing Society、Society for Industrial and Applied Mathematics以及其他相关学术组织每年定期召开的图像视频领域的学术会议，都会专题讨论图像复原技术的研究进展，极力推动该领域向前发展。《IEEE Transactions on Pattern Analysis and Machine Intelligence》《International Journal of Computer Vision》《IEEE Transactions on Imaging Processing》和《SIAM Journal on Imaging Sciences》等国际知名期刊每年都会刊载大量有关图像复原基本原理和算法实现的学术论文，探讨其关键技术、具体应用和发展趋势。

在国内，有关图像复原的研究工作发展迅猛，中科院[18,19]、清华大学[20]、北京大学[21]、浙江大学[22]、国防科技大学[23]、南京大学[24]、西安电子科技大学[25-27]、香港中文大学[28-30]等科研院所都积极开展了图像复原方面的研究工作。

1.2.1 图像的退化机制和退化建模

图像模糊是最为典型的一类图像退化现象，故以图像模糊为例说明图像的退化机制和建模过程。造成图像模糊的因素是多方面的，成像系统不完善、对焦不准确、成像设备与场景的相对运动以及大气扰动等，都可能导致图像的模糊，而各种噪声的干扰更是不可避免。图像模糊会造成图像分辨率的显著下降，此时，图像上的每个点都是成像场景中若干个点混合叠加的结果，该过程可以用二维卷积来描述：

$$f(x,y)=S\left(\iint_{\Omega}k(x,y;a,b)u(a,b)\mathrm{d}a\,\mathrm{d}b\right)+n(x,y) \qquad (1\text{-}1)$$

其中 Ω 是二维平面上的有界区域；（x，y）和（a，b）分别表示像平面和物平面上点的坐标；点扩散函数（point spread function，PSF）k（x，y；a，b）表征成像过程中的点扩散性质，又被称为模糊核（blur kernel）或模糊函数；S 为一逐点非线性运算；n（x，y）为观测过程中的加性噪声。PSFk（x，y；a，b）一般与成像场景中点的空间位置有关，即它是空间变化的，但对于一大类图像退化过程，可以认为它是空间不变的。成像过程的非线性影响通常可以忽略，这是因为在视觉上，相比于缓慢变化的灰度强度，人眼对边缘等突变信息更为敏感，而多数情况下，成像过程中的非线性因素并不会显著破坏图像的边缘信息。忽略式(1-1) 中的非线性因素和突变因素，可以得到图 1-1 所示的更为常用的线性移不变退化模型：

$$f(x,y)=\iint_{\Omega}k(x-a;y-b)u(a,b)\mathrm{d}a\,\mathrm{d}b+n(x,y) \qquad (1\text{-}2)$$

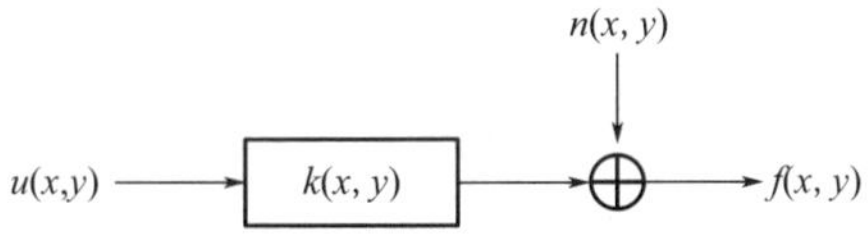

图 1-1　图像的线性移不变退化模型

常见的模糊函数类型[31] 有线性运动模糊函数、离焦模糊函数和 Gauss 模糊函数等，常见的噪声类型[31] 包括 Gauss 噪声、Poisson 噪声、脉冲（椒盐）噪声和乘性 gamma 噪声等。图像复原的任务是由受噪声沾染的观测图像 f(a，b）出发，求得关于原始场景的一个估计。如果成像系统的 PSF 已知，则图像复原为常规反卷积问题，反之，则是一个盲反卷积（blind deconvolution）问题。

直观上看，反卷积可以通过逆滤波来实现。假设加性噪声为 gauss 白噪声，则逆滤波的表现形式为：

$$U(\mu,\nu)=F(\mu,\nu)/K(\mu,\nu) \qquad (1\text{-}3)$$

其最小二乘意义下的频域表现形式为：

$$U(\mu,\nu)=\frac{K^*(\mu,\nu)F(\mu,\nu)}{|K(\mu,\nu)|^2} \tag{1-4}$$

其中$U(\mu, \nu)$、$K(\mu, \nu)$分别为$u(x, y)$和$k(x, y)$的二维Fourier变换，$K^*(\mu, \nu)$为$K(\mu, \nu)$的共轭。然而，由于与$K(\mu, \nu)$有关的线性卷积算子的特征值趋于零（文献［32］从紧自共轭算子的角度对其进行了深入分析），即便是在最小二乘意义下，逆滤波仍对高频噪声具有放大作用，这使得其结果无法使用。

实际应用中，等式(1-2)可以离散化为：

$$\boldsymbol{f}=\boldsymbol{K}\boldsymbol{u}+\boldsymbol{n} \tag{1-5}$$

其中$\boldsymbol{u}$，$\boldsymbol{f}\in\mathbb{R}^{mn}$分别表示原始图像和观测图像，尺寸均为$m\times n$；$\boldsymbol{K}$为模糊（卷积）矩阵，关于其构造方法，论文第二章有详细阐述；$\boldsymbol{n}\in\mathbb{R}^{mn}$为加性噪声。在本文中，图像均通过辞书排列法写为向量形式，由此，$m\times n$图像矩阵的第（i，j）个元素即为图像向量的第（$(i-1)n$，j）个元素。在公式(1-5)中，若$\boldsymbol{K}$为已知，则相应的反问题为常规反卷积问题，若$\boldsymbol{K}$为未知，则相应的反问题为盲反卷积问题。

当$\boldsymbol{K}$改变形式时，公式(1-5)也可以用来建模其他的图像退化过程。例如若$\boldsymbol{K}=\boldsymbol{P}$，其中当$\boldsymbol{P}$为选择矩阵时，即$\boldsymbol{P}$为元素仅取0或1的对角阵，则公式(1-5)可以描述图像数据的丢失情况，其对应的反问题为图像修补（inpainting）。若$\boldsymbol{K}=\boldsymbol{P}\boldsymbol{F}$，其中$\boldsymbol{P}$为选择矩阵而$\boldsymbol{F}$为Fourier变换矩阵，则公式(1-5)可以用来建模核磁共振成像（magnetic resonance imaging，MRI）过程，其对应的反问题为MRI重建问题，MRI重建是一个典型的压缩感知应用实例。

求解病态的图像复原问题的关键是对其进行正则化，即将关于原始图像的一些先验知识融入图像反问题的求解过程中，并以此抑制噪声，获得具有一定正则性（平滑性）的解。事实上，图像的先验知识即为图像的先验模型，然而，因为图像性质的不同和用途的不同，关于图像模型在学术界并没有一致的结论。Galatsanos和Katsaggelos在文献［33］中采用均方误差（mean square error，MSE）分析的方法证明了正则化能够有效改善图像复原的结果。带有正则化的图像复原问题通常会涉及如下形式的函数（离散情况）或泛函（连续情况）最小化问题：

$$\min_{\boldsymbol{u}} J(\boldsymbol{u}) \quad \text{s.t.} \quad D(\boldsymbol{K}\boldsymbol{u},\boldsymbol{f})\leqslant c \tag{1-6}$$

根据Lagrange原理，其等价的无约束形式为：

$$\min_{\boldsymbol{u}} J(\boldsymbol{u})+\lambda D(\boldsymbol{K}\boldsymbol{u},\boldsymbol{f}) \tag{1-7}$$

其中$D(\boldsymbol{K}\boldsymbol{u}, \boldsymbol{f})$是体现观测数据准确性的保真项，其具体形式取决

于观测图像的噪声类型，显然，若无噪声则应有约束 $\boldsymbol{Ku}=\boldsymbol{f}$；$J(\boldsymbol{u})$ 是融入图像先验知识的正则项，它起到噪声抑制、结果平滑和数值稳定的作用；上界 c 为取决于噪声水平的常数；λ 为正则化参数（regularization paramter），它起到平衡正则项与保真项的关键作用。仅当 λ 取最优值时，解才是最优的。若 λ 取值过大，则图像中的噪声无法被有效抑制；相反，若 λ 取值过小，则最终结果无法充分体现观测数据中的有效信息。相对于无约束优化问题式(1-7)，约束优化问题式(1-6) 更难求解，因此，当前大多数文献都将式(1-7) 作为优化目标。

当前，图像处理领域多采用基于变分偏微分方程、小波框架理论、稀疏性理论以及随机场理论的图像模型，它们都有着各自的优缺点和适用场合。下面，对基于这几种模型的正则化方法分别加以论述。

1.2.2 基于变分偏微分方程的正则化方法

基于变分原理的正则化方法建立在经典的泛函理论和变分法的基础上，在该类方法中，图像被视为确定的二维或多维函数。早期的这类图像正则化多基于 Tikhonov 正则化理论，在该理论中，Tikhonov 建议将反卷积的解限制于 Sobolev 空间 H^n 或 $W^{(n,2)}$，在该空间中，函数本身及其直到 n 阶导数或偏导数被认为是属于 L_2（即平方可积）的。依照该理论，在图像复原时，图像的某些偏导数（从 0 直到 l 阶）平方的线性组合被用作正则化泛函 $J(u)$，它具有如下形式：

$$J(u)=\iint_{\Omega}\sum_{r=0}^{l}q_r\left[\left(\frac{\partial^r u}{\partial x^r}\right)^2+\left(\frac{\partial^r u}{\partial y^r}\right)^2\right]\mathrm{d}x\,\mathrm{d}y \tag{1-8}$$

其中权值 q_r 为给定的非负常值或连续函数。经典的 Wiener 滤波和约束最小二乘滤波可以看作是 Tikhonov 正则化方法的两个特例。尽管 Tikhonov 正则化可以使得图像复原问题适定（解连续的依赖于观测），但其过强的平滑性（正则性）同样会使图像的边缘等细节信息受到损失。相比于图像等二维或高维信号，Tikhonov 正则化理论更适用于一维信号。

针对 Tikhonov 正则化的不足，非二次的正则化泛函被引入图像复原中，主要有 Green 方法[34]、Besag 方法[35] 以及 Geman 和 Yang 的半二次正则化方法[36] 等。但这类正则化方法具有较强的非线性甚至是非凸的，求解起来比 Tikhonov 正则化方法要复杂得多，其实际应用受到很大限制。

1992 年 Rudin 等提出了经典的全变差（total variation，TV）模型[6]（有些文献也称之为 ROF 模型），引起了学术界的极大轰动，该模型直至目前仍是最为流行的正则化模型之一，很多工作也致力于 TV

正则化性质的研究[37-40]。TV 范数所诱导的有界变差（bounded variation，BV）空间是比 Sobolev 空间更为广阔的一类空间。假设 Ω 为二维平面中的有界开集（通常被假定为 Lipschitz 域），且二维函数 $u(x, y) \in L_1(\Omega)$，则它的各向同性全变差被定义为：

$$\mathrm{TV}(u)=\iint_{\Omega} |\nabla u| \mathrm{d}x\mathrm{d}y, \qquad |\nabla u|=\sqrt{\left(\frac{\partial u}{\partial x}\right)^2+\left(\frac{\partial u}{\partial y}\right)^2} \tag{1-9}$$

若 $\mathrm{TV}(u)$ 是有界的，则称 u 为有界变差，记 $\mathrm{BV}(\Omega)$ 为 $L_1(\Omega)$ 中的有界变差函数空间。可以证明，$\mathrm{BV}(\Omega)$ 在 BV 范数

$$\|u\|_{\mathrm{BV}}=\iint_{\Omega} |u| \mathrm{d}x\mathrm{d}y+\mathrm{TV}(u) \tag{1-10}$$

下是完备的线性赋范空间，且该范数要强于 l_1 范数。基于 TV 的图像复原通常仅使用 $\mathrm{TV}(u)$ 而非 BV 范数作为正则项，$\mathrm{TV}(u)$ 在很多场合又被称为 TV 半范数或 TV 范数。

相比于 Tikhonov 正则化，TV 正则化有着良好的边缘保持能力，因此，其应用十分广泛。然而 TV 正则化在实现边缘保持的同时，也引入了两大难题。一方面，TV 范数在（0，0）处是不可微的，这使得传统的梯度法不能直接用来求解 TV 最小化泛函；另一方面，现已证明，TV 正则化仅在图像函数为分片常值时才是最优的，而自然图像大都难以满足这一苛刻条件，在信噪比较低的情况下，TV 正则化结果的阶梯效应（staircasing effects）会非常严重。阶梯效应使得图像的光滑区域趋于分片常值，伪边缘的引入会严重影响图像的视觉效果[37]。事实上，l_1 范数的最小化通常会导致解的稀疏性，且这种稀疏性有着十分广泛的应用（如压缩感知和非负矩阵分解），但在这里，它会使得图像的一阶偏导数趋于零。

针对 TV 正则化易导致阶梯效应的问题，学术界提出了许多基于高阶变分法的正则化方法[41-51]，这些方法通过引入图像函数的高阶微分实现了对阶梯效应的抑制。2010 年，Bredies 等[46] 提出了广义全变差（total generalized variation，TGV），对全变差的概念作了进一步的推广，文中还同时证明了 TGV 相比于 TV 的若干优良性质。与 TV 不同，TGV 引入了图像函数直到 n（n 为有限正整数）阶的高阶偏导数。Bredies 通过理论分析和仿真实验证明了 TGV 正则化能使图像在复原过程中趋向于分片 $n-1$ 阶的二元多项式函数，这使得 TV 模型的阶梯效应得到有效抑制。当然，对于任何引入高阶偏导数以消除或减轻阶梯效应的做法都是有代价的，这会使得最小化泛函的求解变得更为复杂。Hu 等[49,50] 近期提出了高阶全变差（higher degree total variation，HDTV）正则化模型，

采用了与 TGV 类似的思想，并取得了相近的效果。

基于偏微分方程（partial differential equation，PDE）的图像复原是基于变分法图像复原的一个自然推广，这源于泛函极值问题往往对应于偏微分方程的求解，而依据变分原理，很多偏微分方程也对应着某个最小化泛函[52]。自 20 世纪末以来，基于 PDE 的图像处理开始引起关注，并获得迅速发展。最初的研究基于各向同性扩散 PDE，但该方法易导致图像过平滑；此后，Perona 和 Malik 提出了经典的保持边缘的各向异性 P-M 扩散模型[53]，目前，该模型仍被很多文献所采用[54-56]；Weickert 研究了各向异性非线性扩散理论[57]，并基于算子分裂提出了半隐加性迭代算法，提高了 PDE 的求解效率。当前，PDE 作为一种有效工具已成功应用于图像滤波、平滑、复原和分割等领域。PDE 方法有着基础理论扎实、自适应性强、细节保持能力强和算法实现灵活等诸多优点[26,58]。当前，基于 PDE 的图像复原仍然存在诸多问题，如高阶 PDE 解的存在性和唯一性需要进一步的研究。正是因为 PDE 的优良特性以及很多尚未解决的关键问题，基于 PDE 的图像处理在未来很长一段时期内仍将是学术界的研究热点。

1.2.3 基于小波框架理论的正则化方法

能够高效地分辨不同的对象模式是图像和视觉分析的一般要求，小波[59] 及其相关技术恰好符合这一要求[37]。作为图像表示的重要手段，小波对图像信息的数学描述十分简洁，且小波存在快速变换，这使得小波框架理论在图像处理领域有着广阔的应用前景。

采用图像的小波框架表示来实现图像复原的正则化显然是可行的，大量的文献对这一课题进行了研究[60-70]。通常，基于小波框架的图像复原问题有三种形式的最小化函数，分别被称之为基于分析的方法、基于合成的方法和均衡正则化方法[67]。其中离散的基于均衡正则化的方法具有如下形式：

$$\min_{x}|\boldsymbol{x}|_1+\frac{\gamma}{2}\|(\boldsymbol{I}-\boldsymbol{W}^{\mathrm{T}}\boldsymbol{W})\boldsymbol{x}\|_2^2+\frac{\lambda}{2}\|\boldsymbol{KWx}-\boldsymbol{f}\|_2^2 \tag{1-11}$$

其中 $\boldsymbol{W}$ 为标准的紧框架，即 $\boldsymbol{WW}^{\mathrm{T}}=\boldsymbol{I}$；$\boldsymbol{u}=\boldsymbol{Wx}$ 表示图像的一个估计。之所以对系数 $\boldsymbol{x}$ 的 1 范数进行约束，是为了保证系数的稀疏性，这一稀疏性约束实际上是从 0 范数进行凸松弛而得到的。式(1-11) 中，若 $\gamma=0$，则称为基于合成的正则化方法；若 $\gamma=+\infty$，则意味着第二项必须为零才能使得最小化函数有意义，这表明对于某些 $\boldsymbol{u}$，$\boldsymbol{x}=\boldsymbol{W}^{\mathrm{T}}\boldsymbol{u}$ 是成立

的，则式(1-11)又可以写为：

$$\min_{x\in \mathrm{Range}(W^{\mathrm{T}})} |x|_1+\frac{\lambda}{2}\|KWx-f\|_2^2=\min_{u}|W^{\mathrm{T}}u|_1+\frac{\lambda}{2}\|Ku-f\|_2^2 \tag{1-12}$$

这就是所谓的基于分析的正则化方法。

必须指出的是，经典的小波理论应用于图像处理是有局限性的，这在图像细节信息丰富时尤为突出。尽管小波变换能最优地表征带有“点奇异”的函数类，但它却无法最优地逼近具有“线奇异”的高维数据。不同于一维信号的“点奇异”，自然图像通常具有“线奇异”，如图像中的边缘信息，且这种“线奇异”是后续图像处理中所必需的重要特征。传统小波在方向上的局限性与高维信号中“线奇异”多变的方向是不相符的。

经典小波对于二维或高维信号处理的局限性，推动了所谓“后小波”理论即多尺度几何分析的发展，包括脊波[71]（ridgelet）、曲线波[72]（curvelet）、梳状波[73]（brushlet）、子束波[74]（beamlet）、楔形波[75]（wedgelet）、轮廓波[76]（contourlet）、条带波[77]（bandelet）和剪切波[78-83]（shearlet）等，它们的方向性要比经典的二维小波强，因此能够更好地建模图像中的边缘和细节信息。有些分析如曲线波和剪切波存在着快速变换，这使得它们可以方便地应用于图像处理的各个环节。关于这些变换理论的性质和各自擅长处理的图像特征，文献［25］中有着详细的总结。近期，一些基于框架理论的图像复原文献采用了这些理论来对目标函数进行正则化[8,83]。

事实上，无论是变分思想的图像建模还是小波框架思想的图像建模，其基本依据都是经典的泛函分析，它们同属于确定性的图像建模方法，两者之间存在着内在的关联性。关于这种内在联系，文献［84］中有着详细的论述和证明。

1.2.4 基于图像稀疏表示的正则化方法

人眼可以通过图像的边缘和纹理等几何特征迅速地对其做出判读，这启示我们图像中真正有用的“特征”数据比原始数据要少得多。目前信号处理和机器学习领域非常热门的稀疏表示（sparse representation）[85,86]正是利用了数据的稀疏性。如果信号具有稀疏性，则它可通过某组过完备基或字典中的少数几个元素进行有效逼近。令 $W\in \mathbb{R}^{n_1\times n_2}$（$n_1<n_2$）为过完备字典，$y$ 为待表示的有用信号，称 x^* 是 y 在 W 下的最稀疏表征，则

应有：

$$\boldsymbol{x}^{*}=\underset{\boldsymbol{x}}{\operatorname{argmin}}\|\boldsymbol{x}\|_{0}, \quad \text{s. t.} \quad \boldsymbol{y}=\boldsymbol{W}\boldsymbol{x} \tag{1-13}$$

其中$\|\boldsymbol{x}\|_0$表示$\boldsymbol{x}$中非零元素的数目（通常会有$\|\boldsymbol{x}^*\|_0=m$）。

进行稀疏表示的过完备基可以是确定的，如前一小节中所述的小波框架（从这一角度讲，基于小波框架的图像正则化可以看作基于稀疏表示正则化的一个特例），也可以是通过机器学习得到的，如通常所讲的基于学习字典[87-89]的图像正则化。

在某些实际应用中，如视频处理，数据表示可能更适合采用矩阵甚至是张量。那么，是否可以通过度量矩阵或张量的稀疏性来实现正则化呢？最近机器学习领域极为火热的低秩分解[90-98]为矩阵正则化提供了好的思路。事实上，秩是矩阵数据稀疏性的一个自然度量[95]。近几年，基于低秩分解的正则化被广泛用于图像复原[96]、图像分割[97]和医学图像重建[98]等图像反问题中。以图像去噪为例，常用的低秩分解模型有两种[95,96]：鲁棒主元分析（roblust principle component analysis，RPCA）和 Go Decomposition（GoDec）。基于 RPCA 的稀疏大噪声去噪有最小化函数：

$$\min_{\boldsymbol{A},\boldsymbol{E}} \operatorname{rank}(\boldsymbol{A})+\lambda\|\boldsymbol{E}\|_{0}, \quad \text{s. t.} \quad \boldsymbol{D}=\boldsymbol{A}+\boldsymbol{E} \tag{1-14}$$

其中$\boldsymbol{D}$表示观测图像，$\boldsymbol{A}$表示待复原的低秩图像，$\boldsymbol{E}$则用来建模稀疏的大噪声。该模型较适合于非 Gauss 稀疏噪声条件下的图像复原。而对于稠密的 Gauss 噪声（即每个图像矩阵元素都可能是噪声）的去除，该模型变得不再适用。针对非稀疏噪声，GoDec 方法则通过增加一个代表噪声的分解项实现降噪，即假设$\boldsymbol{D}=\boldsymbol{A}+\boldsymbol{E}+\boldsymbol{G}$，其中$\boldsymbol{G}$代表非稀疏噪声。

上述低秩模型均含有零范数的极小化，这是一个典型的 NP 难优化问题。为简化计算，通常将目标函数松弛为某些凸函数。为尽可能地接近原问题的解，通常选取凸函数为目标函数的凸包络（convex envelope），即不超过目标函数的最大凸函数。现已证明，矩阵的核范数$\|g\|_*$，即奇异值之和，是秩函数在矩阵谱范数单位球上的凸包络；向量的 1 范数，即元素的绝对值之和，则是其 0 范数在∞范数单位球上的凸包络[95]。利用这两个结论进行凸松弛后，最小化函数（1-14）可写为：

$$\min_{\boldsymbol{A},\boldsymbol{E}} \|\boldsymbol{A}\|_{*}+\lambda\|\boldsymbol{E}\|_{1}, \quad \text{s. t.} \quad \boldsymbol{D}=\boldsymbol{A}+\boldsymbol{E} \tag{1-15}$$

该类型的最小化函数可以通过下述的一些算子分裂方法方便地进行求解。

1.2.5 基于随机场的正则化方法

图像细节信息和噪声的统计特性存在差异，尤其是图像的纹理细节，通常具有很强的关联性。因此，对于一幅被噪声沾染的图像，人眼仍可以大致地区分它们。将图像建模为随机场，则可以按照概率统计中的一般策略，如最大后验、极大似然或 Bayes 原理来对图像概率分布模型的统计参数进行估计。

Gauss 模型是最早用来建模图像的随机模型。事实上，这一模型并未区分开图像和噪声的统计特性，将它作为先验模型来使用，则图像复原的极大似然估计恰好为最小二乘逆滤波估计，显然，它无法有效抑制噪声[32]。

建立反映成像机制的图像模型更有助于图像复原、分割和识别等任务的完成，这也是图像建模的一个发展方向。更合理的图像概率分布模型应该根据研究对象的不同来建立。当某种粒子事件存在于成像过程中时，图像灰度值通常具有 Poisson 分布的性质，这时，图像常用 Poisson 随机场来建模（或将噪声视为 Poisson 模型）[99,100]，如医学 CT 图像等。

图像的 Markov 随机场（Markov random field，MRF）模型（与 Gibbs 随机场等价）[101,102] 是一种应用十分广泛的随机建模方法，它为图像估计提供了一个 Bayes 框架，由于可以细致地反映图像的局部（邻域）统计特性，该方法可用于点扩散函数空间变化或噪声非平稳的情况。

相比于确定性的建模方法，图像的随机场建模尤其是基于邻域的建模，是一种更为精细的建模方法，这种建模方法对于不同的图像类型具有更好的适应性，因而，基于随机场的建模在图像处理领域中有着广阔的应用前景。但同时，这种精细的建模方法又使得模型相比于确定性模型更为复杂，对求解算法和计算机性能都会有更高的要求，且模型的参数估计也成为新的问题。

应用最为广泛的 Markov 随机场是 Gauss-Markov 随机场，结合 Bayes 方法，该模型在盲图像复原[103] 以及高光谱图像的超分辨率重建[104] 方面取得了较好的效果，然而，很多情况下该模型中的 Gauss 假设会导致图像的过平滑。近些年一些文献采用 students-t 分布[105] 等非 Gauss 分布来描述图像的统计特性，但相对复杂的模型又使得贝叶斯估计的后验分布没有闭合形式的解，这使得传统的 EM 算法无法应用，造成了计算上的极大困难。

将图像的 MRF 模型与变分先验假设相结合的变分 Bayes 方法是图像

复原领域的一个较新的研究热点，Katsaggelos 团队在该框架下开展了众多图像常规复原和盲复原的研究[106-111]，并得出了较为满意的结果，在很大程度上克服了随机场建模过于精细、难于求解的问题，为基于随机场正则化的图像复原研究提供了很好的借鉴。

复合正则化是当前研究的一个热点，通过有机结合不同先验知识的优点，该策略可能得到效果更好的图像复原结果[112]。盲复原问题是更加病态的，按照是否预先估计模糊核，可将其分为两类，一类是预先估计模糊核，再采用常规方法复原原始图像[113]；另一类则同时估计模糊核和原始图像[103]。第二类的目标函数通常是非凸的，这种情况下则需要更多的图像先验知识来使问题变得可解，所涉及的函数极小化问题通常是复合正则化问题。

1.3 图像复原非线性迭代算法

基于逆滤波和 Tikhonov 正则化的图像复原方法是线性的，存在封闭解，然而，这两种方法均存在缺陷，逆滤波的解不稳定，而 Tikhonov 正则化方法的解又过于平滑。基于全变差或是高阶变分、小波框架理论、稀疏理论和随机场的非线性正则化复原方法更易得到良好的复原结果，然而这些方法往往并不存在封闭解，其求解需要借助数值迭代算法。事实上，迭代求解方式更利于将关于解的先验知识融入求解过程，也更有利于实现对复原过程的“监控”[114]。

尽管所采用的正则化方法不同，但当前图像复原的基本实现途径都是建立包含正则项和保真项的最小化函数，然后求取正则化函数的极小点，并以此作为图像复原的结果。目标函数的凸性对于求解过程的快速实现和解的稳定性都极为重要。若目标函数为非凸，则结果很难保证为目标函数的全局最优解。在以稀疏性为基础的正则化方法中，通常会将 NP 难的 l_0 优化问题凸松弛为 l_1 的凸优化问题，能够证明，在十分宽松的条件下，l_1 凸优化问题的解趋向于相应的 l_0 非凸优化问题的解[95]。因此，基于 l_1 范数的正则化在当前的图像反问题中应用最为广泛。

1.3.1 传统方法

TV 模型是最具代表性的 l_1 正则化子（regularizer），因此，以 TV 模型的求解为例说明图像反问题中非线性函数求解算法的发展历程。事实上，早期的一些方法通常是针对具体正则化模型专门设计的。

当噪声为 Gauss 白噪声时，基于 TV 的图像复原有以下目标函数：

$$\min_{\boldsymbol{u}} \|\nabla \boldsymbol{u}\|_1 + \frac{\lambda}{2}\|\boldsymbol{K}\boldsymbol{u} - \boldsymbol{f}\|_2^2 \tag{1-16}$$

其中∇为一阶差分算子，$\mathrm{TV}(\boldsymbol{u}) = \|\nabla \boldsymbol{u}\|_1$ 是 l_1 型的凸函数，因而上式为典型 $l_1 - l_2$ 最小化问题。由于 TV 范数的不可微性和非线性式(1-16) 的求解并非易事。尽管 TV 模型被引入图像处理已有超过二十年的历史，迄今，最小化函数式(1-16) 仍然是检验众多新算法的试金石。

最早用于求解 TV 去噪（$\boldsymbol{K}=\boldsymbol{I}$）的方法是 Rudin 等人提出的时间推进（time-marching）算法[6]，该方法将时间变量引入函数式(1-16) 的 Euler-Lagrange 方程，不仅速度缓慢，计算精度也不尽人意。随后，出现了求解 TV 去噪模型的滞后扩散不动点法[115]，一定程度上克服了时间推进方法的不足。该方法在处理 TV 的不可微点时需在方程分母上引入一个小的常数，这一策略在当前的一些文献之中依然可见[28]。2004 年 Chambolle[116] 基于 TV 模型的对偶模型提出了经典的对偶梯度下降法，并严格证明了算法的收敛性以及所需的收敛性条件。该方法大体思路是，先将模型式(1-16) 转化为如下原始-对偶（primal-dual）形式：

$$\max_{\boldsymbol{v}} \min_{\boldsymbol{u}} \left\{ \langle \boldsymbol{u}, \mathrm{div}\boldsymbol{v} \rangle + \frac{\lambda}{2}\|\boldsymbol{K}\boldsymbol{u} - \boldsymbol{f}\|_2^2 \right\} \quad \text{s. t.} \quad |\boldsymbol{v}_{i,j}| = \sqrt{v_{i,j,1}^2 + v_{i,j,2}^2} \leqslant 1 \tag{1-17}$$

其中 $\boldsymbol{K}=\boldsymbol{I}$，div 为散度算子，其 Hilbert 伴随算子为 $-\nabla$。设置“min”目标函数梯度为零可得 $\boldsymbol{u} = \boldsymbol{f} - \lambda^{-1}\mathrm{div}\boldsymbol{v}$，将其代入式(1-17) 得到模型式(1-16) 的对偶模型：

$$\min_{\boldsymbol{v}} \{ \|\mathrm{div}\boldsymbol{v} - \lambda \boldsymbol{f}\|_2^2 \} \quad \text{s. t.} \quad |\boldsymbol{v}_{i,j}| = \sqrt{v_{i,j,1}^2 + v_{i,j,2}^2} \leqslant 1 \tag{1-18}$$

其最优化必要条件为：

$$(\nabla(\lambda^{-1}\mathrm{div}\boldsymbol{v} - \boldsymbol{f}))_{i,j} - |(\nabla(\lambda^{-1}\mathrm{div}\boldsymbol{v} - \boldsymbol{f}))_{i,j}|\boldsymbol{v}_{i,j} = \boldsymbol{0} \tag{1-19}$$

随后 Chambolle 采用了如下隐式人工推进方法迭代求解对偶变量：

$$\boldsymbol{v}_{i,j}^{k+1} = \boldsymbol{v}_{i,j}^{k} + \tau((\nabla(\lambda^{-1}\mathrm{div}\boldsymbol{v}^k - \boldsymbol{f}))_{i,j} - |(\nabla(\lambda^{-1}\mathrm{div}\boldsymbol{v}^k - \boldsymbol{f}))_{i,j}|\boldsymbol{v}_{i,j}^{k+1}) \tag{1-20}$$

最终根据上述的原始变量和对偶变量的关系解出原始变量，即为最终的去噪图像。该方法通过求解 TV 去噪模型式(1-16) 的 Fenchel 对偶[5] 模型巧妙规避了 TV 模型的不可微问题，成为迄今效率最高的图像去噪方法之一。此外，它也常作为嵌套算法出现在一些图像反卷积算法之中[15]。但是这种对偶思想很难直接推广到其他图像反问题中去，原因

在于当退化矩阵 $\boldsymbol{K}$ 不是单位阵时，式(1-16)的对偶模型中会出现 $\boldsymbol{K}^{-1}$。不幸的是 $\boldsymbol{K}$ 可能是奇异的，即其逆矩阵可能并不存在。

此外，用于非线性正则化模型求解的方法还有二阶锥法[117]、正交投影法[118]、内点法[119]和预优法[120]等方法。这些传统方法虽能够针对某一特定问题给出合理的解，但其也存在近似求解、无法充分挖掘问题本身的结构、不利于大规模并行计算等故有缺陷，这些都限制了它们在当前图像大数据背景下的应用。

1.3.2 算子分裂方法

近些年来，为更好地应对高维、海量、高品质要求的图像大数据处理问题，一类强大的、通用的、灵活的、并行的算子分裂方法被引入到了图像反问题领域，其基本思想是“化繁为简，分而治之”。它们共同的数学基础是由Fenchel（1905—1988）、Moreau（1923—2014）和Rockafellar（1935—）等先驱者所奠定的现代凸优化分析。次微分（subdifferential）、临近映射（proximal mapping）、卷积下确界（infimal convolution）等概念被频繁地运用。这类方法可以更好地应对目标函数的非线性和非光滑性以及各种繁杂的约束条件。通常算子分裂方法只需要挖掘目标函数的一阶信息，因而其计算实现又是足够简单的。

很多信号处理问题，如图像复原问题，通常可建模为以下最小化模型：

$$\min_{\boldsymbol{x}\in\mathbb{R}^N} f_1(\boldsymbol{x})+\cdots+f_m(\boldsymbol{x}) \tag{1-21}$$

其中 f_1，…，f_m 为从 $\mathbb{R}^N$ 映射到 $(-\infty, +\infty]$ 的凸函数。求解这一模型通常会碰到的一个难题是某些函数项是不可微的，这就使得一些传统的光滑优化技术无用武之地。而算子分裂方法则通过“分离”并分别求解这些函数项，得出可行的求解算法。通常的一个假定是非光滑函数 f_i 是“可临近的”（proximal），即其临近算子（proximity operator）存在封闭解或可以被方便地求得，临近分裂（proximal splitting）是算子分裂方法的基础。实际应用表明，这一假设是足够宽松的。尽管临近算法被引入图像处理领域的时间并不长，但它的推广散布却异常迅速。

在介绍常用的几个算子分裂方法之前，首先给出要用到的几个凸分析概念。

记 $\mathbb{R}^N$ 为 N 维的Euclidean空间，记 $\langle\cdot,\cdot\rangle$ 为内积符号，记凸函数 $f:\mathbb{R}^N\to(-\infty,+\infty]$ 的域为 $\mathrm{dom}f=\{\boldsymbol{x}\in\mathbb{R}^N \mid f(\boldsymbol{x})<+\infty\}$；记正常凸函数集合 $\Gamma_0(\mathbb{R}^N)$ 为从 $\mathbb{R}^N$ 映射到 $(-\infty,+\infty]$ 的域是非空

的，且下半连续[5]的凸函数。f 的 fenchel 共轭（fenchel conjugate）$f^* \in \Gamma_0(\mathbb{R}^N)$ 定义为：

$$f^*: \mathbb{R}^N \to (-\infty, +\infty]: \boldsymbol{x} \to \sup_{\boldsymbol{x}' \in \mathbb{R}^N} \langle \boldsymbol{x}', \boldsymbol{x} \rangle - f(\boldsymbol{x}') \tag{1-22}$$

f 的次微分为点集（set-valued）映射：

$$\partial f: \mathbb{R}^N \to 2^{\mathbb{R}^N}: \boldsymbol{x} \to \{\boldsymbol{b} \in \mathbb{R}^N \mid (\forall \boldsymbol{x}' \in R^N) \langle \boldsymbol{x}' - \boldsymbol{x}, \boldsymbol{b} \rangle + f(\boldsymbol{x}) \leqslant f(\boldsymbol{x}')\} \tag{1-23}$$

通常所讲的次微分是集合，而次梯度（subgradient）指的是其中的某一个元素，显然，次梯度概念是对光滑函数梯度概念的推广。应用次梯度可以得到非光滑凸函数最小化的 Fermat 法则[5]（Fermat's rule）。

Fermat 法则：若 $f^* \in \Gamma_0(\mathbb{R}^N)$，则有：

$$\operatorname{argmin} f = \operatorname{zer} \partial f = \{\boldsymbol{x} \in \mathbb{R}^N \mid \boldsymbol{0} \in \partial f(\boldsymbol{x})\} \tag{1-24}$$

次梯度的一个重要性质是极大单调性[5]（关于极大单调算子和极大单调性质的介绍见 2.4.3 节），即它满足：

$$\langle \boldsymbol{x} - \boldsymbol{x}', \partial f(\boldsymbol{x}) - \partial f(\boldsymbol{x}') \rangle \geqslant 0 \tag{1-25}$$

且算子 $\boldsymbol{I} + \partial f$ 的值域为 $\mathbb{R}^N$。该性质在有关分裂算法的收敛性证明中常常用到。

f 关于点 $\boldsymbol{x}$ 与 $\boldsymbol{x}'$ 的 Bregman 距离定义为：

$$D_f^{\boldsymbol{b}}(\boldsymbol{x}', \boldsymbol{x}) \triangleq f(\boldsymbol{x}') - f(\boldsymbol{x}) - \langle \boldsymbol{x}' - \boldsymbol{x}, \boldsymbol{b} \rangle \geqslant 0, \boldsymbol{b} \in \partial f(\boldsymbol{x}) \tag{1-26}$$

Bregman 距离是广义距离，显然它不满足对称性，其非负性可由次微分的定义得到。

设 Ω 为 $\mathbb{R}^N$ 中的非空集合，其示性函数（indicator fuction）定义为：

$$\iota_\Omega: \boldsymbol{x} \to \begin{cases} 0, & \boldsymbol{x} \in \Omega \\ +\infty, & \boldsymbol{x} \notin \Omega \end{cases} \tag{1-27}$$

示性函数的 fenchel 共轭为支撑函数（support fuction），其定义为：

$$\sigma_\Omega = \iota_\Omega^*: \mathbb{R}^N \to (-\infty, +\infty]: \boldsymbol{x} \to \sup_{\boldsymbol{x}' \in \Omega} \langle \boldsymbol{x}', \boldsymbol{x} \rangle \tag{1-28}$$

容易验证如果 Ω 为非空凸集，则有 $\sigma_\Omega \in \Gamma_0(\mathbb{R}^N)$。通过引入示性函数，可以将一个约束优化问题 $\min\limits_{\boldsymbol{x} \in \Omega} f(\boldsymbol{x})$ 转化为等价的无约束优化问题 $\min\limits_{\boldsymbol{x}} f(\boldsymbol{x}) + \iota_\Omega$，从而更方便于算子分裂类方法的应用。

记 $f \in \Gamma_0(\mathbb{R}^N)$ 的临近算子为：

$$\operatorname{prox}_f: \mathbb{R}^N \to \mathbb{R}^N, \boldsymbol{x} \to \underset{\boldsymbol{x}' \in \mathbb{R}^N}{\operatorname{argmin}} f(\boldsymbol{x}') + \frac{1}{2} \|\boldsymbol{x} - \boldsymbol{x}'\|_2^2 \tag{1-29}$$

临近算子是次微分算子的预解算子（定义见第 2 章），即 $\operatorname{prox}_f = (\boldsymbol{I} + \partial f)^{-1}$，prox 是单值映射的，且是固定非扩张的（firmly nonexpansive）（定义见第 2 章），即：

$$\|\mathrm{prox}_f \boldsymbol{x}-\mathrm{prox}_f \boldsymbol{x}'\|^2+\|(\boldsymbol{I}-\mathrm{prox}_f)\boldsymbol{x}-(\boldsymbol{I}-\mathrm{prox}_f)\boldsymbol{x}'\|^2\leqslant\|\boldsymbol{x}-\boldsymbol{x}'\|^2 \tag{1-30}$$

此外，次微分的反射算子（reflection operator，或是反射预解算子，reflected resolvent）$2\mathrm{prox}_f-\boldsymbol{I}$ 也是非扩张的（定义见第 2 章）[5]。运用临近算子prox_f 的固定非扩张性通常可以将一个复杂的函数极小化问题转化为不动点问题，而其单值性则对相应算法的稳定性有着至关重要的意义。容易验证凸集 Ω 示性函数 ι_Ω 的临近算子为投影到 Ω 的投影算子，因此，临近算子被认为是投影算子的推广[121]。事实上若prox_f 存在，则 $\min\limits_{\boldsymbol{x}} f(\boldsymbol{x})$ 的极小点可通过如下临近不动点迭代求得：

$$\boldsymbol{x}^{k+1}=\arg\min_{\boldsymbol{x}} f(\boldsymbol{x})+\frac{1}{2\beta}\|\boldsymbol{x}-\boldsymbol{x}^k\|_2^2 \tag{1-31}$$

上式又可写为 $\boldsymbol{x}^{k+1}=\mathrm{prox}_{\beta f}(\boldsymbol{x}^k)$ 或 $\boldsymbol{x}^{k+1}=\boldsymbol{x}^k-\beta\partial f(\boldsymbol{x}^{k+1})$。这就是所谓的临近点算法（proximal point algorithm，PPA）。接下来，简要介绍当前流行的几种以临近点方法为基础的算子分裂方法。

（1）Bregman 迭代与线性 Bregman 迭代方法

Osher 等于 2005 年将 Bregman 迭代方法引入了图像处理领域，并将其应用到了基于 TV 的图像去噪与去模糊[122]。相比于此前的方法，该方法有着较好的通用性和较高的计算效率。Bregman 迭代法可以用来求解以下类型的图像反问题：

$$\min_{\boldsymbol{x}} f(\boldsymbol{x}),\quad \text{s. t.}\quad \phi(\boldsymbol{x})=\boldsymbol{b} \tag{1-32}$$

式中，算子 $\boldsymbol{A}$ 可以是非线性的，Bregman 迭代方法的迭代规则为：

$$\begin{cases}\boldsymbol{x}^{k+1}=\arg\min\limits_{\boldsymbol{x}} D_f^{\boldsymbol{p}^k}(\boldsymbol{x},\boldsymbol{x}^k)+\dfrac{\beta}{2}\|\phi(\boldsymbol{x})-\boldsymbol{b}\|_2^2\\ \boldsymbol{p}^{k+1}=\boldsymbol{p}^k-\beta(\nabla\phi)^{\mathrm{T}}(\phi(\boldsymbol{x}^{k+1})-\boldsymbol{b})\in\partial f(\boldsymbol{x}^{k+1})\end{cases} \tag{1-33}$$

其中 $\boldsymbol{p}^k$ 为 f 在 $\boldsymbol{x}^k$ 处的次梯度，$\beta\in(0,+\infty)$ 为惩罚参数，$D_f^{\boldsymbol{p}^k}(\boldsymbol{x},\boldsymbol{x}^k)$ 为 Bregman 距离。如果 $\phi=\boldsymbol{A}$ 是线性的（这种情况在图像反问题中更为普遍），迭代规则式(1-33) 可以转化为下列更为紧凑的形式[123]：

$$\begin{cases}\boldsymbol{x}^{k+1}=\arg\min\limits_{\boldsymbol{x}} f(\boldsymbol{x})+\dfrac{\beta}{2}\|\boldsymbol{A}\boldsymbol{x}-\boldsymbol{b}^k\|_2^2\\ \boldsymbol{b}^{k+1}=\boldsymbol{b}^k+\boldsymbol{b}-\boldsymbol{A}\boldsymbol{x}^{k+1}\end{cases} \tag{1-34}$$

针对同样类型的问题，Yin 等则将 Bregman 迭代法加以改进，得到了线性 Bregman 迭代法[123,124]，并将其应用到了压缩感知的基追踪问题上（$f(\boldsymbol{x})=\|\boldsymbol{x}\|_1$）。令式(1-33) 中 $\phi=\boldsymbol{A}$ 为线性，其基本思想是将二次

项在 $\boldsymbol{x}^k$ 附近做 Taylor 展开：

$$\|\boldsymbol{A}\boldsymbol{x}-\boldsymbol{b}\|_2^2 \approx \|\boldsymbol{A}\boldsymbol{x}^k-\boldsymbol{b}\|_2^2+2\langle \boldsymbol{x}-\boldsymbol{x}^k, \boldsymbol{A}^{\mathrm{T}}(\boldsymbol{A}\boldsymbol{x}^k-\boldsymbol{b})\rangle+\frac{1}{\delta}\|\boldsymbol{x}-\boldsymbol{x}^k\|_2^2 \tag{1-35}$$

线性 Bregman 迭代法针对问题式(1-32)（$\phi=\boldsymbol{A}$）的迭代规则为：

$$\begin{cases}\boldsymbol{x}^{k+1}=\underset{\boldsymbol{x}}{\operatorname{argmin}} D_f^{\boldsymbol{p}^k}(\boldsymbol{x},\boldsymbol{x}^k)+\dfrac{\beta}{2\delta}\|\boldsymbol{x}-(\boldsymbol{x}^k-\delta\boldsymbol{A}^{\mathrm{T}}(\boldsymbol{A}\boldsymbol{x}^k-\boldsymbol{b}))\|_2^2, 0<\delta<1/\|\boldsymbol{A}^{\mathrm{T}}\boldsymbol{A}\|_2 \\ \boldsymbol{p}^{k+1}=\boldsymbol{p}^k-\dfrac{\beta}{\delta}(\boldsymbol{x}^{k+1}-\boldsymbol{x}^k)-\beta\boldsymbol{A}^{\mathrm{T}}(\boldsymbol{A}\boldsymbol{x}^k-\boldsymbol{b})\end{cases} \tag{1-36}$$

需要指出的是，只有当 δ 满足上述给定条件时，线性 Bregman 迭代法才是收敛的，该方法通常具有比基本 Bregman 迭代更高的执行效率，因为它往往可以避免反问题中常见的矩阵求逆环节。

问题式(1-32) 显然是针对“干净”数据的，当观测数据含有噪声时，两种 Bregman 方法则采用 $\|\boldsymbol{A}\boldsymbol{u}-\boldsymbol{b}\|_2^2\leqslant c$ 作为停机准则，这需要根据噪声水平预先估计出 c 的值。文献 [122] 和 [124] 分别提供了 Bregman 迭代法和线性 Bregman 法的收敛性证明。Bregman 方法在处理更复杂的问题时显得捉襟见肘，但它们为后续分裂 Bregman 方法的提出建立坚实的理论基础。

(2) 分裂 Bregman 法

2009 年，Goldstein 和 Osher[125] 在变量分裂（variable splitting, VS)[126] 和 Bregman 迭代法的基础上提出了分裂 Bregman 算法（splitting bregman algorithm，SBA)，并将其应用到了 l_1 正则化的反问题中。该方法可以用来求解以下类型的问题：

$$\min_{\boldsymbol{x}} f_1(\boldsymbol{x})+f_2(\phi(\boldsymbol{x})) \tag{1-37}$$

首先通过引入辅助变量 $\boldsymbol{d}$，可将上式转化为下列等价线性约束优化问题：

$$\min_{\boldsymbol{x},\boldsymbol{d}} f_1(\boldsymbol{x})+f_2(\boldsymbol{d}), \phi(\boldsymbol{x})=\boldsymbol{d} \tag{1-38}$$

令凸函数 $E(\boldsymbol{x}, \boldsymbol{d})=f_1(\boldsymbol{x})+f_2(\boldsymbol{d})$，参考 Bregman 迭代的思想可以得到以下迭代形式：

$$\begin{cases}(\boldsymbol{x}^{k+1},\boldsymbol{d}^{k+1})=\underset{\boldsymbol{x},\boldsymbol{d}}{\operatorname{argmin}} D_E^{\boldsymbol{p}^k}(\boldsymbol{x},\boldsymbol{d},\boldsymbol{x}^k,\boldsymbol{d}^k)+\dfrac{\beta}{2}\|\phi(\boldsymbol{x})-\boldsymbol{d}\|_2^2 \\ \boldsymbol{p}_{\boldsymbol{x}}^{k+1}=\boldsymbol{p}_{\boldsymbol{x}}^k-\beta(\nabla\phi)^{\mathrm{T}}(\phi(\boldsymbol{x}^{k+1})-\boldsymbol{d}^{k+1}) \\ \boldsymbol{p}_{\boldsymbol{d}}^{k+1}=\boldsymbol{p}_{\boldsymbol{d}}^k-\beta(\boldsymbol{d}^{k+1}-\phi(\boldsymbol{x}^{k+1}))\end{cases} \tag{1-39}$$

这即是所谓的分裂 Bregman 方法。第一步中的 $\boldsymbol{x}^{k+1}$ 和 $\boldsymbol{d}^{k+1}$ 的求解可以交替进行。看上去第一步需要引入一个嵌套迭代，但实际上它并不需要精确求解，且精确求解的精度会被后续变量的更新浪费掉。实验表明，$\boldsymbol{x}^{k+1}$ 和 $\boldsymbol{d}^{k+1}$ 只需交替求解一次即可，且该情况下的收敛性依然可以严格证明[127,128]。与 Bregman 迭代不同的是，这里等式约束的两端都是变量。当 $\phi=\boldsymbol{A}$ 为线性算子时，迭代规则式(1-39) 同样可以简化为：

$$\begin{cases}\boldsymbol{x}^{k+1}=\underset{\boldsymbol{x}}{\operatorname{argmin}} f_1(\boldsymbol{x})+\dfrac{\beta}{2}\|\boldsymbol{A}\boldsymbol{x}-\boldsymbol{d}^k+\boldsymbol{b}^k\|_2^2 \\ \boldsymbol{d}^{k+1}=\underset{\boldsymbol{d}}{\operatorname{argmin}} f_2(\boldsymbol{d})+\dfrac{\beta}{2}\|\boldsymbol{d}-\boldsymbol{A}\boldsymbol{x}^{k+1}-\boldsymbol{b}^k\|_2^2=\operatorname{prox}_{f_2/\beta}(\boldsymbol{A}\boldsymbol{x}^{k+1}+\boldsymbol{b}^k) \\ \boldsymbol{b}^{k+1}=\boldsymbol{b}^k+\boldsymbol{A}\boldsymbol{x}^{k+1}-\boldsymbol{d}^{k+1}\end{cases} \tag{1-40}$$

上式中，$\boldsymbol{x}^{k+1}$ 和 $\boldsymbol{d}^{k+1}$ 的求解仅交替进行了一次。辅助变量的引入是十分重要的，它使得两个凸函数项在求解时可以分离开来，而关于辅助变量 $\boldsymbol{d}$ 的求解是一个临近点问题。

运用线性 Bregman 的思想也可以方便地将分裂 Bregman 方法转换为线性分裂 Bregman 方法[129]。

(3) 交替方向乘子法与线性交替方向乘子法

与 Bregman 分裂法类似，交替方向乘子法（alternating direction method of multipliers，ADMM)[15,130]，又称为交替方向法（alternating direction method，ADM)，同样融入了变量分裂思想。它通过求解式(1-38)（$\phi=\boldsymbol{A}$）的增广 Lagrange 函数的鞍点来求解式(1-37)。式(1-38) 的增广 Lagrange 函数为：

$$L_A(\boldsymbol{x},\boldsymbol{d};\boldsymbol{b})\triangleq f_1(\boldsymbol{x})+f_2(\boldsymbol{d})+\langle\boldsymbol{b},\boldsymbol{A}\boldsymbol{x}-\boldsymbol{d}\rangle+\frac{\beta}{2}\|\boldsymbol{A}\boldsymbol{x}-\boldsymbol{d}\|_2^2 \tag{1-41}$$

其中 $\boldsymbol{b}$ 为 Lagrange 对偶变量，又称为 Lagrange 乘子，$\beta\in(0,+\infty)$ 为惩罚参数。增广 Lagrange 方法（augmented lagrangian method，ALM)[15] 可以通过以下迭代规则求解式(1-41) 的鞍点：

$$\begin{cases}(\boldsymbol{x}^{k+1},\boldsymbol{d}^{k+1})=\underset{\boldsymbol{x},\boldsymbol{d}}{\operatorname{argmin}} f_1(\boldsymbol{x})+f_2(\boldsymbol{d})+\dfrac{\beta}{2}\|\boldsymbol{A}\boldsymbol{x}-\boldsymbol{d}+\boldsymbol{b}^k/\beta\|_2^2 \\ \boldsymbol{b}^{k+1}=\boldsymbol{b}^k+\beta(\boldsymbol{A}\boldsymbol{x}^{k+1}-\boldsymbol{d}^{k+1})\end{cases} \tag{1-42}$$

与分裂 Bregman 迭代法类似，第一步并不需要精确求解，若 $\boldsymbol{x}^{k+1}$ 和 $\boldsymbol{d}^{k+1}$ 交替求解的迭代次数为 1，则可得到如下交替方向乘子法的迭代规则：

$$\begin{cases}\boldsymbol{x}^{k+1}=\underset{\boldsymbol{x}}{\operatorname{argmin}} f_1(\boldsymbol{x})+\dfrac{\beta}{2}\|\boldsymbol{A}\boldsymbol{x}-\boldsymbol{d}^k+\boldsymbol{b}^k/\beta\|_2^2 \\ \boldsymbol{d}^{k+1}=\underset{\boldsymbol{d}}{\operatorname{argmin}} f_2(\boldsymbol{d})+\dfrac{\beta}{2}\|\boldsymbol{d}-\boldsymbol{A}\boldsymbol{x}^{k+1}-\boldsymbol{b}^k/\beta\|_2^2=\operatorname{prox}_{f_2/\beta}(\boldsymbol{A}\boldsymbol{x}^{k+1}+\boldsymbol{b}^k/\beta) \\ \boldsymbol{b}^{k+1}=\boldsymbol{b}^k+\beta(\boldsymbol{A}\boldsymbol{x}^{k+1}-\boldsymbol{d}^{k+1})\end{cases} \tag{1-43}$$

式(1-40)与式(1-43)仅相差一个常数，而这一常数通过变量替换可以消除，这说明分裂 Bregman 与交替方向法在线性约束条件下是完全等价的。

如果对式(1-43)第一步中的二次项在 $\boldsymbol{x}^k$ 附近做 Taylor 展开则可以导出适用范围更广的线性交替方向乘子法（linearized ADMM，LADMM）[92,131-135]：

$$\begin{cases}\boldsymbol{x}^{k+1}=\operatorname{prox}_{\delta f_1}(\boldsymbol{x}^k-\delta\beta\boldsymbol{A}^{\mathrm{T}}(\boldsymbol{A}\boldsymbol{x}^k-\boldsymbol{d}^k+\boldsymbol{b}^k/\beta)),0<\delta<1/(\beta\|\boldsymbol{A}^{\mathrm{T}}\boldsymbol{A}\|_2) \\ \boldsymbol{d}^{k+1}=\operatorname{prox}_{f_2/\beta}(\boldsymbol{A}\boldsymbol{x}^{k+1}+\boldsymbol{b}^k/\beta) \\ \boldsymbol{b}^{k+1}=\boldsymbol{b}^k+\beta(\boldsymbol{A}\boldsymbol{x}^{k+1}-\boldsymbol{d}^{k+1})\end{cases} \tag{1-44}$$

有关 ADMM 类算法的发展历程，可以参阅综述文献［136］～［138］。

（4）前向-后向分裂法

前向-后向分裂（forward-backward splitting，FBS）法[139] 用以解决以下类型问题：

$$\min_{x\in\mathbb{R}^N} f_1(\boldsymbol{x})+f_2(\boldsymbol{x}) \tag{1-45}$$

其中 f_1 是“可临近的”，即其临近算子存在闭合形式或可以方便地求解，f_2 则是可微的，且其梯度为 Lipschitz 连续，即：

$$\|\nabla f_2(\boldsymbol{x})-\nabla f_2(\boldsymbol{x}')\|\leqslant\gamma\|\boldsymbol{x}-\boldsymbol{x}'\|,\forall(\boldsymbol{x},\boldsymbol{x}')\in\mathbb{R}^N\times\mathbb{R}^N \tag{1-46}$$

取 $\varepsilon\in(0,\ \min\{1,\ 1/\gamma\})$，则式(1-45)可通过如下迭代规则求解：

$$\begin{cases}\boldsymbol{y}^k=\boldsymbol{x}^k-\beta\nabla f_2(\boldsymbol{x}^k),\beta\in[\varepsilon,\ 2/\gamma-\varepsilon] \\ \boldsymbol{x}^{k+1}=\boldsymbol{x}^k+\theta^k(\operatorname{prox}_{\beta f_1}\boldsymbol{y}^k-\boldsymbol{x}^k),\theta^k\in[\varepsilon,\ 1]\end{cases} \tag{1-47}$$

式中，涉及梯度下降的第一步被称为前向步骤，而涉及临近算子的第二步被称为后向步骤。式(1-47)的导出运用了临近算子的非扩张性[5]，具体的是：

$$\operatorname{Fix}(\operatorname{prox}_{\beta f_1}(\boldsymbol{I}-\beta\nabla f_2))=\operatorname{zer}(\partial f_1+\nabla f_2) \tag{1-48}$$

其中 Fix 表示不动点。事实上，FBS 算法可以看作 PPA 的一种推广，FBS 的（次）梯度形式为：

$$\boldsymbol{x}^{k+1}\in\boldsymbol{x}^k-\beta(\partial f_1(\boldsymbol{x}^{k+1})+\nabla f_2(\boldsymbol{x}^k)) \tag{1-49}$$

即为分离 f_1 与 f_2 将$\nabla f_2(\boldsymbol{x}^{k+1})$（PPA 形式）换成了$\nabla f_2(\boldsymbol{x}^k)$。

当$\lambda^k\equiv 1$ 且 $f_1=\iota_\Omega$ 时，记 P_Ω 为投影到凸集 Ω 的投影算子，式(1-49)转化为：

$$\boldsymbol{x}^{k+1}=P_\Omega(\boldsymbol{x}^k-\beta^k\nabla f_2(\boldsymbol{x}^k)) \tag{1-50}$$

即经典的梯度投影（gradient projection）算法。

运用前向-后向分裂法的一个经典例子是 Beck 和 Teboulle 的快速迭代收缩/阈值算法（fast iterative shrinkage/thresholding algorithm，FISTA）[140]，其迭代规则为：

$$\begin{cases}\boldsymbol{x}^{k+1}=\operatorname{prox}_{\gamma^{-1}f_1}(\boldsymbol{z}^k-\gamma^{-1}\nabla f_2(\boldsymbol{z}^k))\\ t_{k+1}=\dfrac{1+\sqrt{4t_k^2+1}}{2}(t_0=1)\\ \boldsymbol{z}^{k+1}=\boldsymbol{x}^k+\left(\dfrac{t_k-1}{t_{k+1}}\right)(\boldsymbol{x}^k-\boldsymbol{x}^{k-1})\end{cases} \tag{1-51}$$

在文献［140］中，Beck 和 Teboulle 将 FISTA 应用到了 TV 去噪问题式(1-16) 的对偶问题上，但是在将 FISTA 应用到 TV 去模糊时，则需要嵌套使用该算法，原因是 TV 去模糊的对偶问题涉及模糊矩阵求逆，而这一过程通常是无法实现的。

（5）Douglas-Rachford 分裂法与 Peaceman-Rachford 分裂法

上述的 FBS 算法需要式(1-45) 两函数中的一项为可微，这一点对于很多实际应用是较为苛刻的，Douglas-Rachford 分裂（Douglas-Rachford splitting，DRS）法[141] 则只要求式(1-45) 中两函数的临近算子存在，它通过以下迭代实现两函数项的解耦：

$$\begin{cases}\boldsymbol{x}^k=\operatorname{prox}_{\beta f_2}\boldsymbol{y}^k,\beta>0\\ \boldsymbol{y}^{k+1}=\boldsymbol{y}^k+\operatorname{prox}_{\beta f_1}(2\boldsymbol{x}^k-\boldsymbol{y}^k)-\boldsymbol{x}^k\end{cases} \tag{1-52}$$

记 $\boldsymbol{T}_{\mathrm{PRS}}=(2\operatorname{prox}_{f_1}-\boldsymbol{I})\circ(2\operatorname{prox}_{f_2}-\boldsymbol{I})$，则 DRS 的次梯度形式为：

$$\boldsymbol{y}^{k+1}=\frac{1}{2}(\boldsymbol{I}+\boldsymbol{T}_{\mathrm{PRS}})(\boldsymbol{y}^k)\in\boldsymbol{y}^k-\beta(\partial f_1(\operatorname{prox}_{\beta f_1}(2\boldsymbol{x}^k-\boldsymbol{y}^k))+\partial f_2(\boldsymbol{y}^k)) \tag{1-53}$$

即：

$$\boldsymbol{y}^{k+1}=\frac{1}{2}(\boldsymbol{I}+\boldsymbol{T}_{\mathrm{PRS}})(\boldsymbol{y}^k)\text{或 }\boldsymbol{y}^{k+1}\in\operatorname{Fix}\left(\frac{1}{2}(\boldsymbol{I}+\boldsymbol{T}_{\mathrm{PRS}})\right) \tag{1-54}$$

根据临近算子 prox 的非扩张性和反射预解算子的非扩张性（见 2.4.3 节），$\boldsymbol{T}_{\mathrm{PRS}}$ 是非扩张的，故 $(\boldsymbol{I}+\boldsymbol{T}_{\mathrm{PRS}})/2$ 为 1/2 平均算子，是固定非扩张的（见 2.4.2 节）。将式(1-54) 中的 1/2 平均进行松弛，则可以得到下列 Peaceman-Rachford 分裂（Peaceman-Rachford splitting，PRS）算法[142,143]：

$$\begin{cases} \boldsymbol{x}^k = \operatorname{prox}_{\beta f_2} \boldsymbol{y}^k, \beta > 0, \\ \boldsymbol{y}^{k+1} = \left(1 - \dfrac{\theta^k}{2}\right)\boldsymbol{y}^k + \dfrac{\theta^k}{2}\boldsymbol{T}_{\mathrm{PRS}}\boldsymbol{y}^k = \boldsymbol{y}^k + \theta^k(\operatorname{prox}_{\beta f_1}(2\boldsymbol{x}^k - \boldsymbol{y}^k) - \boldsymbol{x}^k), \theta^k \in (0, 2] \end{cases} \tag{1-55}$$

其次梯度形式为：

$$\operatorname{prox}_{\beta f_2}(\operatorname{Fix}\boldsymbol{T}_{\mathrm{PRS}}) = \operatorname{zer}(\partial f_1 + \partial f_2) \tag{1-56}$$

（6）原始-对偶分裂法

原始-对偶分裂（primal-dual splitting，PDS）法[144] 可以通过求解 Lagrange 问题的鞍点，同时求解原始问题和对偶问题。相比于前述的分裂方法，原始-对偶分裂灵活性更强，所能解决的问题也更宽泛，因而逐步成为新的研究热点。

Chambolle 和 Pock 两人于 2011 年提出了一种用于求解

$$\min_{\boldsymbol{x} \in X} f_1(\boldsymbol{x}) + f_2(\boldsymbol{A}\boldsymbol{x}) \tag{1-57}$$

的一般性原始-对偶算法[145]，掀起了原始-对偶理论在图像反问题中的应用热潮。

利用 $f_2(\boldsymbol{A}\boldsymbol{x})$ 的 Fenchel 共轭可以得到问题式(1-57) 的 Lagrange 函数：

$$\min_{\boldsymbol{x} \in X}\max_{\boldsymbol{y} \in V} \ f_1(\boldsymbol{x}) + \langle \boldsymbol{A}\boldsymbol{x}, \boldsymbol{y} \rangle - f_2^*(\boldsymbol{y}) \tag{1-58}$$

再次运用 $f_1(\boldsymbol{x})$ 的 Fenchel 共轭可以得到问题式(1-57) 的 Fenchel-Rockafellar 对偶问题：

$$\max_{\boldsymbol{y} \in V} -(f_1^*(-\boldsymbol{A}^*\boldsymbol{y}) + f_2^*(\boldsymbol{y})) \tag{1-59}$$

其中，$\boldsymbol{A}^*$ 为 $\boldsymbol{A}$ 的伴随算子（adjoint operator，又称共轭算子，Hilbert 空间中有 $\langle \boldsymbol{A}\boldsymbol{x}, \boldsymbol{y} \rangle = \langle \boldsymbol{x}, \boldsymbol{A}^*\boldsymbol{y} \rangle$，Euclidean 空间中，$\boldsymbol{A}^*$ 即为 $\boldsymbol{A}^{\mathrm{T}}$）。

Chambolle 和 Pock 的方法可以求解式(1-58) 的鞍点，在不存在对偶间隙的情况下，式(1-57) 和式(1-59) 的目标函数值相同。该方法的迭代规则为：

$$\begin{cases} \boldsymbol{x}^{k+1} = \operatorname*{argmin}_{\boldsymbol{x}} f_1(\boldsymbol{x}) + \langle \boldsymbol{x}, \boldsymbol{A}^*\boldsymbol{y}^k \rangle + \dfrac{1}{2s}\|\boldsymbol{x} - \boldsymbol{x}^k\|_2^2 = \operatorname{prox}_{sf_1}(\boldsymbol{x}^k - s\boldsymbol{A}^*\boldsymbol{y}^k) \\ \boldsymbol{y}^{k+1} = \operatorname*{argmin}_{\boldsymbol{y}} f_2^*(\boldsymbol{y}) - \langle \boldsymbol{A}\boldsymbol{x}^{k+1}, \boldsymbol{y} \rangle + \dfrac{1}{2t}\|\boldsymbol{y} - \boldsymbol{y}^k\|_2^2 = \operatorname{prox}_{tf_2^*}(\boldsymbol{y}^k + t\boldsymbol{A}\boldsymbol{x}^{k+1}) \end{cases} \tag{1-60}$$

改进格式为：

$$\begin{cases} \boldsymbol{y}^{k+1} = \text{prox}_{tf_2^*}(\boldsymbol{y}^k + t\boldsymbol{A}\widetilde{\boldsymbol{x}}^k) \\ \boldsymbol{x}^{k+1} = \text{prox}_{tf_1}(\boldsymbol{x}^k - s\boldsymbol{A}^* \boldsymbol{y}^{k+1}) \\ \widetilde{\boldsymbol{x}}^{k+1} = \boldsymbol{x}^{k+1} + \theta(\boldsymbol{x}^{k+1} - \boldsymbol{x}^k), \theta \in [0,1] \end{cases} \tag{1-61}$$

此外，Chambolle 和 Pock 还针对不同情况对式(1-61)作了改进。

事实上，早在 2008 年，Zhu 和 Chan 已将式(1-61)在 $\theta=0$ 时的特殊情况[146]（笔者将其命名为原始-对偶联合梯度法，primal-dual hybrid gradient，PDHG）应用于基于 TV 的图像复原模型式(1-16)，并以此来解决 TV 原始模型不可微和对偶问题（TV 去噪）解不唯一的情况，但当时笔者并未将该算法一般化，也未严格地分析其收敛性。

当前，原始-对偶分裂方法多基于极大单调算子理论和非扩张算子理论来构建，而并非简单地应用次梯度的一些性质，这样可以导出一些性能更为强大、适用范围更广的算法[147-151]。

事实上，以上所讨论的算子分裂方法在某些特定的情况下可以建立等价关系。如分裂 Bregman 算法（SBA）、交替方向乘子法（ADMM）和 Douglas-Rachford 分裂算法（DRSA）在应用于原始问题式(1-57)（P）和对偶问题式(1-59)（D）时具有如图 1-2 所示的等价性关系[152]。

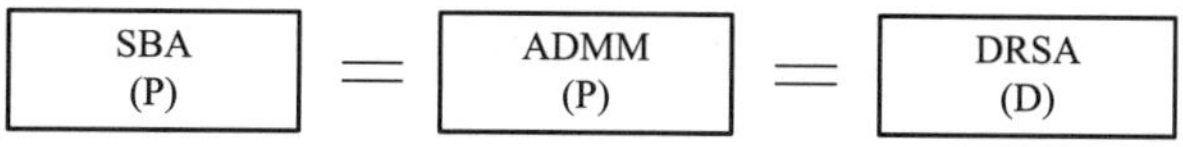

图 1-2　几种算子分裂方法的等价关系

以上算子分裂方法也存在一些共同缺陷，如多数基本算法仅针对目标函数包含两个函数项的情况；很多分裂方法在设计过程中会引入辅助变量，这使得这些方法在求解上相对烦琐复杂[153]。发展并行的算子分裂方法[154-158]，并将其与分布式计算相结合来应对图像大数据问题，是今后很长一段时期内学术界研究的热点问题。此外，原始-对偶算法与其他方法之间的联系也是值得深入研究的学术问题[153]。

1.3.3 分裂算法的收敛性分析

目前，有关算子分裂方法的一个重要研究热点和难点是其渐进收敛行为分析。算子分裂方法之所以发展迅速，应用广泛，一个很重要的原因是其理论基础坚实，这既体现在算法的设计上，也体现在收敛性的分析上。通常，算法的收敛性分析包含两个方面，一个是收敛性证明，即算法是否能够准确找到目标函数的解；另一个则是收敛速率分析，即算法能以多快速率逼近问题的最优解。收敛速率可以通过不动点残差（fixd-point resudual，FPR，即连续两步迭代结果的 Euclidean 距离）、目标函数值偏差（objecitve error）和对偶间隙（duality gap）来描述[143,159]。

目前算子分裂的收敛性分析有两种主要途径，变分不等式（variation inequality，VI）和非扩张算子[5]。较先推广应用的 Bregman 类算法和 ADMM 算法大都基于变分不等式进行算法收缩性和收敛性分析，而前向-后向分裂法、Douglas-Rachford 分裂法和最新的原始-对偶分裂法因其导出与极大单调算子和非扩张算子直接相关，大都会通过非扩张算子不动点迭代的收缩性进行收敛性分析。相比于基于非扩张算子收缩性的方法，基于变分不等式的方法更为繁杂，但对理论基础要求较低。我国南京大学知名学者何炳生教授在其课件《凸优化和单调变分不等式的收缩算法》（个人网站）中详细介绍了有关变分不等式的基础。

Yin Wotao 等[160-163]（美国 UCLA）以及何炳生团队[127,128]对 Bregman 类算法和 ADMM 类算法进行了系统的收敛性分析。Yin 等在文献［143］和［159］中指出，对于现有的诸多算子分裂方法而言，在不加附加条件的情况下通常可以证得收敛速率 $O(1/k)$；在文献［161］中则指出，如果式(1-57）中的某项具备强凸性和 Lipschitz 连续的梯度，则 ADMM 算法可以获得收敛速率 $O(1/c^k)$（c 为某个大于 0 的常数）。何炳生等在文献［127］和［128］中分别证明了 DRS/ADMM 遍历和非遍历的 $O(1/k)$ 收敛速率。此外，Goldstein 等在文献［164］中通过采用 Nesterov 加速法[165]（同样被 FISTA[140] 所采用）使 ADMM 获得了 $O(1/k^2)$ 的收敛速率；Chambolle 和 Pock 则证明了其原始-对偶分裂算法[145] 的 $O(1/k)$ 收敛性，在采用 Nesterov 加速法时证明了其$O(1/k^2)$ 收敛性，并在假设两函数项均为强凸的情况下证明了算法的 $O(1/c^k)$ 收敛性。

1.3.4 正则化参数的自适应估计

尽管图像复原技术已走过 50 多年的发展历程，但到目前为止，实时图像复原技术仍鲜见报道，其原因在于，一是图像复原计算量大，对硬件技术要求高；二是算法的自动化实现问题仍未得到很好的解决。图像复原算法自动化实现的一个关键问题是正则化参数的自适应选取。

正则化参数起到平衡保真项与正则项的作用。在正则化函数式(1-7）中，若正则化参数选取过小，则容易致使复原结果过分偏离观测数据，导致过平滑的结果；若正则化参数选取过大，则又会导致复原结果中含有噪声，不够平滑。

选取正则化参数最简单的方法是在求解目标函数前人为选定，这也是当前大多数文献中的做法[84,125,126,166,167]。然而，这种人为选取的方式不仅耗时过长，且不利于图像复原的全自动化实现。此外，诸多因素如图像噪声水平、模糊函数类型和尺寸、图像类型等，都会对正则化参数的选取产生影响[168]，这对于执行者的经验是一个不小的挑战。

当前，带有正则化参数自动更新的自适应图像复原算法越来越受到学术界的重视，成为图像处理的一个热点问题。从现有的研究成果来看，多种手段可以用于实现正则化参数的自适应选取，这些方法包括 Morozov 偏差原理[15,30,168-172]（需要关于噪声水平的先验知识）、广义交叉确认法[173,174]（generalized cross-validation，GCV）（无需输入噪声水平）、L 曲线法[175,176]、无偏预先风险估计法[177]（unbiased predictive risk estimator，UPRE）、变分 Bayes 方法[106] 和参数下降法[178] 等。

GCV 方法在正则项具有二次形式时可以方便地应用，然而，这在实际中并不容易满足（如 TV 正则化的图像复原），GCV 公式极小点的求得也并不容易，此外，该方法易导致欠平滑的结果[30]。L 曲线法通过找到关于正则项和保真项对数曲线的角点来确认正则化参数，但若曲线本身较为光滑则角点会难以确定，且该方法计算量庞大。变分 Bayes 方法的正则化参数可以表示为图像和噪声模型超参数的函数，在参数估计的过程中，可以自然地得到正则化参数，但变分 Bayes 方法自身的求解就是一个难题。参数下降法首先选择一个较大的正则化参数对目标函数进行求解，再采用某种策略减小正则化参数，直至满足一定的停止准则，则最终的参数即为所要求取的正则化参数。然而，参数下降准则和算法停止准则的选取是该方法所要面对的一个难题，这也使得算法的收敛性难以保证。

当观测图像的噪声水平可估计时，Morozov 偏差原理是实现正则化参数自适应选取的可行方案。该原理通过匹配残差到某一上限来确定正则化参数。根据该原理，复原结果的可行域为：

$$\Psi \triangleq \{\boldsymbol{u}: D(\boldsymbol{K}\boldsymbol{u}, \boldsymbol{f}) \leqslant c\} \tag{1-62}$$

其中 c 为噪声相关的常数。若观测噪声为 Gauss 噪声，则 $c=\tau mn\sigma^2$，其中 τ 为预先确定的噪声依赖的常数（当噪声不为 Gauss 白噪声时，不等式具有不同形式）。该方法的本质是直接求解约束优化问题式(1-6)，并进行正则化参数估计。

当前，基于偏差原理的自适应图像复原所存在的主要问题是，在实现正则化参数自适应选择的同时，需要在基本迭代算法中引入内部迭代[15,30,170-172]。此外，自适应图像复原算法的收敛性并不能直接由非自适应算法的收敛性保证，需要有严格的理论证明，而这在大多数的文献中并未涉及。

在过去的十年间，算子分裂研究无论在理论方法，还是在实际应用上都取得了显著进步，特别是近几年，国内外学者在基于算子分裂的图像反问题求解上取得了丰硕成果。当前，面对高维、海量的图像大数据处理问题，发展一类通用灵活、并行快速的算子分裂方法成为必然。

第2章

数学基础

2.1 概述

图像处理是信号处理的一个分支，传统上，图像处理是建立在 Fourier 分析和谱分析的机制之上的。在过去的几十年里，为更好地对图像进行处理，大量新的方法和工具被引入到该领域，如涉及图像建模的与许多几何正则性相联系的变分方法、以小波为中心的应用调和分析、建立在随机场理论和贝叶斯推断理论基础上的随机方法、人工智能方法、机器学习方法等，与优化目标函数求解相关的 Hilbert 空间理论和方法等。在一本书之中，想要对所有的数学基础知识均面面俱到显然并不可能。本章着重介绍了卷积、Fourier 变换和 Hilbert 空间的一些基础知识，作为本书后续各章节的理论基础。

2.2 卷积

2.2.1 一维离散卷积

设一线性时不变系统的脉冲响应为 $h(t)$，则其输出信号 $y(t)$ 可表示为输入信号 $x(t)$ 和 $h(t)$ 的卷积：

$$y(t)=\int_{-\infty}^{+\infty} h(\tau)x(t-\tau)\mathrm{d}\tau \tag{2-1}$$

系统可以是因果系统，也可以是非因果系统。若系统是有界输入有界输出（BIBO）的时，则称系统是稳定的，此时有：

$$\int_{-\infty}^{+\infty} |h(\tau)| \mathrm{d}\tau < \infty \tag{2-2}$$

容易证明，式(2-1) 中的 $h(t)$ 和 $x(t)$ 可以互易，即有：

$$y(t)=\int_{-\infty}^{+\infty} x(\tau)h(t-\tau)\mathrm{d}\tau \tag{2-3}$$

简单起见，式(2-1) 和式(2-3) 通常记为：

$$y(t)=h(t)*x(t)=x(t)*h(t) \tag{2-4}$$

其中，$*$ 为卷积运算符。关于卷积的一些运算性质，可在信号与系统相关的教材中找到，此处从略。

为在计算机上进行信号处理，必须将连续信号和系统响应数字化。

数字化包括两件事：采样和量化。为分析方便，通常讨论模拟采样序列。将 $x(t)$、$h(t)$ 和 $y(t)$ 的模拟采样序列分别记为 $x(n)$、$h(n)$ 和 $y(n)$，则式(2-1) 所对应的离散形式为：

$$y(n)=\sum_{k=-\infty}^{+\infty} h(n-k)x(k)=\sum_{k=-\infty}^{+\infty} h(k)x(n-k) \tag{2-5}$$

若系统为因果的，则式(2-5) 的第二项求和的上限只能到 $k=n$，而第三项求和只能从 $k=0$ 开始。计算机仅能处理有限离散卷积，给定序列 $x(n)$，$n=0,1,2,\cdots,N-1$ 和 $h(n)$，$n=0,1,2,\cdots,M-1$，其中 M 和 N 是正整数。则式(2-5) 变为：

$$y(n)=\sum_{k=0}^{N-1} x(k)h(n-k)=\sum_{k=0}^{M-1} h(k)x(n-k), \qquad n=0,1,2,\cdots,L-1 \tag{2-6}$$

其中，$L=M+N-1$ 为序列 $y(n)$ 的长度。

为便于分析计算，可将离散卷积公式写作向量形式，记：

$$\boldsymbol{x}=[x_0,x_1,x_2,\cdots,x_{N-1}]^{\mathrm{T}} \tag{2-7}$$

$$\boldsymbol{h}=[h_0,h_1,h_2,\cdots,h_{M-1}]^{\mathrm{T}} \tag{2-8}$$

$$\boldsymbol{y}=[y_0,y_1,y_2,\cdots,y_{L-1}]^{\mathrm{T}} \tag{2-9}$$

容易验证，卷积公式(2-6) 可写作：

$$\boldsymbol{y}=\boldsymbol{F}_{(h,N)}\boldsymbol{x}=\boldsymbol{F}_{(x,M)}\boldsymbol{h} \tag{2-10}$$

其中，$\boldsymbol{F}_{(h,N)}$ 为 $\boldsymbol{h}$ 的元素构成的矩阵，有 N 列，形式如下：

$$\boldsymbol{F}_{(h,N)}=\begin{bmatrix} h_0 & & \\ h_1 & h_0 & \\ \vdots & & \ddots \\ \vdots & \vdots & & h_0 \\ h_{M-1} & & & h_1 \\ & h_{M-1} & & \vdots \\ & & \ddots & \vdots \\ & & & h_{M-1} \end{bmatrix} \tag{2-11}$$

$\boldsymbol{F}_{(x,M)}$ 与 $\boldsymbol{F}_{(h,N)}$ 类似，为 $\boldsymbol{x}$ 的元素构成的矩阵，有 M 列。公式(2-10) 说明两个卷积因子可以互易，它们均称为卷积核矩阵。

考虑一种常见的情况。假设离散系统的脉冲响应序列 $h(n)$ 有限，而输入序列 $x(n)$ 可视为从过去到将来的无限长序列，但仅能观测到输出序列 $y(n)$ 的一部分样本。由卷积运算可知，为得到 $y(n)$ 的 L 个样本，要用到 $h(n)$ 的全部 M 个样本以及 $x(n)$ 的 $M+L-1$ 个样本。而实际上，长度为 M 的 $h(n)$ 和长度为 $M+L-1$ 的 $x(n)$ 的卷积长度为一个长度为 $2M+L-2$ 的序列。显然，$y(n)$ 的 L 个样本只是其中的一部分，故称之为部分卷积（partial convolution），而前面的完全卷积又称为常规卷积。采用向量-矩阵形式可将部分卷积写为：

$$\begin{bmatrix} y_0 \\ y_1 \\ y_2 \\ \vdots \\ y_{L-1} \end{bmatrix} = \begin{bmatrix} h_{M-1} & h_{M-2} & \cdots & h_0 & & & & & \\ & h_{M-1} & \ddots & \vdots & \ddots & & & & \\ & & \ddots & h_{M-2} & & h_0 & & & \\ & & & h_{M-1} & \ddots & \vdots & \ddots & & \\ & & & & \ddots & \vdots & & h_0 & \\ & & & & & h_{M-1} & \cdots & h_1 & h_0 \end{bmatrix} \begin{bmatrix} x_{-M+1} \\ \vdots \\ x_{-1} \\ x_0 \\ \vdots \\ x_{L-1} \end{bmatrix} \tag{2-12}$$

部分卷积可写作：

$$\boldsymbol{y}_{\mathrm{p}} = \boldsymbol{F}_{\bar{h}}^{\mathrm{T}} \boldsymbol{x} \tag{2-13}$$

其中，$\boldsymbol{F}_{\bar{h}}$ 是由 $h(n)$ 的反排序列 $\bar{h}(n)$ 构成的卷积核矩阵，其尺寸为 $N\times(N-M+1)$。

容易发现，一维部分卷积和完全卷积之间具有如下关系：

$$y_{\mathrm{p}}(n) = h(n) ☆ x(n) = D_{(M:N)}[h(n) * x(n)] \tag{2-14}$$

其中，☆为部分卷积运算符；$D_{(M:N)}$［·］为范围限定算子，部分卷积的结果可以看作是仅取完全卷积的 $n=M$ 到 $n=N$ 的一段。

需要指出的是部分卷积并不符合交换律，其 x 和 h 长度决定了它们在卷积中的作用，通常将短的序列作为卷积核使用。很多实际情况是以部分卷积的情况出现的。

2.2.2 二维离散卷积

假定二维有限序列 $x(m, n)$ 和 $h(m, n)$ 分别定义在有限栅点集 $Z_x=\{(m, n)\in z^2 \mid 0\leqslant m\leqslant N_1-1, 0\leqslant n\leqslant N_2-1\}$ 和 $Z_h=\{(m, n)\in z^2 \mid 0\leqslant m\leqslant M_1-1, 0\leqslant n\leqslant M_2-1\}$ 上，其中，z^2 为二维平面上的整数栅点构成的集合。它们的二维卷积可写成：

$$\begin{aligned} y(m,n) &= x(m,n) * h(m,n) = \sum_{k=0}^{N_1-1}\sum_{l=0}^{N_2-1} x(k,l)h(m-k,n-l) \\ &= \sum_{k=0}^{M_1-1}\sum_{l=0}^{M_2-1} h(k,l)x(m-k,n-l) \\ & m=0,1,\cdots,M_1+N_1-2; n=0,1,\cdots,M_2+N_2-2 \end{aligned} \tag{2-15}$$

显然，$y(m, n)$ 仅在 $(M_1+N_1-1)\times(M_2+N_2-1)$ 的栅点集上

有意义，即其支撑域也是有限的。

类似于一维有限离散卷积，二维有限离散卷积同样可用向量-矩阵表达形式。从第一行起把二维序列的每个行转置向量一个接一个地排成一个单列向量，即辞书式排列法（也可以将每一列进行叠加）。因此，公式(2-15)可以写成：

$$\boldsymbol{y}=\boldsymbol{F}_h\boldsymbol{x}=\boldsymbol{F}_x\boldsymbol{h} \tag{2-16}$$

$\boldsymbol{y}=\boldsymbol{F}_h\boldsymbol{x}$ 展开即：

$$\begin{bmatrix} \boldsymbol{y}_0 \\ \boldsymbol{y}_1 \\ \vdots \\ \boldsymbol{y}_{M_1-1} \\ \vdots \\ \boldsymbol{y}_{N_1-1} \\ \vdots \\ \boldsymbol{y}_{M_1+N_1-2} \end{bmatrix} = \begin{bmatrix} \boldsymbol{F}_{(h_0,N_2)} & & & \\ \boldsymbol{F}_{(h_1,N_2)} & \boldsymbol{F}_{(h_0,N_2)} & & \\ \vdots & & \ddots & \\ \boldsymbol{F}_{(h_{M_1-1},N_2)} & \cdots & \boldsymbol{F}_{(h_0,N_2)} & \\ & \ddots & & \ddots \\ & & \boldsymbol{F}_{(h_{M_1-1},N_2)} & \cdots & \boldsymbol{F}_{(h_0,N_2)} \\ & & & \ddots & \\ & & & & \boldsymbol{F}_{(h_{M_1-1},N_2)} \end{bmatrix} \begin{bmatrix} \boldsymbol{x}_0 \\ \boldsymbol{x}_1 \\ \vdots \\ \boldsymbol{x}_{N_1-1} \end{bmatrix} \tag{2-17}$$

$$\boldsymbol{F}_{(h_{i1},N_2)} = \begin{bmatrix} h_{(i,0)} & & & \\ h_{(i,1)} & h_{(i,0)} & & \\ \vdots & & \ddots & \\ h_{(i,M_2-1)} & \cdots & h_{(i,0)} & \\ & \ddots & & \ddots \\ & & h_{(i,M_2-1)} & \cdots & h_{(i,0)} \\ & & & \ddots & \\ & & & & h_{(i,M_2-1)} \end{bmatrix} \tag{2-18}$$

其中 $\boldsymbol{y}_i$ 和 $\boldsymbol{x}_i$ 分别表示 $\boldsymbol{y}$ 和 $\boldsymbol{x}$ 的第 $i+1$ 行的转置，$\boldsymbol{F}_{(h_{i1},N_2)}$ 表示由 h 的第 $i+1$ 行元素所构成的卷积核矩阵，它的大小为 $(M_2+N_2-1)\times N_2$，大的分块矩阵的大小为 $(M_1+N_1-1)\times N_1$，故整个矩阵的大小为 $(M_1+N_1-1)(M_2+N_2-1)\times N_1N_2$。

二维部分卷积与一维部分卷积的含义类似。在很多情况下，我们仅能观测和处理一个面积延深很广的图像中的一小块。若被观测图像是由某种卷积因素造成的模糊图像，所观测到的图像就是原始图像和卷积因素的一个部分卷积。假定点扩散函数的尺寸为 $M_1\times M_2$，表达一个 $L_1\times L_2$ 的部分卷积要涉及 $(L_1+M_1-1)\times(L_2+M_2-1)$ 的一部分原始图像。

设有限序列 $x(m, n)$ 和 $h(m, n)$ 的尺寸分别是 $N_1 \times N_2$ 和 $M_1 \times M_2$，且有 $N_1 \geqslant M_1$，$N_2 \geqslant M_2$，其部分卷积表达式为：

$$\boldsymbol{y}_{\mathrm{p}} = \boldsymbol{F}_{\bar{h}}^{\mathrm{T}} \boldsymbol{x} \tag{2-19}$$

式中，$\boldsymbol{F}_{\bar{h}}$ 是由 $h(m, n)$ 的反排序列 $\bar{h}(n)$ 构成的卷积核矩阵，其尺寸为 $N_1N_2 \times (N_1 - M_1 + 1)(N_2 - M_2 + 1)$。二维部分卷积和全卷积之间的关系是：

$$y_{\mathrm{p}}(m,n) = h(m,n) \star x(m,n) = D_{(M_1:N_1, M_2:N_2)}[h(m,n) * x(m,n)] \tag{2-20}$$

即在大的分块基础上保留第 M_1 到 N_1 行，而在小的矩阵里保留第 M_2 到 N_2 行。

2.3 Fourier 变换和离散 Fourier 变换

设连续时间信号 $x(t)$ 在 $(-\infty, +\infty)$ 上绝对可积，即

$$\int_{-\infty}^{\infty} |x(t)| \mathrm{d}t < \infty \tag{2-21}$$

则 $x(t)$ 有 Fourier 变换

$$X(\mathrm{j}\Omega) = \int_{-\infty}^{\infty} x(t) \mathrm{e}^{-\mathrm{j}\Omega t} \mathrm{d}t \tag{2-22}$$

其中，角频率 $\Omega = 2\pi f$，f 为频率变量。其反变换为

$$x(t) = \frac{1}{2\pi} \int_{-\infty}^{\infty} X(\mathrm{j}\Omega) \mathrm{e}^{\mathrm{j}\Omega t} \mathrm{d}\Omega \tag{2-23}$$

Fourier 变换与其反变换使得我们可以从时间域和频率域两个角度了解一个信号。

考虑 δ 采样序列

$$x_{\mathrm{s}}(t) = x(t) \left[\sum_{n=-\infty}^{\infty} \delta(t - nT) \right] \tag{2-24}$$

其中，T 为信号采样周期，$\delta(t - nT)$ 为 Driac δ 函数，对于任意的连续函数 $y(t)$，有

$$\int_{-\infty}^{\infty} y(t) \delta(t - nT) \mathrm{d}t = y(nT) \tag{2-25}$$

$x_{\mathrm{s}}(t)$ 的 Fourier 变换为

$$X_{\mathrm{s}}(\mathrm{j}\Omega) = \sum_{n=-\infty}^{\infty} x(nT) \mathrm{e}^{-\mathrm{j}\Omega nT} \tag{2-26}$$

容易验证，$X_s(j\Omega)$ 是一个周期函数，其周期是 $2\pi/T$，这意味着只是一个周期上的 $X_s(j\Omega)$ 就完全代表了 $x_s(t)$ 的频域映像。如果用采样序列 $x(nT)$ 代替 δ 采样序列 $x_s(t)$，那么 $x(nT)$ 应能够用一个周期上的 $X_s(j\Omega)$ 来得到。直接计算可以证明对应于式(2-26) 的反变换公式

$$x(nT)=\frac{T}{2\pi}\int_{-\pi/T}^{\pi/T}X_s(j\Omega)e^{j\Omega nT}d\Omega \tag{2-27}$$

简便起见，记 $w=\Omega T$，$x(nT)$ 简记为 $x(n)$（采样周期 T 归一化），式(2-26) 和式(2-27) 变为

$$X_s(e^{jw})=\sum_{n=-\infty}^{\infty}x(n)e^{-jwn} \tag{2-28}$$

$$x(n)=\frac{1}{2\pi}\int_{-\pi}^{\pi}X_s(e^{jw})e^{jwn}dw \tag{2-29}$$

式(2-28) 和式(2-29) 分别称为离散时间 Fourier 变换（DTFT）和离散时间 Fourier 反变换（IDTFT），其中 $X_s(e^{j\omega})$ 为周期是 2π 的连续周期函数。

IDTFT 的计算涉及复积分，计算极为不便。如果序列 $x(n)$ 是周期序列，则情况要好得多，事实上，在实际应用中，计算机所能处理的是有限长度的离散序列，为方便计算，可以对其进行周期延拓，而其主要的频谱信息仍能得以保留。一方面，因为周期函数 $x(n)$ 可以用 Fourier 级数表示，即其频谱是离散的；另一方面，$x(n)$ 又是采样序列，其 Fourier 变换是周期为 w_s 的离散谱函数。

假设 $x(n)$（$x(nT)$）是周期为 NT 的离散序列，根据 Fourier 级数理论，$X_s(j\Omega)$ 在频域的谱线间隔为 $2\pi/NT$。在一个 $w_s=2\pi/T$ 的周期上正好有 N 条谱线。将采样周期 T 归一化，则周期为 N 的离散序列的 $x(n)$ 的 DTFT 只要计算 N 个离散谱线值。于是可将离散周期序列 $x(n)$ 的离散 Fourier 变换定义为

$$X(k)=\sum_{n=0}^{N-1}x(n)e^{-j2\pi nk/N} \tag{2-30}$$

其对应的离散 Fourier 反变换（IDFT）公式为

$$X(n)=\frac{1}{N}\sum_{n=0}^{N-1}x(k)e^{j2\pi nk/N} \tag{2-31}$$

IDFT 的一个重要优点是避免了复积分的计算，但需强调的是，在采用 DFT 时，隐含了将有限序列延拓成周期序列的过程。DFT 应用非常广泛，一个重要原因是其有快速算法（FFT）。

由于时域和频域的对称性，DFT 具有如下两个对偶的重要性质，即时域循环卷积性质：

$$\mathrm{DFT}(x(n)^{*}y(n))=X(k)Y(k) \tag{2-32}$$

以及时域乘积性质：

$$\mathrm{DFT}(x(n)y(n))=X(k)*Y(k) \tag{2-33}$$

需强调的是，$x(n)$ 和 $y(n)$ 的序列长度要一致，若不一致，可以通过补零使其一致。有关 DFT 的其他相关性质可以查阅信号处理的相关书籍，这里不再赘述。

因为式(2-32) 的成立，DFT 可以用来计算线性卷积和相关。这些计算所产生的序列长度是参与计算的两个序列长度之和减 1，为能够使用 DFT 计算而又保证不出现混叠现象，通常将参与计算的序列用补零的方法加长，使得进行 DFT 计算的序列长度不小于应有的结果的序列长度。分别用 N_x 和 N_y 来表示序列 $x(n)$ 和 $y(n)$ 的长度，用 $x_e(n)$ 和 $y_e(n)$ 来表示两个补零后的序列（约定补零总是在原序列之后），其长度均为 N。对于卷积核互相关计算，应有 $N\geqslant N_x+N_y-1$，计算 $x(n)$ 自相关时，应有 $N\geqslant 2N_x-1$。记 $X_e(k)=\mathrm{DFT}(x_e(n))$ 和 $Y_e(k)=\mathrm{DFT}(y_e(n))$，用 $\bar{x}(n)$ 表示 $x(n)$ 的反排序。则线性卷积：

$$x(n)*y(n)=D_{(1:N_x+N_y-1)}[\mathrm{IDFT}(X_e(k)Y_e(k))] \tag{2-34}$$

互相关：

$$\begin{aligned} r_{xy}(n)&=\sum_{m=0}^{N-1}x(m)y^{*}(m-n)=x(n)*\bar{y}^{*}(n)\\ &=D_{(1:N_x+N_y-1)}[\mathrm{IDFT}(\exp(-j2\pi k(N_x-1)/N)X_e^{*}(k)Y_e(k))] \end{aligned} \tag{2-35}$$

自相关：

$$\begin{aligned} r_x(n)&=x(n)*\bar{x}^{*}(n)\\ &=D_{(1:2N_x-1)}[\mathrm{IDFT}(\exp(-j2\pi k(N_x-1)/N)|X_e(k)|^2)] \end{aligned} \tag{2-36}$$

上述互相关和自相关的计算方法涉及复指数计算，用下述方法计算可以节省计算工作量。互相关计算：

$$\tilde{r}_{xy}=\mathrm{IDFT}(X_e^{*}(k)Y_e(k)); \tag{2-37}$$

$$r_{xy}(n)=x(n)*\bar{y}^{*}(n)=\{\tilde{r}_{xy}(N-N_y+2:N),\tilde{r}_{xy}(1:N_x)\}$$

以式(2-37) 为基础，容易得到自相关的计算公式为：

$$\tilde{r}_x=\mathrm{IDFT}(|X_e(k)|^2); \tag{2-38}$$

$$r_x(n)=x(n)*\bar{x}^{*}(n)=\{\tilde{r}_x(N-N_x+2:N),\tilde{r}_x(1:N_x)\}$$

2.4 Hilbert 空间中的不动点理论和方法

关于 Hilbert 空间的基本理论和方法，学术界已有许多专著做了详细的论述，这里仅介绍一些后续可能用到的基础知识。

2.4.1 Hilbert 空间

Hilbert 空间是一类完备线性赋范空间，因此，在介绍 Hilbert 空间的概念之前，首先介绍完备线性赋范空间的概念。

定义 2.1（线性赋范空间） 设 X 是实数域$\mathbb{R}$（或复数域）上的线性空间（对加法和数乘运算封闭），在 X 上定义映射 $X\to\mathbb{R}: x\to\|\cdot\|$。若 $\forall x, y\in X, \alpha\in\mathbb{R}$ 满足：

① 正定性：$\|x\|\geqslant 0$，$\|x\|=0\Leftrightarrow x=0$

② 正齐性：$\|\alpha x\|=|\alpha|\,\|x\|$

③ 三角不等式：$\|x+y\|\leqslant\|x\|+\|y\|$

则称$\|x\|$为 x 的范数，称（X，$\|\cdot\|$）为线性赋范空间，简记为 X。通常称三个条件为范数公理。这里 x、y 可以是离散的，也可以是连续的。

在线性赋范空间中可以定义距离，定义距离 $d(x, y)=\|x-y\|$，容易验证，$d(x, y)$ 满足非负性、对称性和三角不等式 $\|x-y\|\leqslant\|x-z\|+\|z-y\|$，因此，$X$ 按由范数导出的距离为距离空间。

定义 2.2（Banach 空间） 设 X 是一线性赋范空间，如果 X 按照距离 $d(x, y)=\|x-y\|$是完备的，即其每一基本列均收敛于 X 中的点，则称 X 为 Banach 空间。

距离空间的完备性，涉及基本列的概念，其定义如下：

定义 2.3（基本列） 设（X，d）为一距离空间，其中 d 为空间中定义的距离，$\{x_n\}$ 是 X 中的点列，若 $\forall\varepsilon>0$，存在 N，当 n，$m>N$ 时，有：

$$d(x_m, x_n)<\varepsilon \tag{2-39}$$

则称 $\{x_n\}$ 为基本列。

Hilbert 空间的概念是建立在内积概念的基础上的。内积与内积空间的定义如下。

定义 2.4（内积与内积空间） 设 X 是数域$\mathbb{Z}$ 上的线性空间，定义映

射 $\langle\cdot,\cdot\rangle$：$X\times X\to\mathbb{Z}$，对任何 $x,y,z\in X$，$\alpha\in\mathbb{Z}$，满足：

① $\langle x+y,z\rangle=\langle x,z\rangle+\langle y,z\rangle$

② $\langle \alpha x,y\rangle=\alpha\langle x,y\rangle$

③ $\langle x,y\rangle=\langle y,x\rangle^*$

④ $\langle x,x\rangle\geqslant 0$，$\langle x,x\rangle=0\Leftrightarrow x=0$

则称 $\langle x,y\rangle$ 为 x，y 的内积，定义了内积的线性空间 X 称为内积空间，且若令 $\|x\|=\langle x,x\rangle^{\frac{1}{2}}$，则 X 为线性赋范空间。

定义 2.5（Hilbert 空间） 设 X 为内积空间，若 X 按由内积导出的范数称为 Banach 空间，则称 X 为 Hilbert 空间，记为 H。

例如，在 $l_2=\{x\mid x=(x_1,x_2,\cdots x_k,\cdots),\sum_{k=1}^{\infty}|x_k|^2<+\infty\}$（$x_k$ 为复数）中定义内积：

$$\langle x,y\rangle=\sum_{i=1}^{\infty}x_i\bar{y}_i \tag{2-40}$$

则 l_2 是内积空间。再如，$L_2[a,b]$ 表示 $[a,b]$ 上平方 L 可积复值函数的全体，$\forall x,y\in L_2[a,b]$，定义

$$\langle x,y\rangle=\int_a^b x(t)\bar{y}(t)\mathrm{d}t \tag{2-41}$$

可以验证 $L_2[a,b]$ 是内积空间。

在线性赋范空间中，可以定义线性泛函：

定义 2.6（线性泛函） 设 X 是实数域$\mathbb{R}$（或复数域）上的线性赋范空间，D 是 X 的线性子空间，f：$D\to\mathbb{R}$，若 f 满足：$\forall\alpha,\beta\in\mathbb{R}$，$x$，$y\in D$

$$f(\alpha x+\beta y)=\alpha f(x)+\beta f(y) \tag{2-42}$$

则称 f 是 D 上的一个线性泛函，称 D 为 f 的定义域，$f(D)=\{f(x)|x\in D\}$为 f 的值域。特别的，若存在 $M>0$，对任何 $x\in D$，均有 $|f(x)|\leqslant M\|x\|$，则称 f 是 D 上的线性有界泛函或线性连续泛函。

由 X 中的所有线性有界泛函所构成的空间称为 X 的共轭空间，记为 X^*，定义泛函的范数为：

$$\|f\|=\sup_{x\neq 0}\frac{|f(x)|}{\|x\|} \tag{2-43}$$

容易验证，X^* 为 Banach 空间。

线性赋范空间中的点的收敛有强收敛和弱收敛的概念，通常不加说明的情况下指强收敛，这两者的定义如下所述。

定义 2.7（强收敛、弱收敛） 设 X 是线性赋范空间，$x_n\in X$

① 若存在 $x \in X$，使得 $\|x_n - x\| \to 0$，则称点列 $\{x_n\}$ 强收敛于 x；

② 若存在 $x \in X$，对任何 $f \in X^*$，有 $|f(x_n) - f(x)| \to 0$，则称 $\{x_n\}$ 弱收敛于 x。

可以证明，强收敛必导致弱收敛，反之则不真，弱收敛意味着数列有界，且其弱极限唯一。需要强调的是在有限维 H 空间中，向量的强收敛与弱收敛是等价的，而实际应用大都满足这一条件。

2.4.2 非扩张算子与不动点迭代

2.4.2 和 2.4.3 中有关定理的证明，参见参考文献 [5]

定义 2.8（凸集） 设 X 是一线性空间，C 是 X 的子集，若 $\forall \boldsymbol{x}, \boldsymbol{y} \in C$，均有

$$\{\lambda \boldsymbol{x} + (1-\lambda)\boldsymbol{y} \mid 0 \leqslant \lambda \leqslant 1\} \in C \tag{2-44}$$

则称 C 为 X 的凸子集或凸集。

定义 2.9（不动点） 设 X 为集合，$\boldsymbol{T}$：$X \to X$ 为一算子，$\boldsymbol{T}$ 的不动点 $\mathrm{Fix}\boldsymbol{T}$（点集）定义为

$$\mathrm{Fix}\boldsymbol{T} = \{\boldsymbol{x} \in X \mid \boldsymbol{T}\boldsymbol{x} = \boldsymbol{x}\} \tag{2-45}$$

设 C 为 Hilbert 空间 H 中的非空闭凸集，记 P_C 为由 H 中的点投影到 C 上的投影算子，则有 $\mathrm{Fix}P_C = C$。

定义 2.10（非扩张算子） 令 D 为 Hilbert 空间 H 中的非空集合，令 $\boldsymbol{T}$：$D \to H$（可以是非线性算子），则 $\boldsymbol{T}$ 为：

① 固定非扩张的，若：

$$\|\boldsymbol{T}\boldsymbol{x} - \boldsymbol{T}\boldsymbol{y}\|^2 + \|(\boldsymbol{I}-\boldsymbol{T})\boldsymbol{x} - (\boldsymbol{I}-\boldsymbol{T})\boldsymbol{y}\|^2 \leqslant \|\boldsymbol{x} - \boldsymbol{y}\|^2 \tag{2-46}$$

② 非扩张的，若 $\boldsymbol{T}$ 为 1-Lipschitz 连续的，即：

$$\|\boldsymbol{T}\boldsymbol{x} - \boldsymbol{T}\boldsymbol{y}\|^2 \leqslant \|\boldsymbol{x} - \boldsymbol{y}\|^2 \tag{2-47}$$

容易证明，到非空凸集上的投影算子是固定非扩张的；若非扩张算子 $\boldsymbol{T}$ 的定义域为闭凸集，则 $\mathrm{Fix}\boldsymbol{T}$ 为闭凸集。

定义 2.11（α-平均算子） 令 D 为 Hilbert 空间 H 中的非空集合，令 $\boldsymbol{T}$：$D \to H$ 为非扩张算子，令 $\alpha \in (0, 1)$，则称 $\boldsymbol{T}$ 为 α-平均的，若存在非扩张算子 $\boldsymbol{R}$：$D \to H$ 使得：

$$\boldsymbol{T} = (1-\alpha)\boldsymbol{I} + \alpha \boldsymbol{R} \tag{2-48}$$

令 D 为 Hilbert 空间 H 中的非空集合，令 T：$D \to H$，则必有：

① 若 $\boldsymbol{T}$ 为 α-平均的，则必有 $\boldsymbol{T}$ 为非扩张的；

② $\boldsymbol{T}$ 为 1/2-平均的，当且仅当 $\boldsymbol{T}$ 为固定非扩张的。

定义 2.12（Fejér 单调性） 令 D 为 Hilbert 空间 H 中的非空集合，

令 $\{\boldsymbol{x}^k\}$ 为 H 中序列，则称 $\{\boldsymbol{x}^k\}$ 关于 D 是 Fejér 单调的，若：

$$(\forall \boldsymbol{x}^* \in D)(\forall k \in \mathbb{N}) \|\boldsymbol{x}^{k+1} - \boldsymbol{x}^*\|^2 \leqslant \|\boldsymbol{x}^k - \boldsymbol{x}^*\|^2 \qquad (2\text{-}49)$$

定理 2.1（Krasnosel'skiĭ-Mann 算法） 令 D 为 Hilbert 空间 H 中的非空集合，令 $\boldsymbol{T}$：$D \to D$ 为 $\mathrm{Fix}\boldsymbol{T} \neq \varnothing$ 的非扩张算子，令 $(\lambda^k)_{k\in\mathbb{N}}$ 为 (0, 1) 中的序列并使得 $\sum_{k\in\mathbb{N}} \lambda^k (1-\lambda^k) = +\infty$，取 $\boldsymbol{x}^0 \in D$，则迭代序列：

$$(\forall k \in \mathbb{N}) \quad \boldsymbol{x}^{k+1} = \boldsymbol{x}^k + \lambda^k (\boldsymbol{T}\boldsymbol{x}^k - \boldsymbol{x}^k) \qquad (2\text{-}50)$$

具有以下性质：

① $\{\boldsymbol{x}^k\}$ 关于 $\mathrm{Fix}\boldsymbol{T}$ 是 Fejér 单调的；

② $\{\boldsymbol{T}\boldsymbol{x}^k - \boldsymbol{x}^k\}$ 强收敛于 0；

③ $\{\boldsymbol{x}^k\}$ 弱收敛于 $\mathrm{Fix}\boldsymbol{T}$。

定理 2.2 令 $\boldsymbol{T}$：$H \to H$ 为 Hilbert 空间 H 中的固定非扩张算子，且 $\mathrm{Fix}\boldsymbol{T} \neq \varnothing$，令 $(\lambda^k)_{k\in\mathbb{N}}$ 为 [0, 2] 中的序列并使得 $\sum_{k\in\mathbb{N}} \lambda^k (2-\lambda^k) = +\infty$，取 $\boldsymbol{x}^0 \in H$，令 $(\forall k \in \mathbb{N}) \quad \boldsymbol{x}^{k+1} = \boldsymbol{x}^k + \lambda^k (\boldsymbol{T}\boldsymbol{x}^k - \boldsymbol{x}^k)$，则以下结论成立：

① $\{\boldsymbol{x}^k\}$ 关于 $\mathrm{Fix}\boldsymbol{T}$ 是 Fejér 单调的；

② $\{\boldsymbol{T}\boldsymbol{x}^k - \boldsymbol{x}^k\}$ 强收敛于 0；

③ $\{\boldsymbol{x}^k\}$ 弱收敛于 $\mathrm{Fix}\boldsymbol{T}$。

定理 2.2 的一个特例是取 $\lambda^k \equiv 1$，则迭代变为 $\boldsymbol{x}^{k+1} = \boldsymbol{T}\boldsymbol{x}^k$。

2.4.3 极大单调算子

定义 2.13（图） 令 $\boldsymbol{M}$：$H \to 2^H$ 为 Hilbert 空间 H 中的点集映射，则 $\boldsymbol{M}$ 是单调的，若

$$(\forall (\boldsymbol{x}, \boldsymbol{u}) \in \mathrm{gra}\boldsymbol{M})(\forall (\boldsymbol{y}, \boldsymbol{v}) \in \mathrm{gra}\boldsymbol{M}) \langle \boldsymbol{x}-\boldsymbol{y}, \boldsymbol{u}-\boldsymbol{v} \rangle \geqslant 0 \qquad (2\text{-}51)$$

其中 $\mathrm{gra}\boldsymbol{M}$ 为 $\boldsymbol{M}$ 的图，即 $(\boldsymbol{x}, \boldsymbol{u}) \in \mathrm{gra}\boldsymbol{M} \Leftrightarrow \boldsymbol{u} \in \boldsymbol{M}\boldsymbol{x}$。

定义 2.14（极大单调） 令 $\boldsymbol{M}$：$H \to 2^H$ 为单调算子，称 $\boldsymbol{M}$ 为极大单调的，若不存在单调算子 $\boldsymbol{M}'$：$H \to 2^H$ 使得 $\mathrm{gra}\boldsymbol{M}'$ 包含 $\mathrm{gra}\boldsymbol{M}$，即对于任意 $(\boldsymbol{x}, \boldsymbol{u}) \in H \times H$，有：

$$(\boldsymbol{x}, \boldsymbol{u}) \in \mathrm{gra}\boldsymbol{M} \Leftrightarrow ((\boldsymbol{y}, \boldsymbol{v}) \in \mathrm{gra}\boldsymbol{M}) \langle \boldsymbol{x}-\boldsymbol{y}, \boldsymbol{u}-\boldsymbol{v} \rangle \geqslant 0 \qquad (2\text{-}52)$$

定理 2.3 令 $\boldsymbol{M}$：$H \to 2^H$ 为单调算子，则 $\boldsymbol{M}$ 为极大单调的，当且仅当 $\mathrm{ran}(\boldsymbol{I}+\boldsymbol{M}) = H$，其中 ran 为算子的值域。

定义 2.15（预解算子） 令 $\boldsymbol{M}$：$H \to 2^H$，令 $\beta > 0$，则 $\boldsymbol{M}$ 的预解算子定义为 $J_{\beta\boldsymbol{M}} = (\boldsymbol{I}+\boldsymbol{M})^{-1}$。

定理 2.4 令 $f \in \Gamma_0(H)$（正常凸函数），则 ∂f 为极大单调的，且有 $J_{\beta\partial f} = \mathrm{prox}_{\beta f}$。

定理 2.5 令 $\boldsymbol{M}$：$H\to 2^H$ 为极大单调算子，令 $\beta>0$，则以下结论成立：

① $J_{\beta\boldsymbol{M}}$：$H\to H$ 与 $\boldsymbol{I}-J_{\beta\boldsymbol{M}}$：$H\to H$ 为固定非扩张算子，且是极大单调的。

② 反射预解算子（反射算子）

$$R_{\beta\boldsymbol{M}}: H\to H: \boldsymbol{x}\to 2J_{\beta\boldsymbol{M}}-\boldsymbol{I} \tag{2-53}$$

为非扩张算子。

2.4.4 l_1 球投影问题的求解

凸集投影算子是非扩张算子的经典例子，往 l_2 球即圆球上投影的问题容易解决，而往 l_1 球投影的问题则要复杂得多，下面，对其解决方法做以简要介绍，后续章节会用到最终的结论。

往 l_1 球投影的问题可以描述为：

$$P_c(\boldsymbol{x})=\underset{\{\boldsymbol{y}\in\mathbb{R}^n,|\boldsymbol{y}|_1\leqslant c\}}{\operatorname{argmin}}\|\boldsymbol{x}-\boldsymbol{y}\|_2^2 \tag{2-54}$$

其中 $c>0$ 为上界。

若有 $|\boldsymbol{x}|_1\leqslant c$，则显然有 $\boldsymbol{y}=\boldsymbol{x}$。其他情况下，根据 $\|\boldsymbol{x}-\boldsymbol{y}\|_2^2$ 的严凸性和 $|\boldsymbol{y}|_1\leqslant c$ 的凸性可知，问题必存在唯一的最优解，且存在 $\mu\in(0,+\infty)$ 使得问题的解等价于如下 Lagrange 问题的解：

$$P_c(\boldsymbol{x})=\underset{\boldsymbol{y}\in\mathbb{R}^n}{\operatorname{argmin}}\|\boldsymbol{x}-\boldsymbol{y}\|_2^2+\mu|\boldsymbol{y}|_1 \tag{2-55}$$

式(2-55) 的最优解具有闭合形式：

$$y_i(\mu)=\begin{cases}x_i-\operatorname{sgn}(x_i)\dfrac{\mu}{2}, & |x_i|\geqslant\dfrac{\mu}{2}\\ 0, & \text{其他}\end{cases} \tag{2-56}$$

令 $\varphi(\mu)=|\boldsymbol{y}(\mu)|_1$，目的是找到 μ^* 使得 $\varphi(\mu^*)=|\boldsymbol{y}(\mu^*)|_1=c$，$\varphi$ 是单调递减的连续凸函数，此外，有 $\varphi(0)=|\boldsymbol{x}|_1$，且 $\lim\limits_{\mu\to\infty}\varphi(\mu)=0$。根据中值定理，对于任意 $c\in[0,|\boldsymbol{y}|_1]$，存在 μ^*，使得 $\varphi(\mu^*)=c$。

$$\varphi(\mu)=\sum_{i=1}^{n}|x_i^*|=\sum_{i,|x_i|\geqslant(\mu/2)}\left(|x_i|-\frac{\mu}{2}\right)=\sum_{i,z_i\geqslant\mu}\left(|x_i|-\frac{\mu}{2}\right) \tag{2-57}$$

其中，$z_i=2|x_i|$。由此可知，$\varphi(\mu)$ 为分片线性递减函数，在 $\mu=z_i$ 处，斜率可能会发生变化，因此，可通过如下算法寻找 μ^*：

① 计算 $z_i=2|x_i|$，i，…，n；

② 通过一排序函数，得到组合 j 使得 $k\to z_{j(k)}$ 为递增；

③ 取部分和：$\varphi(z_{j(k)})=E(k)=\sum_{i=k}^{n}(|x_{j(i)}|-(z_{j(k)}/2))$，$E$ 是递减的；

④ 若 $E(1)<c$，令 $a_1=0$、$b_1=|\boldsymbol{x}|_1$、$a_2=z_{j(1)}$、$b_2=E(1)$，否则，找到 k^*，使得 $E(k^*)\geqslant c$ 和 $E(k^*+1)<c$，令 $a_1=z_{j(k^*)}$、$b_1=|E(k^*)|_1$、$a_2=z_{j(k^*+1)}$、$b_2=E(k^*+1)$；

⑤ 令

$$\mu^*=\frac{(a_2-a_1)c+b_2a_1-b_1a_2}{b_2-b_1} \tag{2-58}$$

⑥ 根据式(2-56) 求出 $\boldsymbol{y}^*=\boldsymbol{y}(\mu^*)$。

第3章

图像复原的病态性及保持图像细节的正则化

3.1 概述

对图像复原问题求解进行正则化的目的是两方面的，一是实现求解过程的稳定，有效抑制噪声并获得具有一定平滑性的结果；二是通过正则化将关于图像的先验知识融入求解过程，以求结果更好地逼近原始图像。

通常情况下，线性正则化方法，如 Wiener 滤波和约束最小二乘滤波(均可视为 Tikhonov 正则化的特例)，可以较好地满足第一个要求，获得具有一定平滑性的结果，但由于缺乏更合理的图像先验假设，线性方法所求得的结果通常存在较严重的伪迹和过平滑现象。而非线性正则化则可以较好地平衡这两个要求。

图像去模糊（反卷积）是一类最具代表性的图像复原问题，本章以图像去模糊为例，从算子特征值分析和逆滤波两个角度深入研究了图像复原的病态性机制，论述了图像复原正则化的必要性，从理论分析和仿真实验两个方面揭示了广义全变差和剪切波正则化在保持图像细节方面的有效性，并给出了相应的离散实现方法。

本章结构安排如下：3.2 节简要介绍了几种典型的图像模糊模型及形成机理。3.3 节从紧算子特征值分析和逆滤波两个角度详细阐述了图像去模糊的病态机理，并深入探讨了逆滤波无法用于反卷积的根本原因。3.4 节则给出了两种保持图像细节的非线性正则化方法，即 TGV 模型和剪切波变换。3.5 节介绍了本文用到的几种图像质量评价方法。

3.2 典型的图像模糊类型

从数学角度讲，图像模糊过程可以看作原始清晰图像与 PSF 在空域上进行卷积的结果，因此，图像去模糊又被称为图像反卷积。PSF 又称为模糊核，它体现了成像系统对于点源的解析能力。根据图像模糊的成因，模糊核通常对应以下几种典型的模糊数学模型[37]：运动模糊、离焦模糊和 Gauss 模糊。下面简要介绍这几种常见的模糊数学模型。

① 运动模糊模型。当成像目标与成像系统之间存在相对运动时，就会产生运动模糊。根据运动主体的不同，可以分为全局运动模糊（整幅

图像一致模糊，通常由场景与成像系统的相对运动造成）和局部运动模糊（仅观测图像中的某个局部模糊，通常由图像中某个物体的运动造成）。若相对运动为匀速直线运动（相机曝光时间较短时，该模型也可用于非匀速直线运动模糊建模），则 PSF 可表示为：

$$h(x,y)=\begin{cases}\dfrac{1}{d}, & y=x\tan\theta, 0\leqslant x\leqslant d\cos\theta \\ 0, & \text{其他}\end{cases} \tag{3-1}$$

其中 d 为运动距离，θ 为运动方向（与水平方向的逆时针夹角）。图 3-1(a) 和图 3-2(a) 分别给出了一运动模糊核在空域和频域的表现形式。

② 离焦（平均）模糊模型。图像的离焦模糊源自于光学成像系统的聚焦不当。其点扩散函数表现为一个均匀分布的圆形光斑，可表示为：

$$h(x,y)=\begin{cases}\dfrac{1}{\pi R^2}, & x^2+y^2\leqslant R^2 \\ 0, & \text{其他}\end{cases} \tag{3-2}$$

其中 R 为圆形光斑的半径。图 3-1(b) 和图 3-2(b) 分别给出了一离焦模糊核在空域和频域的表现形式。

③ Gauss 模糊模型。当造成图像模糊的因素众多（如大气湍流和光学系统衍射等），而又没有一个因素占据主导地位时，其综合影响会使得 PSF 趋于如下 Gauss 形式：

$$h(x,y)=\frac{1}{\sqrt{2\pi\sigma}}\exp\left(-\frac{x^2+y^2}{2\sigma^2}\right) \tag{3-3}$$

其中模糊的程度与标准差 σ 成正比，显然，若 σ 很大时，则 Gauss 趋向于离焦模糊。图 3-1(c) 和图 3-2(c) 分别给出了一 Gauss 模糊核在空域和频域的表现形式。

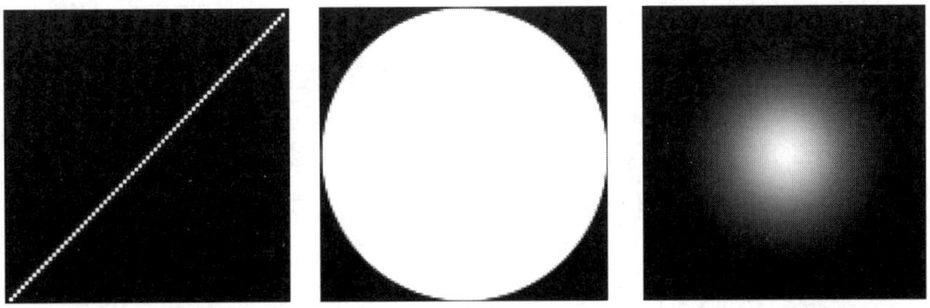

(a) 运动模糊　(b) 离焦模糊　(c) Gauss模糊

图 3-1　PSF 的空域表示

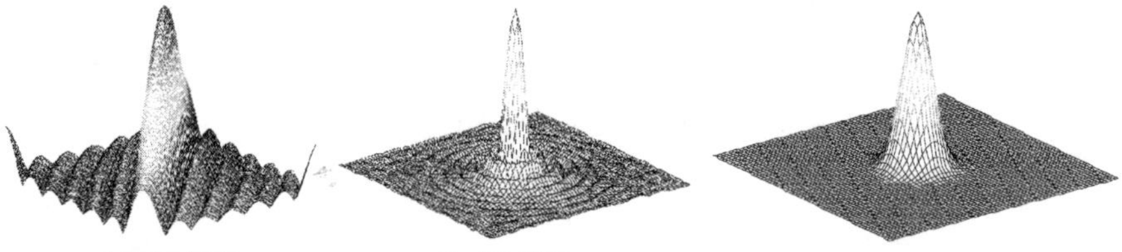

(a) 运动模糊　　(b) 离焦模糊　　(c) Gauss模糊

图 3-2　PSF 的频域表示

简单起见，在本文后续内容中，记尺寸为 $s_1 \times s_2$ 的平均（离焦）模糊为 $A(s_1, s_2)$（若尺寸为 $s \times s$，则记为 $A(s)$）；记尺寸为 s，标准差为 δ 的 Gauss 模糊为 $G(s, \delta)$；记长度为 d，逆时针角度为 θ 的运动模糊为 $M(d, \theta)$，它们均可由 MATLAB 函数“fspecial”生成[31]。

3.3 图像去模糊的病态性

根据模糊核是否已知，图像去模糊可分为非盲去模糊（常规反卷积）和盲去模糊（盲反卷积）两大类。本文重点关注非盲去模糊的求解，但所提出的多个方法也可方便地推广至盲去模糊。从本章后续的讨论可以发现，即便是模糊核已知的常规反卷积问题，通常也是严重病态的，且这种病态性是本质上的，在无正则措施的前提下无法消除。

图像去模糊（反卷积）的病态性可以从两个数学角度来加以解释：

① 去模糊过程是对紧算子的求逆。从泛函分析的角度看，模糊过程可以用一个紧算子来建模。而一个紧算子通常会将 Hilbert 空间中的有界集映射为一个紧集，在这一过程中，引入了空间信息的相干混合并可能伴随着空间维数的压缩。之所以能够实现这一目的，是因为紧算子的特征值（或奇异值）会趋于零。对紧算子求逆等价于去掉数据空间的相干性和重建出被抑制的信息维度，这一过程通常是极不稳定的[37]。

② 去模糊过程是对低通滤波的求逆。图像模糊 PSF 的频域表示通常是一个低通滤波器，它可以抑制图像中的高频细节信息。图像去模糊在频域上则是对这一低通滤波器求逆，它关于图像数据中的噪声和其他高频扰动是不稳定的。

3.3.1 卷积方程的离散化和模糊矩阵的病态性分析

图像的线性退化过程可以用式(1-5) 来建模。首先，利用紧算子的一些性质分析其病态性。在去模糊中，卷积算子（矩阵）为紧算子，用 $\boldsymbol{K}^*$ 表示算子 $\boldsymbol{K}$ 的 Hilbert 伴随算子，则 $\boldsymbol{K}^*\boldsymbol{K}$ 为自伴随紧算子（若 $\boldsymbol{K}$ 为矩阵，则 $\boldsymbol{K}^*\boldsymbol{K}$ 即为 $\boldsymbol{K}^{\mathrm{H}}\boldsymbol{K}$，其中 $\boldsymbol{K}^{\mathrm{H}}$ 表示 $\boldsymbol{K}$ 的 Hermit 转置或共轭转置)，且其特征值全部为非负实数。将 $\boldsymbol{K}^*\boldsymbol{K}$ 的特征值按降序排列为 $\lambda_1 \geqslant \lambda_2 \geqslant \cdots \geqslant 0$，其对应的单位正交特征向量（$\boldsymbol{K}^*\boldsymbol{K}$ 不同特征值对应的特征向量必正交，若同一特征值对应多个特征向量则可借助 Schmidt 正交化对其进行单位正交化）分别为 $\boldsymbol{v}_1$、$\boldsymbol{v}_2$、$\boldsymbol{K}$。定义 $\mu_i = 1/\sqrt{\lambda_i}$ 和 $\boldsymbol{w}_i = \mu_i \boldsymbol{K}\boldsymbol{v}_i$，$i=1,2,\cdots$，则方程式(1-5) 的极小范数最小二乘解[32] 为

$$\boldsymbol{K}^+ \boldsymbol{f} = \sum_{i \in \mathbb{N}} \mu_i \langle \boldsymbol{f}, \boldsymbol{w}_i \rangle \boldsymbol{v}_i \tag{3-4}$$

其中 $\boldsymbol{K}^+$ 为 $\boldsymbol{K}$ 的伪逆算子。由上式可知，尽管方程式(1-5) 的极小范数最小二乘解唯一，但当 $\boldsymbol{K}$ 不是有限维时，会有 $\lambda_i \rightarrow 0$ 而 $\mu_i \rightarrow +\infty$，此时观测数据中的噪声会被放大，这使得极小范数最小二乘解不连续地依赖于观测数据。

实际应用中，模糊矩阵 $\boldsymbol{K}$ 的病态性，受到模糊核、图像尺寸（或卷积长度）和模糊（卷积）矩阵构造方式的影响。

多数情况下，反卷积会采用离散的循环卷积模型。简单起见，以一维反卷积为例说明循环卷积矩阵的构造。假设卷积核 $h(n)$ 和观测数据 $f(n)$ 的长度分别为 M 和 N。通常，观测过程是一个部分卷积过程，这种情况下，输入数据 $u(n)$ 的长度为 $M+N-1$，而离散的卷积方程可以写为：

$$\begin{bmatrix} f_0 \\ f_1 \\ f_2 \\ \vdots \\ f_{N-1} \end{bmatrix} = \begin{bmatrix} h_{M-1} & h_{M-2} & \cdots & h_0 & & & & \\ & h_{M-1} & \ddots & \vdots & \ddots & & & \\ & & \ddots & h_{M-2} & \ddots & h_0 & & \\ & & & h_{M-1} & \ddots & \vdots & \ddots & \\ & & & & \ddots & \vdots & & h_0 \\ & & & & & h_{M-1} & \cdots & h_1 & h_0 \end{bmatrix} \begin{bmatrix} u_{-M+1} \\ \vdots \\ u_{-1} \\ u_0 \\ \vdots \\ u_{N-1} \end{bmatrix} \tag{3-5}$$

尽管等式(3-5) 是连续卷积过程的一个合理近似，但它在实际的反卷积问题中几乎无法使用，这是因为方程式(3-5) 是欠定的，变量的数目 $M+N-1$ 通常要比等式的数目 N 更大。因此，对于卷积模型式(3-5)

进行合理的近似是十分必要的。因为对应于快速 Fourier 变换（fast Fourier transform，FFT），循环卷积模型成为式(3-5) 最常用的近似模型，其构造可以显著地减少计算量和降低数据的存储空间。在循环卷积条件下，等式(3-5) 可以被近似为：

$$\begin{bmatrix} f_0 \\ f_1 \\ \vdots \\ \\ \\ \vdots \\ f_{N-1} \end{bmatrix} = \begin{bmatrix} h_0 & 0 & \cdots & 0 & h_{M-1} & \cdots & h_1 \\ h_1 & h_0 & 0 & & & \ddots & \vdots \\ \vdots & & \ddots & \ddots & & & h_{M-1} \\ h_{M-1} & & \ddots & \ddots & \ddots & & 0 \\ 0 & \ddots & & & \ddots & 0 & \vdots \\ \vdots & \ddots & \ddots & & \ddots & \ddots & 0 \\ 0 & \cdots & 0 & h_{M-1} & \cdots & h_1 & h_0 \end{bmatrix} \begin{bmatrix} u_0 \\ u_1 \\ \vdots \\ \\ \\ \vdots \\ u_{N-1} \end{bmatrix} \tag{3-6}$$

等式(3-6) 成立的一个重要前提是 $M \ll N$，即模糊核的尺寸应当显著小于观测数据的尺寸，事实上，若这一条件不成立，反卷积在实际中很难进行。将式(3-6) 记为：

$$\boldsymbol{f} = \boldsymbol{K}\boldsymbol{u} \tag{3-7}$$

其中 $\boldsymbol{K}$ 为循环模糊矩阵。在图像反卷积问题中，$\boldsymbol{K}$ 为块循环矩阵。

另一方面，若 $\boldsymbol{K}$ 为循环矩阵或块循环矩阵，则它可以通过 FFT 实现对角化：

$$\boldsymbol{K} = \boldsymbol{F}^{-1}\boldsymbol{\Lambda}\boldsymbol{F} \tag{3-8}$$

其中 $\boldsymbol{F}$ 为离散 Fourier 变换矩阵而 $\boldsymbol{F}^{-1}$ 为其逆矩阵，$\boldsymbol{\Lambda}$ 则是一对角矩阵，其构造如下：

$$\begin{aligned} \boldsymbol{\Lambda} &= \mathrm{diag}\{\lambda_0, \lambda_1, \cdots, \lambda_{N-1}\} \\ &= \mathrm{diag}\{\mathrm{DFT}[h_0, h_1, \cdots, h_{M-1}, h_M, \cdots, h_{N-1}]\} \\ &= \mathrm{diag}\{\mathrm{DFT}[h_0, h_1, \cdots, h_{M-1}, 0, \cdots, 0]\} \end{aligned} \tag{3-9}$$

即 $\boldsymbol{\Lambda}$ 的对角元素为 $[h_0,\ h_1,\ \cdots,\ h_{M-1},\ 0,\ \cdots,\ 0]$ 的离散 Fourier 变换（$h(n)$ 不足长度 N 的部分用 0 补齐）。显然，若 $[h_0,\ h_1,\ \cdots,\ h_{M-1},\ 0,\ \cdots,\ 0]$ 的离散 Fourier 变换中含有 0，则意味着模糊矩阵 $\boldsymbol{K}$ 是奇异的，即 $\boldsymbol{K}$ 的零域 zer$\boldsymbol{K}$ 中含有 $\boldsymbol{0}$ 以外的元素。

在循环边界条件下，$\boldsymbol{K}$ 的病态性和奇异性会受到卷积长度的影响。以模糊核长度为 9 的平均模糊为例，其模糊核为 [1/9，1/9，1/9，1/9，1/9，1/9，1/9，1/9，1/9]，若卷积长度 $N=9$，则 $\boldsymbol{K}$ 的特征值为 [1，0，0，0，0，0，0，0，0]，显然，$\boldsymbol{K}$ 是奇异的，zer$\boldsymbol{K}$ 中含有 $\boldsymbol{0}$ 以外的元素。若记频域采样点为 ω_s，则 $[\omega_s/9,\ 2\omega_s/9,\ \cdots,\ 8\omega_s/9]$ 为模糊核所对应的 FIR 滤波器的零点。

但是，当卷积尺寸增大时，$\boldsymbol{K}$ 并不一定是奇异的。定义度量 $\boldsymbol{K}$ 病态性的病态条件数为：

$$\tau(\boldsymbol{K})=\frac{\max\{\mathrm{abs}(\lambda_i)\}}{\min\{\mathrm{abs}(\lambda_i)\}} \tag{3-10}$$

图 3-3 给出了 $\boldsymbol{K}$ 的病态条件数随卷积长度的变化情况，其中若 $\boldsymbol{K}$ 为奇异阵，则记 $\boldsymbol{K}$ 的病态条件数为 10^{40}。最短的卷积长度为卷积核长度 9，而最长的卷积长度设置为 1024。图 3-3 中，$\boldsymbol{K}$ 在 157 种情况下是奇异的，而大部分情况下，$\boldsymbol{K}$ 是非奇异的但却是严重病态的（严格的理论分析表明，若卷积长度为 3 的整数，模糊矩阵均应是奇异的）。事实上，仅当模糊 FIR 的频域采样点碰巧有 $[\omega_s/9,\ 2\omega_s/9,\ \cdots,\ 8\omega_s/9]$ 中的点时，模糊矩阵 $\boldsymbol{K}$ 才是奇异的，否则 $\boldsymbol{K}$ 将是非奇异的。

从上述讨论可以看到，卷积核的延拓会影响模糊滤波器频域采样点的分布，进而影响模糊矩阵 $\boldsymbol{K}$ 的奇异性和病态性。

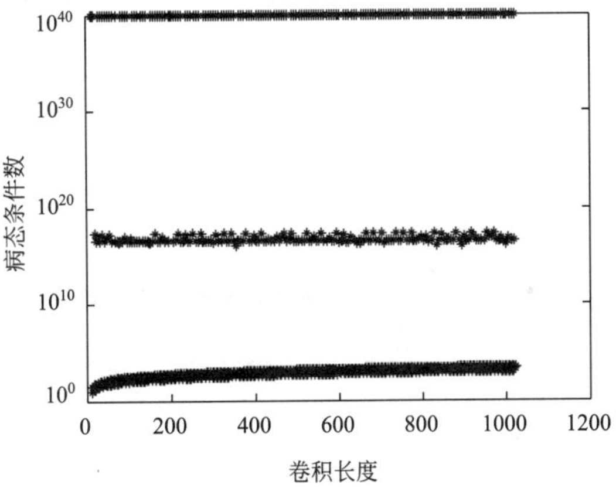

图 3-3　长度为 9 的平均模糊矩阵病态条件数相对于卷积长度的变化情况

同样的现象也同样存在于二维卷积中。将模糊核 A(1，9)、A(9，9)、G(9，3) 和 M(30，30) 应用到 $N\times N(N\in\mathbf{N})$ 的二维卷积中，其中，对于前三个模糊核，N 从 9 递增至 1024（总的模糊矩阵数目为 1016)；对于 M(30，30)，N 从 27 递增至 1024（总的模糊矩阵数目为 998)。图 3-4(a)～(d) 分别给出了四种模糊下模糊矩阵病态条件数随 N 变化的情况。对于模糊核 A(1，9) 和 A(9，9) 而言，总的奇异模糊矩阵数分别为 237 和 306（如上所述，真实值应大于这两个值），而对于模糊核 G(9，3) 和 M(30，30)，并未出现奇异模糊矩阵。需要强调的一点是，伴随卷积长度的增加，模糊矩阵的病态条件数有上升的趋势，这是由于模糊核补零数目的增加会进一步增强所生成模糊矩阵的自相似性，进而进一步恶化其病态性。

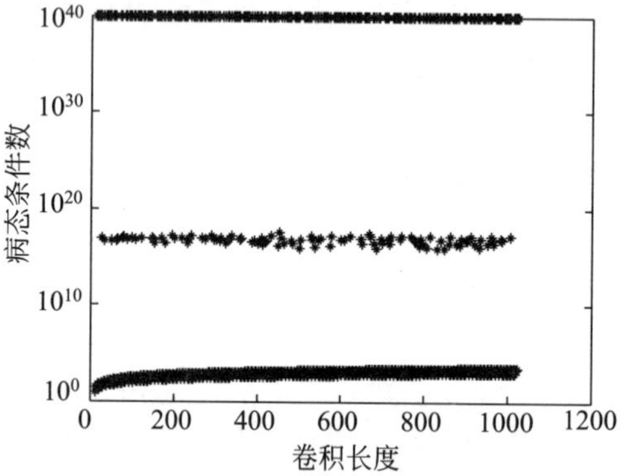

(a) A (1，9)

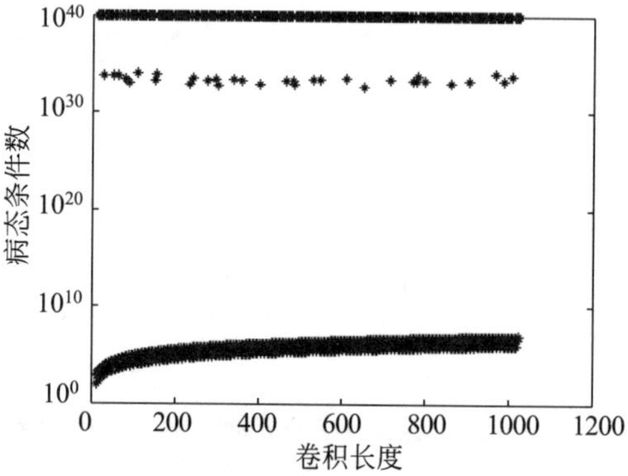

(b) A (9，9)

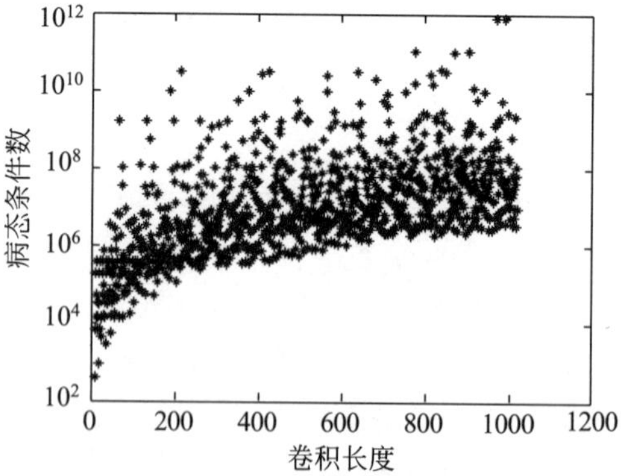

(c) G (9，3)

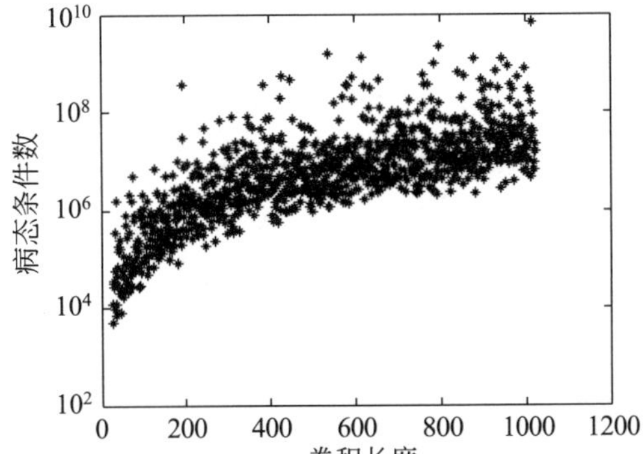

(d) M (30，30)

图 3-4 二维卷积中不同模糊核模糊矩阵病态条件数相对于卷积长度的变化情况

显然，在循环边界条件下，模糊矩阵 $\boldsymbol{K}$ 的病态性和奇异性会同时受到模糊核和卷积长度的影响。事实上，模糊矩阵本身的构造也是影响其病态性的一个重要因素。循环结构导致模糊矩阵行或列之间具有很强的相关性，这会进一步加重模糊矩阵的病态性。事实上，可以通过改进模糊矩阵的构造方式来减轻这种病态性，例如邹谋炎和 Unbehauen 曾提出非周期模糊矩阵的构造方法[179]，并从实验的角度验证了该种构造能够减轻模糊矩阵病态性。

需要强调的是，要从根本上消除模糊矩阵的病态性是不可能的，这是因为模糊滤波器通常为低通滤波器，若卷积长度较长（通常意味着密集采样），则延拓模糊核的离散 Fourier 变换会在整个高频区域上趋于 0，这才是模糊矩阵病态性的根本原因。

3.3.2 基于逆滤波的图像复原

众所周知，图像复原必须融入正则化才能得到“正确”的解，而无正则化的逆滤波不能直接应用于图像复原。一个关于逆滤波无法使用的常见解释是模糊滤波器的频率零点是罪魁祸首，下述讨论和实验则证明这一论断是片面的，在此基础上，本小节进一步论述了逆滤波无法使用的内因和外因，以及进行图像复原正则化的必要性。

当模糊核的 FIR 滤波器的频域采样点碰到其频率零点时，模糊核对应的模糊矩阵是奇异的（通过 FFT 对角化后的对角矩阵存在零对角元素）。邹谋炎在其专著[32] 指出，根据 L′Hospital 法则，这种频域零点可去零点。事实上，模糊矩阵的奇异性可以通过一些措施加以消除。一种可行的避免模糊矩阵奇异性的方法是对模糊核施加一个小的扰动。回顾上述提到的一些模糊核，可以发现平均类型的模糊核有着较强的特殊性，其构成元素为分数，因为卷积长度为整数，很容易使得模糊滤波器的频域采样点与其零点相遇，而 Gauss 模糊和带倾角的运动模糊则并不存在这种情况。再次以 A(1，9) 模糊为例，若卷积长度为 12，则模糊滤波器的频域采样点为 [0，$\omega_s/12$，$2\omega_s/12$，…，$11\omega_s/12$]，其中有两个点恰巧碰到了滤波器的频域零点（$3\omega_s/9=4\omega_s/12$ 和 $6\omega_s/9=8\omega_s/12$）。为模糊核施加一个小的扰动将其变为 [$1/9+10^{-7}$，1/9，1/9，1/9，1/9，1/9，1/9，1/9，1/9]，该操作会使模糊滤波器的频域零点稍稍偏离原来的位置，可有效避免模糊矩阵的奇异性 [如图 3-5(a) 所示]。图 3-5(b) 展示了对 A(9，9) 的第一个元素施加 10^{-7} 大小的扰动后，模糊矩阵病态条件数随卷积长度变化的情况。

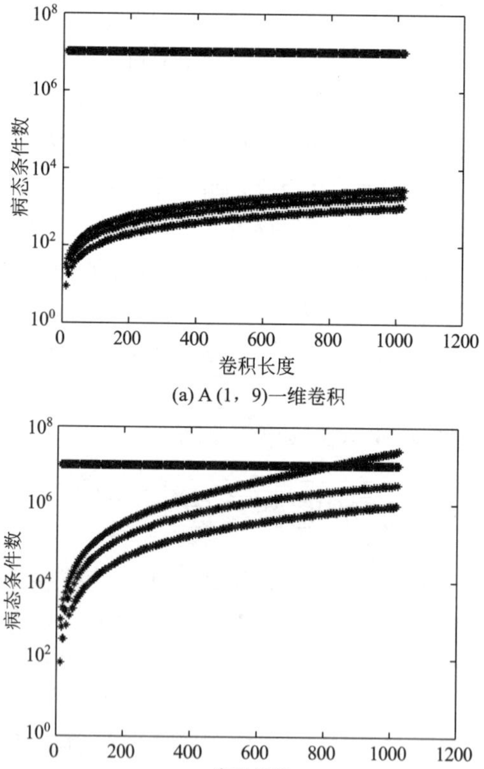

(a) A (1，9)一维卷积

(b) A (9，9)二维卷积

图 3-5 施加扰动后不同模糊核模糊矩阵病态条件数相对于卷积长度的变化情况

事实上，若条件是理想的（无噪且边界符合循环边界条件），在一些改进策略（如上述的模糊核扰动法）的帮助下，逆滤波可以完成图像复原。以一个图像复原实验为例说明这一情况。令 Barbara 图像的尺寸由 256×256 到 1024×1024 变动（仅取方形图像），在各个图像上施加 A(1，9）的模糊（不添加任何噪声）。图 3-6(a) 和图 3-6(b) 分别给出了模糊图像和逆滤波（对模糊核第一个元素施加大小为 10^{-7} 的扰动）复原图像的峰值信噪比 PSNR。由图 3-6(b) 可以看到，即便是当图像尺寸可以被 3 整除时（若无扰动，则模糊矩阵奇异，逆滤波无法使用），所得复原图像的 PSNR 仍是可以接受的。特别地，当图像尺寸为 261×261 时，逆滤波所得到的 PSNR 为最低的 38.90dB。图 3-7 给出了此时的原始图像、模糊图像和复原图像。由图 3-7 可以看到，尽管复原图像中存在一些伪迹，但它仍保存了原始图像中的绝大部分细节特征，从视觉上仍是可以接受的。

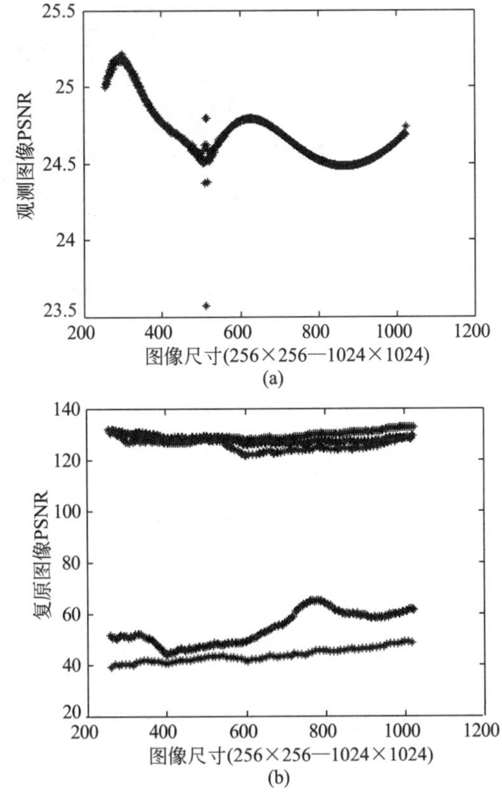

图 3-6 模糊图像和复原图像 PSNR 相对于图像尺寸的变化曲线

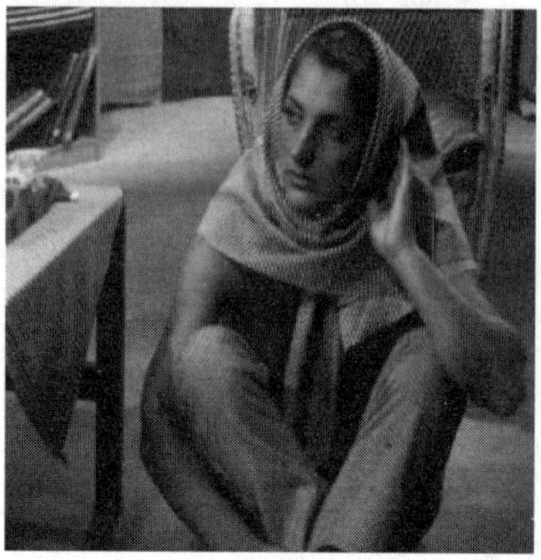

(a) 原始图像

(b) 模糊图像

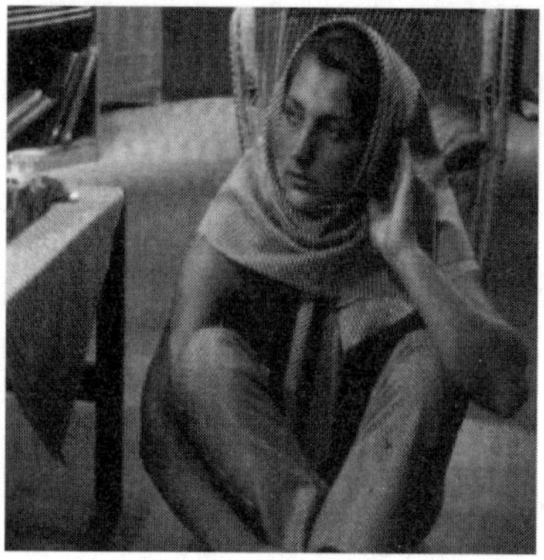

(c) 复原图像

图 3-7 尺寸为 261 × 261 的 Barbara 原始图像、模糊图像和复原图像

上述实验表明，在理想环境下，通过采取一些改进策略，逆滤波可以用于图像复原。但这并不说明逆滤波在实际中是可用的。这主要是因为逆滤波缺乏必要的数值稳定性，若观测数据中含有噪声，由于模糊滤波器的低通性，逆滤波必然会放大高频噪声。此外，即便观测数据中噪声水平很低，逆滤波也难以应用，这是因为实际的观测只是部分卷积而非完全卷积，边界条件的近似必然带来较大的数值扰动，而这一扰动同样是缺乏数值稳定性的逆滤波所难以应付的。

综上所述，逆滤波在实际中无法应用的内因是模糊滤波器的低通性（或模糊矩阵的病态性），外因是无法避免的边界条件的近似，以及无所不在的观测噪声。

3.4 Tikhonov 图像正则化

3.4.1 Tikhonov 正则化思想

Tikhonov 正则化思想在病态反问题求解中有着广泛的应用，一些早期的图像复原正则化方法可以归结为 Tikhonov 正则化[3]，如图像的 Wiener 滤波和约束最小二乘滤波等。

在该类方法中，图像被视为确定的二维或多维函数，反卷积的解被限制于 Sobolev 空间 H^n 或 $W^{(n,2)}$，在该空间中，函数本身及其直到 n 阶导数或偏导数被认为是属于 L_2（即平方可积）的。依据该理论，在图像复原时，图像的某些偏导数（从 0 直到 l 阶）平方的线性组合被用作正则化泛函，其形式如公式(1-8) 所示。Tikhonov 正则化可以使得图像复原问题适定（解连续地依赖于观测），且很多情况下可以直接得到封闭解，因此其计算效率相比于非线性迭代正则化方法要高，但在噪声水平较高时，其过强的平滑性（正则性）同样会使图像的边缘等细节信息受到损失。

3.4.2 Wiener 滤波

20 世纪 40 年代，数学家 Wiener 提出了经典的 Wiener 滤波，1967 年，Helstrom 建议将 Wiener 滤波用于图像复原。图像复原中应用的是非因果的 Wiener 滤波器，因为可以在频域采用 FFT 计算，其计算效率很高。Wiener 滤波器的基本思想是，找到一个滤波器，使得复原图像和原始图像的均方误差最小，所以它又被称为最小均方误差器，需指出的是使用 Wiener 滤波器必须假定图像和噪声均是广义平稳的。当采用 DFT 来计算复原图像的估计时，Wiener 滤波器的估计公式为：

$$U(\mu,\nu)=\frac{K^*(\mu,\nu)F(\mu,\nu)}{|K(\mu,\nu)|^2+S_{nn}(\mu,\nu)/S_{uu}(\mu,\nu)}$$

式中，$U(\mu,\nu)$、$K(\mu,\nu)$ 和 $F(\mu,\nu)$ 分别为原始图像、模糊函数和观测图像的离散 Fourier 变换。$S_{nn}(\mu,\nu)$ 和 $S_{uu}(\mu,\nu)$ 分别是噪声和原始图像的功率谱。与简单的逆滤波估计相比，比值 $S_{nn}(\mu,\nu)/S_{uu}(\mu,\nu)$ 起到了正则化的作用。但在实际应用中，这两个功率谱常常难以估计，因此可用下面的公式来近似 Wiener 滤波：

$$U(\mu,\nu)=\frac{K^*(\mu,\nu)F(\mu,\nu)}{|K(\mu,\nu)|^2+\gamma}$$

其中 γ 为正常数，在数值上最好取观测图像信噪比的倒数，当观测图像不含噪声时，γ 为 0，Wiener 滤波退化为逆滤波。

Wiener 滤波提供了在含噪条件下反卷积的最优方法，但以人眼观测（或目标识别）看来，均方误差准则并非是最优的优化准则，均方误差准则对图像中任意位置的误差均赋予相同权值，而人眼对暗处或高梯度误差区域的误差比其他平缓区域的误差有更大的容忍性。

3.4.3 约束最小二乘滤波

在约束最小二乘滤波方法中，加入了关于复原图像导数的约束，即复原图像的二阶导数的范数平方最小，在离散情况下，用二阶差分代替二阶导数。图像的二阶差分算子为：

$$c(m,n)=\frac{1}{8}\begin{bmatrix}0 & 1 & 0\\ 1 & -4 & 1\\ 0 & 1 & 0\end{bmatrix}$$

又称为 Laplace 算子。约束最小二乘滤波所要求的最小化问题为：

$$\min_{\boldsymbol{u}}\|\boldsymbol{Cu}\|_2^2 \quad \text{s. t.} \quad \|\boldsymbol{Ku}-\boldsymbol{f}\|_2^2\leqslant c$$

或等价形式：

$$\min_{\boldsymbol{u}}\{\lambda\|\boldsymbol{Cu}\|_2^2+\|\boldsymbol{Ku}-\boldsymbol{f}\|_2^2\}$$

其中 $\boldsymbol{C}$ 为 Laplace 算子导出的循环矩阵，$\boldsymbol{u}$，$\boldsymbol{f}$ 分别表示原始图像和观测图像的向量表示，$\boldsymbol{K}$ 为模糊（卷积）矩阵，关于其构造方法，论文第二章已有详细阐述，c 为由噪声水平决定的某上限值。

该最小化问题导致法方程：

$$(\boldsymbol{K}^{\mathrm{T}}\boldsymbol{K}+\lambda\boldsymbol{C}^{\mathrm{T}}\boldsymbol{C})\boldsymbol{u}=\boldsymbol{K}^{\mathrm{T}}\boldsymbol{f}$$

约束最小二乘滤波有频域形式的封闭解：

$$U(\mu,\nu)=\frac{K^*(\mu,\nu)F(\mu,\nu)}{|K(\mu,\nu)|^2+\lambda|C(\mu,\nu)|^2}$$

式中 C 为 $c(m,n)$ 填零扩展后的离散 Fourier 变换。注意 λ 是优化过程中需要确定的参数，文献［32］介绍了其求解方法，这里不再赘述。

3.5 保持图像细节的正则化

Wiener 滤波和约束最小二乘滤波是两种较早的线性正则化图像复原方法，两者均可视为 Tikhonov 正则化的具体应用，这两种方法均可有效抑制模糊图像中的 Gauss 噪声，但通常其结果是过平滑的，甚至含有伪迹。关于这两种方法的应用，文献［31］和［32］中均有实例，本文不再赘述。后续的能够保持图像细节的正则化图像复原方法通常会强调信号的稀疏性（基于 l_0 范数或 l_1 范数），因此它们是非线性的。下面，着重介绍两种本书中将要采用的正则化模型：广义全变差模型（强调图像梯度域上的稀疏性）和剪切波模型（强调图像变换域上的稀疏性），并从理论分析和仿真实验两个方面揭示它们在图像细节保持方面的有效性。广义全变差模型是经典全变差模型的推广，而剪切波变换则是传统小波变换思想在高维信号上的延拓。

3.5.1 广义全变差正则化模型

Bredies 等[46] 于 2010 年在全变差（TV）模型的基础上提出了广义全变差（TGV）模型。TGV 模型定义为

$$\mathrm{TGV}_{\boldsymbol{\alpha}}^{k}(u)=\sup\left\{\int_{\Omega} u\,\mathrm{div}^{k} v\,\mathrm{d}\boldsymbol{x} \mid v \in C_{c}^{k}(\Omega,\mathrm{Sym}^{k}(\mathbb{R}^{d})),\right.$$
$$\left.\|\mathrm{div}^{l} v\|_{\infty} \leqslant \alpha_{l}, l=0,\cdots,k-1\right\}$$
$$\text{其中}\mathrm{Sym}^{k}(\mathbb{R}^{d})=\left\{\zeta:\underbrace{\mathbb{R}^{d}\times\mathbb{R}^{d}\times\cdots\times\mathbb{R}^{d}}_{k}\rightarrow\mathbb{R}\right\}(\zeta\text{ 为 }k\text{ 阶线性对称}) \tag{3-11}$$

上式中 $d\geqslant 1$ 表示数据维数，在本文中均取 $d=2$（包括彩色图像）；Sym^k （$\mathbb{R}^d$）为定义在$\mathbb{R}^d$上的 k 阶对称张量空间；$C_c^k(\Omega$，$\mathrm{Sym}^k(\mathbb{R}^d))$ 为定义在紧支撑区域 Ω 上的对称张量场空间；α_l 为正的上界。由$\mathrm{TGV}_{\boldsymbol{\alpha}}^k$ 的定义可知，它包含了 u 直到 k 阶导数的信息。当 $k=1$ 且 $\alpha_0=1$ 时，$\mathrm{TGV}_{\boldsymbol{\alpha}}^k$ 退化为 TV 模型。

类似于 TV 模型，定义 k 阶有界广义变差（bounded generalized variation，BGV）函数空间为：

$$\mathrm{BGV}_{\boldsymbol{\alpha}}^{k}(\Omega)=\{u\in L_1(\Omega)\mid \mathrm{TGV}_{\boldsymbol{\alpha}}^{k}(u)<\infty\} \tag{3-12}$$

相应地，BGV 范数定义为：

$$\|u\|_{\mathrm{BGV}_{\boldsymbol{\alpha}}^{k}}=\|u\|_{1}+\mathrm{TGV}_{\boldsymbol{\alpha}}^{k}(u) \tag{3-13}$$

在本文中，更多地采用 $k=2$ 即 2 阶的 TGV 模型：

$$\mathrm{TGV}_{\boldsymbol{\alpha}}^{2}(u)=\sup\left\{\int_{\Omega} u\,\mathrm{div}^{2} v\,\mathrm{d}\boldsymbol{x} \mid v \in C_{c}^{2}(\Omega,\mathrm{Sym}^{2}(\mathbb{R}^{d})),\right. \tag{3-14}$$
$$\left.\|v\|_{\infty} \leqslant \alpha_{0}, \|\mathrm{div} v\|_{\infty} \leqslant \alpha_{1}\right\}$$

其中散度算子 div 和div^2 分别定义为：

$$(\mathrm{div} v)_i=\sum_{j=1}^{d}\frac{\partial v_{ij}}{\partial x_j}\quad 1\leqslant i\leqslant d \text{ 和}\mathrm{div}^2 v=\sum_{i,j=1}^{d}\frac{\partial^2 v_{ij}}{\partial x_i \partial x_j} \tag{3-15}$$

事实上，$\mathrm{Sym}^2(\mathbb{R}^d)$ 等价于所有 $d\times d$ 的对称矩阵所构成的空间。式(3-14)中无穷范数定义为：

$$\|v\|_\infty=\sup_{x\in\Omega}\left(\sum_{i,j=1}^{d}|v_{ij}(\boldsymbol{x})|^2\right)^{1/2}\text{ 和 }\|\mathrm{div}v\|_\infty=\sup_{x\in\Omega}\left(\sum_{i=1}^{d}|(\mathrm{div}v)_i|^2\right)^{1/2} \tag{3-16}$$

上述模型为连续信号模型，而在实际计算中，采用的则是如下离散模型：

$$\mathrm{TGV}_{\boldsymbol{\alpha}}^2(\boldsymbol{u})=\max_{\boldsymbol{v},\boldsymbol{d}}\{\langle\boldsymbol{u},\mathrm{div}\boldsymbol{d}\rangle\mid\mathrm{div}\boldsymbol{v}=\boldsymbol{d},\|\boldsymbol{v}\|_\infty\leqslant\alpha_0,\|\boldsymbol{d}\|_\infty\leqslant\alpha_1\} \tag{3-17}$$

其中

$$\|\boldsymbol{v}\|_\infty=\max_{i,j}(v_{i,j,1}^2+v_{i,j,2}^2+2v_{i,j,3}^2)^{\frac{1}{2}},\quad \boldsymbol{v}_{i,j}=\begin{bmatrix}v_{i,j,1} & v_{i,j,3}\\ v_{i,j,3} & v_{i,j,2}\end{bmatrix} \tag{3-18}$$

$$\|\boldsymbol{d}\|_\infty=\max_{i,j}(d_{i,j,1}^2+d_{i,j,2}^2)^{\frac{1}{2}},\quad \boldsymbol{d}_{i,j}=[d_{i,j,1},d_{i,j,2}] \tag{3-19}$$

由 Lagrange 对偶原理可知：

$$\begin{aligned}\mathrm{TGV}_{\boldsymbol{\alpha}}^2(\boldsymbol{u})&=\min_{\boldsymbol{p}}\max_{\|\boldsymbol{v}\|_\infty\leqslant\alpha_0,\|\boldsymbol{d}\|_\infty\leqslant\alpha_1}\langle\boldsymbol{u},\mathrm{div}\boldsymbol{d}\rangle+\langle\boldsymbol{p},\boldsymbol{d}-\mathrm{div}\boldsymbol{v}\rangle\\&=\min_{\boldsymbol{p}}\max_{\|\boldsymbol{v}\|_\infty\leqslant\alpha_0,\|\boldsymbol{d}\|_\infty\leqslant\alpha_1}\langle-\nabla\boldsymbol{u},\boldsymbol{d}\rangle+\langle\boldsymbol{p},\boldsymbol{d}\rangle+\langle\varepsilon\boldsymbol{p},\boldsymbol{v}\rangle\\&=\min_{\boldsymbol{p}}\max_{\|\boldsymbol{v}\|_\infty\leqslant\alpha_0,\|\boldsymbol{d}\|_\infty\leqslant\alpha_1}\langle\boldsymbol{p}-\nabla\boldsymbol{u},\boldsymbol{d}\rangle+\langle\varepsilon\boldsymbol{p},\boldsymbol{v}\rangle\\&=\min_{\boldsymbol{p}}\ \alpha_0\|\varepsilon\boldsymbol{p}\|_1+\alpha_1\|\nabla\boldsymbol{u}-\boldsymbol{p}\|_1\end{aligned} \tag{3-20}$$

其中 ε 为对称差分算子，为方便后续应用，将 $\mathrm{TGV}_{\boldsymbol{\alpha}}^2(\boldsymbol{u})$ 写为：

$$\mathrm{TGV}_{\boldsymbol{\alpha}}^2(\boldsymbol{u})=\min_{\boldsymbol{p}}\ \alpha_1\|\nabla\boldsymbol{u}-\boldsymbol{p}\|_1+\alpha_2\|\varepsilon\boldsymbol{p}\|_1 \tag{3-21}$$

若向量 $\boldsymbol{u}\in\mathbb{R}^{mn}$ 表征 $m\times n$ 的图像，则 $\boldsymbol{p}\in\mathbb{R}^{mn}\times\mathbb{R}^{mn}$（$\boldsymbol{p}_{i,j}=(p_{i,j,1},\ p_{i,j,2})$）为二维一阶张量，而 $(\varepsilon\boldsymbol{p})_{i,j}$，$1\leqslant i\leqslant m$，$1\leqslant j\leqslant n$ 则由下式给出：

$$(\varepsilon\boldsymbol{p})_{i,j}=\begin{bmatrix}(\varepsilon\boldsymbol{p})_{i,j,1} & (\varepsilon\boldsymbol{p})_{i,j,3}\\(\varepsilon\boldsymbol{p})_{i,j,3} & (\varepsilon\boldsymbol{p})_{i,j,2}\end{bmatrix}=\begin{bmatrix}\nabla_1p_{i,j,1} & \dfrac{\nabla_2p_{i,j,1}+\nabla_1p_{i,j,2}}{2}\\\dfrac{\nabla_2p_{i,j,1}+\nabla_1p_{i,j,2}}{2} & \nabla_2p_{i,j,2}\end{bmatrix} \tag{3-22}$$

其中∇_1和∇_2分别表示水平方向和垂直方向的差分算子。有关∇(包括∇_1和∇_2）在循环边界条件下的定义，文献［167］中有着详细定义，本文不再赘述。$\boldsymbol{p}$ 和 $\varepsilon\boldsymbol{p}$ 的 1 范数分别定义为 $\|\boldsymbol{p}\|_1=\sum_{i,\ j=1}^{m,\ n}\|\boldsymbol{p}_{i,\ j}\|_2=$

$\sum_{i,j=1}^{m,n}\sqrt{p_{i,j,1}^2+p_{i,j,2}^2}$ 和 $\|\varepsilon(\boldsymbol{p})\|_1=\sum_{i,j=1}^{m,n}\|(\varepsilon\boldsymbol{p})_{i,j}\|_2=\sum_{i,j=1}^{m,n}\sqrt{(\varepsilon\boldsymbol{p})_{i,j,1}^2+(\varepsilon\boldsymbol{p})_{i,j,2}^2+2(\varepsilon\boldsymbol{p})_{i,j,3}^2}$。

在式(3-21)的$\mathrm{TGV}_{\boldsymbol{\alpha}}^2$中，$\alpha_1\|\nabla\boldsymbol{u}-\boldsymbol{p}\|_1$代表了对不连续元素的限制，而$\alpha_2\|\varepsilon\boldsymbol{p}\|_1$则代表了对于光滑斜坡区域的限制。正因如此，$\mathrm{TGV}_{\boldsymbol{\alpha}}^2$正则化能够有效抑制TV模型正则化所导致的阶梯效应。根据理论分析，$\mathrm{TGV}_{\boldsymbol{\alpha}}^k$正则化趋于得到由分片$k-1$阶二元多项式函数所构成的结果。

图3-8所示的去噪例子说明了$\mathrm{TGV}_{\boldsymbol{\alpha}}^2$在抑制TV阶梯效应方面的有效性。其中，原始图像为合成的分片仿射图像［其一阶导数为分片常值，如图3-8(a)所示］，原始图像被标准差为$\sigma=15$的Gauss噪声污染［如图3-8(b)所示］。两种正则化模型均可以较好地保持原始图像中的边缘，所不同的是，$\mathrm{TGV}_{\boldsymbol{\alpha}}^2$正则化模型的结果几乎不存在阶梯效应［如图3-8(c)和(e)所示］，而TV正则化模型的结果则含有显著的阶梯效应［如图3-8(d)和(f)所示］。

非线性正则化图像复原方法应用过程中的一个重要问题是关于解的唯一性和存在性的讨论。以TV（一阶TGV）正则化模型式(1-16)为例，其解的存在性和唯一性需要满足以下几个条件[37]：

① 理想图像$\boldsymbol{u}\in\mathrm{BV}(\Omega)$；

② 退化观测图像$\boldsymbol{f}\in l_2(\Omega)$；

③ 线性模糊算子$\boldsymbol{K}$：$l_1(\Omega)\to l_2(\Omega)$是有界的和单射的，且满足DC条件$\boldsymbol{K1=1}$，即模糊并不损失图像能量。

条件1和条件2保证了能量函数式(1-16)的意义，而单射条件（$\boldsymbol{K}$必须是非奇异的）则保证了图像复原结果的唯一性。若$\boldsymbol{K}$为非奇异则最小化函数式(1-16)为严格凸的，此时，其解为唯一，若$\boldsymbol{K}$为奇异的，则$\mathrm{TV}(\boldsymbol{u})$和$\|\boldsymbol{Ku}-\boldsymbol{f}\|_2^2$均是非严格凸的，最小化函数式(1-16)的解可能不唯一，但均为全局最优解，即所有解均可使目标函数取得相同的最小值。

需要强调的是，正则化函数解的唯一性，并不是指导致观测图像的原始图像是唯一的。实际的图像模糊是一个连续卷积过程，作为低通滤波器，它通常在频域中存在零点，即原始图像的某些频率成分在模糊图像中已无法观测到，这意味着可以导致观测图像的原始图像并不唯一。因此，图像反问题正则化的目的是求得原始图像的一个近似估计而非得到准确的原始图像。从这一角度来看，刻意保证凸正则化函数的解唯一并不具有实际意义，这是因为在凸正则化中所有的解均使得目标函数取得相同的最小值，它们均符合对结果的期望，均应视为对原始图像的合理估计。

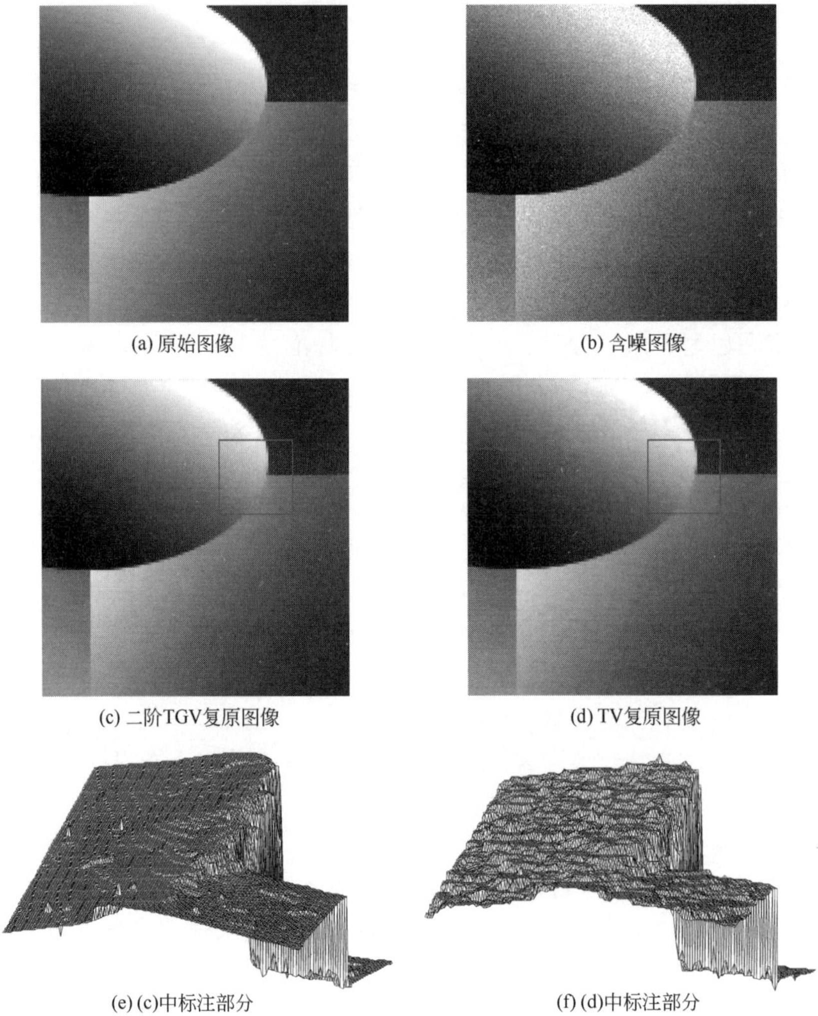

图 3-8　二阶 TGV 与 TV 正则化图像去噪效果比较

3.5.2 剪切波正则化模型

第 1 章已经讲到，传统小波可以有效处理点奇异，但对于高维空间中其他类型的奇异性则显得捉襟见肘。而对于图像信号而言，边缘和细节又是重要的特征信息，这使得能够有效表征多维奇异性的剪切波（sheralet）变换[78-83,180-182] 在图像处理中越来越受到重视。剪切波变换得以推广的一个重要优势是它与多分辨率分析相关联，存在离散快速变换[80-82]。

令各向异性尺度/膨胀矩阵 $\boldsymbol{A}_a$ 和剪切矩阵 $\boldsymbol{S}_s$ 分别定义为：

$$\boldsymbol{A}_a=\begin{bmatrix} a & 0 \\ 0 & \sqrt{a} \end{bmatrix}, a\in \mathbb{R}^+ \text{和} \boldsymbol{S}_s=\begin{bmatrix} 1 & s \\ 0 & 1 \end{bmatrix}, s\in \mathbb{R} \tag{3-23}$$

剪切波系统 $\{\psi_{a,s,t},\ a\in\mathbb{R}^+,\ s\in R,\ \boldsymbol{t}\in\mathbb{R}^2\}$ 可以通过函数 $\psi\in L_2(\mathbb{R}^2)$ 的膨胀、剪切和移位等步骤实现：

$$\psi_{a,s,t}=|\det \boldsymbol{M}_{as}|^{-\frac{1}{2}}\psi(\boldsymbol{M}_{as}^{-1}(\boldsymbol{x}-\boldsymbol{t})), \boldsymbol{M}_{as}=\boldsymbol{S}_s\boldsymbol{A}_a \tag{3-24}$$

二维函数 $f\in L_2(\mathbb{R}^2)$ 的连续剪切波变换定义为：

$$SH_\psi(f)(a,s,t)\triangleq\langle f,\psi_{a,s,t}\rangle \tag{3-25}$$

相关理论研究表明，若二维函数 f 除去一条分段 C^2 连续（二阶导数连续）的曲线外是 C^2 连续的，令 f_M 为 f 的采用 M 个最大剪切波系数的逼近，则：

$$\|f-f_M\|_2\leqslant C(\lg M)^3M^{-2} \tag{3-26}$$

相比之下，传统小波获得的 f_M 仅满足 $\|f-f_M\|_2\leqslant CM^{-1}$。因此，剪切波变换在处理曲线等高维奇异性方面优于传统的小波变换。

剪切波具有非常好的局部化特性，它在频域上是紧支撑的，在空域上又具有很快的衰减特性，此外，剪切波具有很强的方向敏感性，剪切波变换对于高维数据具有最优的稀疏表示[25]。离散剪切波快速变换是当前调和分析领域和图像处理领域的一个研究热点，现有的变换分为两种，基于 Cartesian（笛卡尔）坐标的变换和基于伪极坐标的变换。本文采用的是 Häuser 在 Cartesian 坐标系下提出的快速有限剪切波变换❶[82]（fast finite shearlet transform，FFST）。在一些网站❷上还存在其他版本的快速剪切波变换算法。

根据 FFST，$\boldsymbol{u}\in\mathbb{R}^{mn}$ 的第 r 个非下采样剪切波变换子带可以通过频域的逐点乘积来实现，即：

$$\mathrm{SH}_r(\boldsymbol{u})=F_2^{-1}(\hat{\boldsymbol{H}}_r.*\hat{\boldsymbol{u}})=F_2^{-1}\mathrm{diag}(\hat{\boldsymbol{H}}_r)F_2\boldsymbol{u}=\boldsymbol{S}_r\boldsymbol{u} \tag{3-27}$$

其中，$\mathrm{SH}_r(\boldsymbol{u})$ 和 $\hat{\boldsymbol{u}}$ 分别表示 $\boldsymbol{u}$ 的剪切波变换和二维 Fourier 变换；$\hat{\boldsymbol{H}}_r$ 表示第 r 个剪切波变换子带的频域基；.* 表征逐点相乘运算；F_2 和 F_2^{-1} 表示二维 Fourier 变换算子及其反变换算子；“diag”表示将向量对角化为矩阵的对角化算子；$\boldsymbol{S}_r$ 为分块循环矩阵，它可通过二维 Fourier 变换进行对角化。由以上讨论可知，对于一幅 $m\times n$ 大小的图像，可通过二维 Fourier 变换以 $mn\log mn$ 的复杂度实现剪切波变换。总的剪切波变换的子带

❶ http：//www. mathematik. uni-kl. de/imagepro/members/haeuser/ffst.

❷ http：//shearlab. org/和 http：//shearlet. org/.

数由变换的层数决定。有关 FFST 的详细介绍，可参考文献［82］。

图 3-9 对剪切波变换和小波变换的图像重构能力进行了比较。图 3-9(a) 为原始图像；图 3-9(b) 为采用 MATLAB“db1”小波对原始图像进行 2 层分解后又重构的图像；图 3-9(c) 为相应的误差图像，它所代表的相对误差为 6.18×10^{-16}（相对误差为误差图像向量 2 范数与原始图像向量 2 范数之比，为更好地表现原始图像与重构图像间的差别，图中所示的误差图像作了仿射变换）；图 3-9(d) 为采用 FFST 对原始图像进行 4 层分解（共记 61 个频域子带[82]）后又重构的图像；图 3-9(e) 为剪切波变换所对应的误差图像，它所代表的相对误差为 $(4\sim15)\times10^{-16}$；图 3-9(f) 为剪切波变换的第十八个频域子带；图 3-9(g) 则给出了该子带所对应的变换系数，显然，系数具有很强的稀疏性。尽管相对误差在同一个量级上，但比较小波重构与剪切波重构的误差图像可以发现，小波误差图像中含有明显的图像边缘，这说明小波图像重构存在较严重边缘损失，相比之下，剪切波误差图像中并不存在明显的边缘，这说明剪切波有着比传统小波更为优异的边缘检测能力。

(a) 原始图像　(b) db1小波重构图像

(c) db1小波误差图像　(d) 剪切波重构图像

(e) 剪切波误差图像

(f) 剪切波频域子带

(g) 剪切波变换系数

图 3-9 剪切波变换与小波变换图像重构比较

3.6 图像质量评价

图像的质量评价可分为客观评价和主观评价。图像的客观评价可以定量地衡量两幅图像间的相似度，而主观评价则可以依据人眼定性地评判图像的可辨识度。常用的客观评价方法有峰值信噪比（peak-sigal-to-noise ratio，PSNR）、均方误差（mean square error，MSE）、提升信噪比（improved-sigal-to-noise ratio，ISNR）、结构相似度（structured similarity index measurement，SSIM）指数[182] 等。其中 PSNR、MSE 和 ISNR 是成比例的，可互相导出。大量研究表明，不同类型评价方法的综合运用比单一的质量评价方法要更为客观合理。

本文采用了两种客观评价指标，PSNR 和 SSIM。PSNR 意义明确，计算简单，最为常用，其定义为（本文图像像素值限定于［0，255］）：

$$\mathrm{PSNR}=10\lg\frac{255^2}{\mathrm{MSE}}=10\lg\left(\frac{255^2\boldsymbol{mn}}{\|\boldsymbol{u}-\boldsymbol{u}_{\mathrm{clean}}\|_2^2}\right)(\mathrm{dB}) \tag{3-28}$$

其中，$\boldsymbol{u}$ 为估计图像而 $\boldsymbol{u}_{\mathrm{clean}}$ 为原始图像。ISNR 可由下式求得：

$$\mathrm{ISNR}=10\lg\left(\frac{\|\boldsymbol{u}-\boldsymbol{u}_{\mathrm{clean}}\|_2^2}{\|\boldsymbol{f}-\boldsymbol{u}_{\mathrm{clean}}\|_2^2}\right)=\mathrm{PSNR}(\boldsymbol{u})-\mathrm{PSNR}(\boldsymbol{f}) \tag{3-29}$$

其中 f 是观测图像。

SSIM 被认为是比 PSNR 等传统评价指标更符合人类视觉效应的客观评价指标，它将图像信息解析为亮度（l）、对比度（c）和结构（s）三部分。分别用 x 和 y 表示两幅不同的图像，用 μ_x 和 μ_y 表示两者的均值，用 σ_x 和 σ_y 表示两者的方差，用 σ_{xy} 表示两者的协方差，则它们的 SSIM 定义如下：

$$\mathrm{SSIM}(x,y)=[l(x,y)]^{\alpha}[c(x,y)]^{\beta}[s(x,y)]^{\gamma} \tag{3-30}$$

其中 $l(x,y)=\dfrac{2\mu_x\mu_y+C_1}{\mu_x^2+\mu_y^2+C_1}$、$c(x,y)=\dfrac{2\sigma_x\sigma_y+C_2}{\sigma_x^2+\sigma_y^2+C_2}$、$s(x,y)=\dfrac{\sigma_{xy}+C_3}{\sigma_x\sigma_y+C_3}$分别定义了两图像间的亮度比较、对比度比较和结构比较，α、β、$\gamma>0$ 用来调节三个函数的权重，常数 C_1、C_2、C_3 则起到防止分母为零的作用。SSIM 更常用的一种形式是，在式(3-37）的基础上取 $\alpha=\beta=\gamma=1$ 和 $C_3=C_2/2$，即：

$$\mathrm{SSIM}(x,y)=\frac{(2\mu_x\mu_y+C_1)(2\sigma_{xy}+C_2)}{(\mu_x^2+\mu_y^2+C_1)(\sigma_x^2+\sigma_y^2+C_2)} \tag{3-31}$$

有关 SSIM 的其他具体细节，可参考文献［182］。在 SSIM 的基础上，Wang 等又发展了很多质量评价指标以用于不同的应用场合。有关 SSIM 的改进和应用，可参考 Wang 的个人网址。

第4章

TV正则化图像复原中的快速自适应参数估计

4.1 概述

第 3 章提到，相比于线性方法，非线性正则化图像复原方法在噪声抑制和细节保存的平衡方面更有优势。全变差（TV）模型是当前图像复原中最常用的正则化模型之一，由于该模型的不可微性，非线性 TV 正则化图像复原问题的求解也一直是学术界关注的焦点。

在正则化图像复原中，准确估计平衡数据保真项和正则项的正则化参数，是成功解决病态图像复原问题的关键，而正则化参数的自适应估计则是实现图像复原自动化的先决条件。目前，现有的多数 TV 正则化图像复原算法仅采用人为预先确定的方式选择正则化参数[84,125,126,166,167]。当观测图像的噪声水平可估计时，Morozov 偏差原理是实现正则化参数自适应估计的基本方法。事实上，图像噪声水平估计同样是图像领域的研究热点，目前，已有大量研究成果见诸报端。当前，基于偏差原理的自适应图像复原所存在的主要问题是，在实现正则化参数自适应选择的同时，需要在基本迭代算法中引入内迭代[15,30,170-172]。这既导致算法结构复杂化，影响图像复原效率；又使得算法的收敛性和最终结果易受内迭代方法求解精度的影响。

要实现图像复原正则化参数的自适应估计，需同时考虑以下两个方面：①选择合适的参数估计策略，从而使得参数估计更为准确，算法结构更为简洁；②严格证明算法的收敛性，从而使得算法具有坚实的理论基础和更好的推广性。

本章基于经典的 TV 模型和交替方向乘子法（ADMM），提出了一种能够同时进行正则化参数估计和图像复原的新算法。通过对正则项和保真项同时应用变量分裂，克服了 TV 模型的不可微性，实现了正则化参数闭合形式的快速迭代更新，并保证了复原结果满足 Morozov 偏差原理。本章在参数变化的前提下证明了所提算法的全局收敛性。更进一步地，给出了所提算法的等价分裂 Bregman 形式，并将参数自适应估计思想推广应用到了区间约束的 TV 图像复原问题中。实验结果表明，与已有的 TV 图像复原算法相比，所提算法在速度上具有较显著的优势，在精度上则更具竞争力。

本章结构安排如下：4.2 节概述了现有的基于 Morozov 偏差原理的 TV 正则化参数自适应估计方法，并分析了其优缺点。4.3 节提出了可以同时进行正则化参数估计和图像复原的参数自适应的 ADMM 算法（adaptive parameter estimation for ADMM，APE-ADMM)，并详细阐述了其鞍点条件、推导过程和收敛性分析。4.4 节给出了与 APE-ADMM 等价的参数自适应的分裂 Bregman 算法（APE for SBA，APE-SBA)，并将自适应参数估计思想推广到了带有区间约束的图像复原情形，得出了参数自适应的区间约束交替方向乘子法（APE for box-constrained ADMM，APE-BCADMM)。4.5 节通过三个比较实验验证了所提算法在正则化参数自适应估计和图像复原方面的有效性以及相比于已有算法的优越性。

4.2 TV图像复原中的参数自适应估计方法概述

TV 图像复原中正则化参数［式(1-16) 中的 λ］的自适应估计一直是图像处理领域关注的热点问题。在 Morozov 偏差原理和 Gauss 噪声条件下，该问题实质上是求解：

$$\min_{\boldsymbol{u}} \mathrm{TV}(\boldsymbol{u}) \quad \text{s.t.} \quad \boldsymbol{u}\in\Psi \triangleq \{\boldsymbol{u}: \|\boldsymbol{Ku}-\boldsymbol{f}\|_2^2 \leqslant c\} \tag{4-1}$$

根据 Lagrange 理论，可以将约束问题式(4-1) 转化为无约束问题式(1-16)。若 $\boldsymbol{u}$ 为问题式(4-1) 的解，则对于某个特定的 $\lambda\geqslant 0$，它也是问题式(1-16) 的解。给定 λ，用 $\boldsymbol{u}^*(\lambda)$ 表示问题式(1-16) 的最优解，则关于问题式(4-1)，当 $\lambda=0$ 时，有 $\boldsymbol{u}^*(0)\in\Psi$；或当 $\lambda>0$ 时，有：

$$\|\boldsymbol{Ku}^*(\lambda)-\boldsymbol{f}\|_2^2=c \tag{4-2}$$

事实上，当 $\lambda=0$ 时，最小化问题式(1-16) 相当于最小化 $\mathrm{TV}(\boldsymbol{u})$，其解为常值图像，显然，这并不符合实际应用情况。因此，Morozov 偏差原理的目的是找到一个 $\lambda>0$ 使得问题式(4-1) 的解为非常值图像。值得一提的是，因为问题式(1-16) 并不存在封闭解，很难直接确认其解是否在可行域 Ψ 之中。

在求解问题式(4-1) 时，为使求解式(1-16) 的方法变得可用，Blomgren 和 Chan 提出了用以更新 λ 的一套标准方法[184]。尽管可以找到一个近似解，但该方法耗时过长，其原因是，要针对一系列 λ 多次求解问题式(1-16)。

Ng 等基于 ADMM 提出了一种求解问题式(4-1) 的算法。在每步迭代中，需要先求解一个最小二乘问题，而后再将当前关于原始图像的估计投影到可行域 Ψ 中。通过采用循环边界或是 Neumann 边界条件，模糊矩阵 $\boldsymbol{K}$ 可以被 FFT 对角化，因此，该方法可以方便地解决所涉及的最小二乘问题。然而，该方法需要引入 Newton 迭代法来实现 λ 的自动更新。

Afonso 等同样基于 ADMM 提出了另一种求解问题式(4-1) 的算法[15]。在该算法中，采用变量分裂引入了一个用以替代 ***Ku*** 的辅助变量，由此，关于 TV 的复原问题被分解为一个 Moreau 临近去噪问题和一个逆滤波问题。而后，在每步迭代中，通过 Chambolle 去噪算法[116] 求解相应的临近去噪问题。

基于 TV 的原始对偶模型[37]，Wen 和 Chan 导出了一种求解问题式(4-1) 的有效方法[30]。其步骤是，先将问题式(4-1) 的求解转化为所对应原始-对偶问题的鞍点问题，再利用原始-对偶联合梯度算法(PDHG) 求得问题的解。为保证问题的解在可行域中，在该方法中同样引入了 Newton 迭代法作为嵌套算法。

上述求解问题式(4-1) 的方法在保证一个可行解的同时均引入了内迭代结构，此外，仅文献 [30] 提供了相应的算法证明。

4.3 基于 ADMM 和偏差原理的快速自适应参数估计

本节基于 ADMM 提出了一种求解约束 TV 复原问题式(4-1) 的算法，其贡献有三方面：首先，不同于关注固定正则化参数的复原算法[84,125,126,166,167]，本文所提算法的目的是求解约束问题式(4-1)，并在无人工干预的前提下自适应地找到最优的 λ。其次，不同于求解问题式(4-1) 的现有算法[15,30,170-172]，所提算法在结构上更加紧凑，避免了嵌套迭代。在所提算法中，通过采用变量分裂技术，同时引入了两个辅助变量用以替换 ***Ku*** 和 TV 范数，从而将问题式(4-1) 分解为可通过 ADMM 求解的多个简单子问题。得益于此，在每步迭代中，λ 可以通过闭合形式进行更新。Morozov 偏差原理的应用保证了解始终在可行域 Ψ 中。最后，基于变分不等式完成了算法收敛性的证明。因为算法中的 λ 是变化的，本文中的算法证明与现有文献[161,164,167] 中关于 ADMM 的证明有着很大区别。此外，所提参数估计思想可以被自然地推广到区间约束的 TV 图像复原中。实验表明，所提算法可以找到最优的 λ，且在速度和精度方面均优于现有的一些著名算法。根据 ADMM、分裂 Bregman 算法和 Douglas-Rachford 算法的等价性[152]，所提算法也可以看作是后两者的一个应用实例。

不失一般性地，记 Euclidean 空间$\mathbb{R}^{mn}$为 V 并定义 $Q\triangleq V\times V$。对于 $\boldsymbol{u}\in V$，$u_{i,j}\in\mathbb{R}$ 表示 $\boldsymbol{u}$ 的第（$(i-1)n+j$）个元素，对于 $\boldsymbol{y}\in Q$，（$y_{i,j,1}$，$y_{i,j,2}$）表示 $\boldsymbol{y}$ 的第（$(i-1)n+j$）个元素。Euclidean 空间 V 和 Q 中的内积分别定义为：

$$\begin{aligned}\langle\boldsymbol{u},\boldsymbol{v}\rangle_V=\sum\nolimits_{i,j}^{m,n}u_{i,j}v_{i,j}，\ \|\boldsymbol{u}\|_2=\sqrt{\langle\boldsymbol{u},\boldsymbol{u}\rangle_V}\\ \langle\boldsymbol{y},\boldsymbol{q}\rangle_Q=\sum\nolimits_{i,j}^{m,n}\sum\nolimits_{k=1}^{2}y_{i,j,k}q_{i,j,k}，\ \|\boldsymbol{y}\|_2=\sqrt{\langle\boldsymbol{y},\boldsymbol{y}\rangle_Q}\end{aligned}\tag{4-3}$$

此外，对于像素（i，j），记$\|\boldsymbol{y}_{i,j}\|_2=\sqrt{y_{i,j,1}^2+y_{i,j,2}^2}$，对于 $\boldsymbol{y}\in Q$，记$\|\boldsymbol{y}\|_1=\sum\nolimits_{i,j}^{m,n}\|\boldsymbol{y}_{i,j}\|_2$。记二维一阶差分算子为映射$\nabla$：$V\rightarrow Q$，且$\nabla\boldsymbol{u}\in Q$ 通过 $(\nabla\boldsymbol{u})_{i,j}=((\nabla_1\boldsymbol{u})_{i,j}，(\nabla_2\boldsymbol{u})_{i,j})$ 给出，则各向同性的全变差由 $\mathrm{TV}(\boldsymbol{u})=\|\nabla\boldsymbol{u}\|_1$ 给出。利用 V 和 Q 中内积的定义可以导出$-\nabla$的伴随算子为散度算子 div：$Q\rightarrow V$，即 $\mathrm{div}=-\nabla^{\mathrm{T}}$，因此，对于任意 $\boldsymbol{u}\in V$ 和 $\boldsymbol{y}\in Q$，必有 $\langle-\mathrm{div}\boldsymbol{y},\boldsymbol{u}\rangle_V=\langle\boldsymbol{y},\nabla\boldsymbol{u}\rangle_Q$。关于循环边界条件下，梯度算子和散度算子的具体定义可参考文献 [167]。

4.3.1 TV 正则化问题的增广 Lagrange 模型

模糊矩阵 $\boldsymbol{K}$ 由某一 PSF 生成，且有 $\boldsymbol{K1}=\boldsymbol{1}$ 成立[30,37]，其中 $\boldsymbol{1}$ 为所有元素为 1 的向量，因此，$\boldsymbol{K}$ 的零空间不包含除 $\boldsymbol{0}$ 外的任何常值向量。相反，∇的零空间则为常值向量的集合。因此，仅有 $\boldsymbol{0}$ 为 $\boldsymbol{K}$ 和∇零空间的共同元素，即 $\mathrm{zer}\,\nabla\cap\mathrm{zer}\boldsymbol{K}=\{\boldsymbol{0}\}$。在该条件下，最小化函数式(1-16) 为正常凸函数且解存在。根据 Fermat 法则，下述引理成立。

引理 4-1[37,167] 问题式(1-16) 至少有一个解 $\boldsymbol{u}^*$，它满足：

$$\boldsymbol{0}\in\lambda\boldsymbol{K}^{\mathrm{T}}(\boldsymbol{Ku}^*-\boldsymbol{f})-\mathrm{div}(\partial\|\nabla\boldsymbol{u}^*\|_1)\tag{4-4}$$

其中 $\partial\|\nabla\boldsymbol{u}^*\|_1$ 表示 $\mathrm{TV}(\boldsymbol{u})$ 在$\nabla\boldsymbol{u}^*$处的次微分。

接下来，采用算子分裂技术[126]，将$\nabla\boldsymbol{u}$ 从不可微的 1 范数中解放出来，并简化正则化参数 λ 的更新过程。具体地，引入一个辅助变量 $\boldsymbol{y}\in Q$ 来替代$\nabla\boldsymbol{u}$（或 $\boldsymbol{y}_{i,j}\in\mathbb{R}^2$替代 $(\nabla\boldsymbol{u})_{i,j}$），引入另一个辅助变量 $\boldsymbol{x}\in V$ 来替代 $\boldsymbol{Ku}$，从而将问题式(1-16) 转化为如下线性约束形式：

$$\min_{\boldsymbol{u},\boldsymbol{x},\boldsymbol{y}}\left\{\|\boldsymbol{y}\|_1+\frac{\lambda}{2}\|\boldsymbol{x}-\boldsymbol{f}\|_2^2\right\}\quad \text{s. t.}\quad \boldsymbol{Ku}=\boldsymbol{x};\boldsymbol{y}=\nabla\boldsymbol{u}\tag{4-5}$$

问题式(4-5) 的增广 Lagrange（augmented Lagrangian，AL）函数定义为：

$$\begin{aligned}L_A(\boldsymbol{u},\boldsymbol{x},\boldsymbol{y};\boldsymbol{\mu},\boldsymbol{\xi};\lambda)\triangleq\frac{\lambda}{2}\|\boldsymbol{x}-\boldsymbol{f}\|_2^2-\boldsymbol{\mu}^{\mathrm{T}}(\boldsymbol{x}-\boldsymbol{Ku})+\frac{\beta_1}{2}\|\boldsymbol{x}-\boldsymbol{Ku}\|_2^2+\\ \|\boldsymbol{y}\|_1-\boldsymbol{\xi}^{\mathrm{T}}(\boldsymbol{y}-\nabla\boldsymbol{u})+\frac{\beta_2}{2}\|\boldsymbol{y}-\nabla\boldsymbol{u}\|_2^2\end{aligned}\tag{4-6}$$

其中$\boldsymbol{\mu}\in V$和$\boldsymbol{\xi}\in Q$为Lagrange乘子（或对偶变量），而β_1和β_2为正的惩罚参数。对于AL函数式(4-5)，考虑如下鞍点问题：

$$
\begin{aligned}
&L_A(\boldsymbol{u}^*,\boldsymbol{x}^*,\boldsymbol{y}^*;\boldsymbol{\mu},\boldsymbol{\xi};\lambda)\leqslant L_A(\boldsymbol{u}^*,\boldsymbol{x}^*,\boldsymbol{y}^*;\boldsymbol{\mu}^*,\boldsymbol{\xi}^*;\lambda)\\
&\leqslant L_A(\boldsymbol{u},\boldsymbol{x},\boldsymbol{y};\boldsymbol{\mu}^*,\boldsymbol{\xi}^*;\lambda),(\boldsymbol{u}^*,\boldsymbol{x}^*,\boldsymbol{y}^*;\boldsymbol{\mu}^*,\boldsymbol{\xi}^*)\in V\times V\times Q\times V\times Q
\end{aligned}
\tag{4-7}
$$

定理4-1描述了问题式(4-7)的鞍点与问题式(1-16)的解之间的关系。首先给出引理4-2，它对于定理4-1的证明至关重要。

引理4-2[185] 设$F=F_1+F_2$，其中，F_1和F_2为从$\mathbb{R}^N$映射到$\mathbb{R}$的下半连续的凸函数，F_1可微且其梯度为F_1'，令$\boldsymbol{p}^*\in\mathbb{R}^N$，则下述两条件等价：

① $\boldsymbol{p}^*$为$\operatorname*{Inf}_{\boldsymbol{p}\in\mathbb{R}^N}F(\boldsymbol{p})$的解；

② $\langle F_1'(\boldsymbol{p}^*),\ \boldsymbol{p}-\boldsymbol{p}^*\rangle+F_2(\boldsymbol{p})-F_2(\boldsymbol{p}^*)\geqslant 0\quad\forall\,\boldsymbol{p}\in\mathbb{R}^N$。

定理4-1 $\boldsymbol{u}^*\in V$为问题式(1-16)的解，当且仅当存在$\boldsymbol{x}^*$、$\boldsymbol{\mu}^*\in V$和$\boldsymbol{y}^*$，$\boldsymbol{\xi}^*\in$Q，使得($\boldsymbol{u}^*$，$\boldsymbol{x}^*$，$\boldsymbol{y}^*$；$\boldsymbol{\mu}^*$，$\boldsymbol{\xi}^*$)为问题式(4-7)的鞍点。

证明 设($\boldsymbol{u}^*$，$\boldsymbol{x}^*$，$\boldsymbol{y}^*$；$\boldsymbol{\mu}^*$，$\boldsymbol{\xi}^*$)满足鞍点条件，由式(4-7)的第一个不等式可知：

$$
\begin{aligned}
&\boldsymbol{\mu}^{\mathrm{T}}(\boldsymbol{x}^*-\boldsymbol{K}\boldsymbol{u}^*)+\boldsymbol{\xi}^{\mathrm{T}}(\boldsymbol{y}^*-\nabla\boldsymbol{u}^*)\geqslant(\boldsymbol{\mu}^*)^{\mathrm{T}}(\boldsymbol{x}^*-\boldsymbol{K}\boldsymbol{u}^*)+\\
&(\boldsymbol{\xi}^*)^{\mathrm{T}}(\boldsymbol{y}^*-\nabla\boldsymbol{u}^*)\ \forall\,\boldsymbol{\mu}\in V,\boldsymbol{\xi}\in Q
\end{aligned}
\tag{4-8}
$$

令式(4-8)中$\boldsymbol{\xi}=\boldsymbol{\xi}^*$，则有

$$
\boldsymbol{\mu}^{\mathrm{T}}(\boldsymbol{x}^*-\boldsymbol{K}\boldsymbol{u}^*)\geqslant(\boldsymbol{\mu}^*)^{\mathrm{T}}(\boldsymbol{x}^*-\boldsymbol{K}\boldsymbol{u}^*)\ \forall\,\boldsymbol{\mu}\in V \tag{4-9}
$$

不等式(4-9)表明$\boldsymbol{x}^*-\boldsymbol{K}\boldsymbol{u}^*=\boldsymbol{0}$，同理可得$\boldsymbol{y}^*-\nabla\boldsymbol{u}^*=\boldsymbol{0}$。因而下式成立：

$$
\begin{cases}
\boldsymbol{x}^*-\boldsymbol{K}\boldsymbol{u}^*=\boldsymbol{0}\\
\boldsymbol{y}^*-\nabla\boldsymbol{u}^*=\boldsymbol{0}
\end{cases}
\tag{4-10}
$$

联立式(4-10)和式(4-7)中的第二个不等式可得：

$$
\begin{aligned}
&\|\nabla\boldsymbol{u}^*\|_1+\frac{\lambda}{2}\|\boldsymbol{K}\boldsymbol{u}^*-\boldsymbol{f}\|_2^2\leqslant\frac{\lambda}{2}\|\boldsymbol{x}-\boldsymbol{f}\|_2^2-(\boldsymbol{\mu}^*)^{\mathrm{T}}(\boldsymbol{x}-\boldsymbol{K}\boldsymbol{u})+\frac{\beta_1}{2}\|\boldsymbol{x}-\boldsymbol{K}\boldsymbol{u}\|_2^2+\\
&\|\boldsymbol{y}\|_1-(\boldsymbol{\xi}^*)^{\mathrm{T}}(\boldsymbol{y}-\nabla\boldsymbol{u})+\frac{\beta_2}{2}\|\boldsymbol{y}-\nabla\boldsymbol{u}\|_2^2\quad\forall\,(\boldsymbol{u},\boldsymbol{x},\boldsymbol{y})\in V\times V\times Q
\end{aligned}
\tag{4-11}
$$

将$\boldsymbol{x}=\boldsymbol{K}\boldsymbol{u}$和$\boldsymbol{y}=\nabla\boldsymbol{u}$代入式(4-11)，可得：

$$
\|\nabla\boldsymbol{u}^*\|_1+\frac{\lambda}{2}\|\boldsymbol{K}\boldsymbol{u}^*-\boldsymbol{f}\|_2^2\leqslant\|\nabla\boldsymbol{u}\|_1+\frac{\lambda}{2}\|\boldsymbol{K}\boldsymbol{u}-\boldsymbol{f}\|_2^2 \tag{4-12}
$$

不等式(4-12) 表明 $\boldsymbol{u}^*$ 为问题式(1-16) 的解。

反之，设 $\boldsymbol{u}^*\in V$ 为问题式(1-16) 的解，令 $\boldsymbol{x}^*=\boldsymbol{K}\boldsymbol{u}^*$ 和 $\boldsymbol{y}^*=\nabla\boldsymbol{u}^*$，根据引理 4-1，必存在 $\boldsymbol{\mu}^*$ 和 $\boldsymbol{\xi}^*$ 使得 $\boldsymbol{\mu}^*=\lambda(\boldsymbol{K}\boldsymbol{u}^*-\boldsymbol{f})$、$\boldsymbol{\xi}^*=\partial\|\nabla\boldsymbol{u}^*\|_1$ 和 $\nabla^{\mathrm{T}}\boldsymbol{\xi}^*=-\lambda\boldsymbol{K}^{\mathrm{T}}(\boldsymbol{K}\boldsymbol{u}^*-\boldsymbol{f})$（或 $\mathrm{div}\boldsymbol{\xi}^*=\lambda\boldsymbol{K}^{\mathrm{T}}(\boldsymbol{K}\boldsymbol{u}^*-\boldsymbol{f})$）成立。接下来证明 $(\boldsymbol{u}^*,\boldsymbol{x}^*,\boldsymbol{y}^*;\boldsymbol{\mu}^*,\boldsymbol{\xi}^*)$ 为式(4-7) 中的一个鞍点。因为 $\boldsymbol{x}^*=\boldsymbol{K}\boldsymbol{u}^*$ 和 $\boldsymbol{y}^*=\nabla\boldsymbol{u}^*$ 成立，式(4-7) 中的第一个不等式成立。接下来证明：

$$L_A(\boldsymbol{u}^*,\boldsymbol{x}^*,\boldsymbol{y}^*;\boldsymbol{\mu}^*,\boldsymbol{\xi}^*;\lambda)\leqslant L_A(\boldsymbol{u},\boldsymbol{x},\boldsymbol{y};\boldsymbol{\mu}^*,\boldsymbol{\xi}^*;\lambda)\ \forall\boldsymbol{u},\boldsymbol{x},\boldsymbol{y}\in V\times V\times Q \tag{4-13}$$

从式(4-6) 中 L_A 的定义可知，若分别以 $\boldsymbol{u}$、$\boldsymbol{x}$ 和 $\boldsymbol{y}$ 为变量（固定另外两个），$L_A(\boldsymbol{u},\boldsymbol{x},\boldsymbol{y};\boldsymbol{\mu}^*,\boldsymbol{\xi}^*;\lambda)$ 均是正常凸函数。因此，根据引理 4-2，它在 $V\times V\times Q$ 中存在极小点 $(\overline{\boldsymbol{u}},\overline{\boldsymbol{x}},\overline{\boldsymbol{y}})$，当且仅当：

$$\begin{aligned}&\langle\boldsymbol{K}^{\mathrm{T}}\boldsymbol{\mu}^*+\nabla^{\mathrm{T}}\boldsymbol{\xi}^*,\boldsymbol{u}-\overline{\boldsymbol{u}}\rangle+\beta_1\langle\boldsymbol{K}^{\mathrm{T}}(\boldsymbol{K}\overline{\boldsymbol{u}}-\overline{\boldsymbol{x}}),\boldsymbol{u}-\overline{\boldsymbol{u}}\rangle+\\&\beta_2\langle\nabla^{\mathrm{T}}(\nabla\overline{\boldsymbol{u}}-\overline{\boldsymbol{y}}),\boldsymbol{u}-\overline{\boldsymbol{u}}\rangle\geqslant0\quad\forall\boldsymbol{u}\in V\end{aligned} \tag{4-14}$$

$$\|\boldsymbol{y}\|_1-\|\overline{\boldsymbol{y}}\|_1-\langle\boldsymbol{\xi}^*,\boldsymbol{y}-\overline{\boldsymbol{y}}\rangle+\beta_2\langle\overline{\boldsymbol{y}}-\nabla\overline{\boldsymbol{u}},\boldsymbol{y}-\overline{\boldsymbol{y}}\rangle\geqslant0\quad\forall\boldsymbol{y}\in Q \tag{4-15}$$

$$\frac{\lambda}{2}\|\boldsymbol{x}-\boldsymbol{f}\|_2^2-\frac{\lambda}{2}\|\overline{\boldsymbol{x}}-\boldsymbol{f}\|_2^2-\langle\boldsymbol{\mu}^*,\boldsymbol{x}-\overline{\boldsymbol{x}}\rangle+\beta_1\langle\overline{\boldsymbol{x}}-\boldsymbol{K}\overline{\boldsymbol{u}},\boldsymbol{x}-\overline{\boldsymbol{x}}\rangle\geqslant0\quad\forall\boldsymbol{x}\in V \tag{4-16}$$

一方面，将 $\overline{\boldsymbol{u}}=\boldsymbol{u}^*$、$\overline{\boldsymbol{x}}=\boldsymbol{x}^*$ 和 $\overline{\boldsymbol{y}}=\boldsymbol{y}^*$ 代入式(4-14)，根据上述关于 $\boldsymbol{\mu}^*$ 和 $\boldsymbol{\xi}^*$ 的假设，有 $(\boldsymbol{u}^*,\boldsymbol{x}^*,\boldsymbol{y}^*)$ 满足式(4-14)。另一方面，根据引理 4-1，必有 $\boldsymbol{0}\in\lambda\boldsymbol{K}^{\mathrm{T}}(\boldsymbol{K}\boldsymbol{u}^*-\boldsymbol{f})-\mathrm{div}(\partial\|\boldsymbol{y}^*\|_1)$ $(\boldsymbol{y}^*=\nabla\boldsymbol{u}^*)$。将 $\overline{\boldsymbol{u}}=\boldsymbol{u}^*$ 和 $\overline{\boldsymbol{y}}=\boldsymbol{y}^*$ 代入式(4-15)，则式(4-15) 第三项为零。根据 $\mathrm{div}\boldsymbol{\xi}^*=\lambda\boldsymbol{K}^{\mathrm{T}}(\boldsymbol{K}\boldsymbol{u}^*-\boldsymbol{f})$ 和 Bregman 距离的非负性，不等式(4-15) 等价于：

$$\|\boldsymbol{y}\|_1-\|\boldsymbol{y}^*\|_1-\langle\partial\|\boldsymbol{y}^*\|_1,\boldsymbol{y}-\boldsymbol{y}^*\rangle\geqslant0\quad\forall\boldsymbol{y}\in Q \tag{4-17}$$

即 $(\boldsymbol{u}^*,\boldsymbol{x}^*,\boldsymbol{y}^*)$ 满足式(4-15)。同理，若取 $\overline{\boldsymbol{u}}=\boldsymbol{u}^*$ 和 $\overline{\boldsymbol{x}}=\boldsymbol{x}^*$，不等式(4-16) 成立。所以，$(\boldsymbol{u}^*,\boldsymbol{x}^*,\boldsymbol{y}^*)$ 同时满足式(4-14)、式(4-15) 和式(4-16)，故式(4-7) 中的第二个不等式成立。定理 4-1 得证。

引理 4-1 联合定理 4-1，表明问题式(4-7) 至少存在一个鞍点且每个 $\boldsymbol{u}^*$ 均为问题式(1-16) 的极小点。增广 Lagrange 方法（augmented Lagrangian method，ALM）[186] 可以通过以下迭代框架求解鞍点问题式(4-7)：

$$\begin{cases}(\boldsymbol{u}^{k+1},\boldsymbol{x}^{k+1},\boldsymbol{y}^{k+1})=\underset{\boldsymbol{u},\boldsymbol{x},\boldsymbol{y}}{\operatorname{argmin}}\ L_A(\boldsymbol{u},\boldsymbol{x},\boldsymbol{y};\boldsymbol{\mu}^k,\boldsymbol{\xi}^k;\lambda)\\\boldsymbol{\mu}^{k+1}=\boldsymbol{\mu}^k-\beta_1(\boldsymbol{x}^{k+1}-\boldsymbol{K}\boldsymbol{u}^{k+1})\\\boldsymbol{\xi}^{k+1}=\boldsymbol{\xi}^k-\beta_2(\boldsymbol{y}^{k+1}-\nabla\boldsymbol{u}^{k+1})\end{cases} \tag{4-18}$$

精确求解（$\boldsymbol{u}^{k+1}$，$\boldsymbol{x}^{k+1}$，$\boldsymbol{y}^{k+1}$）的问题并不简单，这需要在框架式(4-18) 中引入内迭代。本文采用 ADMM 来解决这一问题，在每步迭代中，仅需对三个变量分别求解一次，而 4.3.3 节的收敛性分析则说明了其合理性。

4.3.2 算法导出

本小节通过 ADMM 求解 TV 正则化问题式(4-1)，其中，正则化参数 λ 以闭合形式更新且最终收敛到由偏差原理所决定的最优值上。用于求解问题式(4-1) 的 ADMM 迭代方案为：

$$\boldsymbol{u}^{k+1}=\underset{\boldsymbol{u}}{\operatorname{argmin}}\ L_A(\boldsymbol{u},\boldsymbol{x}^k,\boldsymbol{y}^k;\boldsymbol{\mu}^k,\boldsymbol{\xi}^k;\lambda^k) \tag{4-19}$$

$$\boldsymbol{y}^{k+1}=\underset{\boldsymbol{y}}{\operatorname{argmin}}\ L_A(\boldsymbol{u}^{k+1},\boldsymbol{x}^k,\boldsymbol{y};\boldsymbol{\mu}^k,\boldsymbol{\xi}^k;\lambda^k) \tag{4-20}$$

$$\boldsymbol{x}^{k+1}=\underset{\boldsymbol{x}}{\operatorname{argmin}}\ L_A(\boldsymbol{u}^{k+1},\boldsymbol{x},\boldsymbol{y}^{k+1};\boldsymbol{\mu}^k,\boldsymbol{\xi}^k;\lambda^{k+1}) \tag{4-21}$$

$$\boldsymbol{\mu}^{k+1}=\boldsymbol{\mu}^k-\beta_1(\boldsymbol{x}^{k+1}-\boldsymbol{K}\boldsymbol{u}^{k+1}) \tag{4-22}$$

$$\boldsymbol{\xi}^{k+1}=\boldsymbol{\xi}^k-\beta_2(\boldsymbol{y}^{k+1}-\nabla\boldsymbol{u}^{k+1}) \tag{4-23}$$

在式(4-21) 中，λ^{k+1} 为第 $k+1$ 步根据偏差原理更新得到的正则化参数。从式(4-6) 中 L_A 的定义以及上述 5 个迭代步骤可以看出，仅变量 $\boldsymbol{x}$ 而非变量 $\boldsymbol{u}$ 与 λ 的更新有关，换言之，仅变量 $\boldsymbol{x}$ 受偏差原理的限制。接下来的部分详细阐述了如何求解子问题式(4-19)～式(4-21)。

关于 $\boldsymbol{u}$ 的子问题具有如下二次最小化形式：

$$\boldsymbol{u}^{k+1}=\underset{\boldsymbol{u}}{\operatorname{argmin}}(\boldsymbol{\mu}^k)^{\mathrm{T}}\boldsymbol{K}\boldsymbol{u}+\frac{\beta_1}{2}\|\boldsymbol{x}^k-\boldsymbol{K}\boldsymbol{u}\|_2^2+(\boldsymbol{\xi}^k)^{\mathrm{T}}\nabla\boldsymbol{u}+\frac{\beta_2}{2}\|\boldsymbol{y}^k-\nabla\boldsymbol{u}\|_2^2 \tag{4-24}$$

因此，有：

$$\boldsymbol{u}^{k+1}=(\beta_1\boldsymbol{K}^{\mathrm{T}}\boldsymbol{K}-\beta_2\Delta)^{-1}[\boldsymbol{K}^{\mathrm{T}}(\beta_1\boldsymbol{x}^k-\boldsymbol{\mu}^k)-\operatorname{div}(\beta_2\boldsymbol{y}^k-\boldsymbol{\xi}^k)] \tag{4-25}$$

其中 $\Delta=\operatorname{div}\cdot\nabla$ 表示 Laplace 算子。在循环边界条件下，算子 $\boldsymbol{K}$ 和 ∇ 具有循环矩阵的形式，可以通过快速 Fourier 变换（FFT）进行对角化。因此，等式(4-25) 可以通过两次前向 FFT 和一次逆 FFT 进行求解[126]，若图像大小为 $m\times n$，则其计算复杂度为 $O(mn\log(mn))$ 的乘法运算。相应地，若假设符合 Neumann 边界条件，FFT 则应换作离散余弦变换(discrete cosine transform，DCT)。

由式(4-20) 可知，关于 $\boldsymbol{y}$ 的子问题，有：

$$\boldsymbol{y}_{i,j}^{k+1}=\underset{\boldsymbol{y}_{i,j}}{\operatorname{argmin}}|\boldsymbol{y}_{i,j}|+\frac{\beta_2}{2}\left\|\boldsymbol{y}_{i,j}-(\nabla\boldsymbol{u}^{k+1})_{i,j}-\frac{\boldsymbol{\xi}_{i,j}^k}{\beta_2}\right\|_2^2 \tag{4-26}$$

最小化问题式(4-26) 为临近最小化问题，其解可通过如下二维收缩运算[126] 得到：

$$\boldsymbol{y}_{i,j}^{k+1}=\max\left\{\|(\nabla \boldsymbol{u}^{k+1})_{i,j}+\boldsymbol{\xi}_{i,j}^{k}/\beta_2\|_2-\frac{1}{\beta_2},0\right\}\frac{(\nabla \boldsymbol{u}^{k+1})_{i,j}+\boldsymbol{\xi}_{i,j}^{k}/\beta_2}{\|(\nabla \boldsymbol{u}^{k+1})_{i,j}+\boldsymbol{\xi}_{i,j}^{k}/\beta_2\|_2} \tag{4-27}$$

这里需要假设 $0\times(0/0)=0$ 以避免计算溢出。运算式(4-27) 的计算复杂度则与 mn 成线性关系。

根据式(4-21)，关于 $\boldsymbol{x}$ 的子问题可以写为：

$$\boldsymbol{x}^{k+1}=\underset{\boldsymbol{x}}{\arg\min}\frac{\lambda^{k+1}}{2}\|\boldsymbol{x}-\boldsymbol{f}\|_2^2+\frac{\beta_1}{2}\|\boldsymbol{x}-\boldsymbol{a}^{k+1}\|_2^2 \tag{4-28}$$

其中 $\boldsymbol{a}^{k+1}=\boldsymbol{K}\boldsymbol{u}^{k+1}+\boldsymbol{\mu}^{k}/\beta_1$。

最小化问题式(4-28) 显然表明 $\boldsymbol{x}$ 与 λ 是相关联的，由式(4-5) 可知 $\boldsymbol{x}$ 扮演着 $\boldsymbol{K}\boldsymbol{u}$ 的角色，因此，接下来，仅需验证 $\boldsymbol{x}$ 是否满足偏差原理，即 $\|\boldsymbol{x}-\boldsymbol{f}\|_2^2\leqslant c$ 是否成立。由式(4-28) 知，关于 $\boldsymbol{x}$ 的最小化问题同样是二次的，其封闭解为：

$$\boldsymbol{x}^{k+1}=\frac{\lambda^{k+1}\boldsymbol{f}+\beta_1\boldsymbol{a}^{k+1}}{\lambda^{k+1}+\beta_1} \tag{4-29}$$

在每步迭代中，根据 $\boldsymbol{a}^{k+1}$ 的取值，λ 的取值可能有两种情况，一方面，若：

$$\|\boldsymbol{a}^{k+1}-\boldsymbol{f}\|_2^2\leqslant c \tag{4-30}$$

则可设置 $\lambda^{k+1}=0$ 和 $\boldsymbol{x}^{k+1}=\boldsymbol{a}^{k+1}$，且显然 $\boldsymbol{x}^{k+1}$ 满足偏差原理。另一方面，若 $\|\boldsymbol{a}^{k+1}-\boldsymbol{f}\|_2^2>c$，根据偏差原理，应通过求解下列方程确定 $\boldsymbol{x}^{k+1}$：

$$\|\boldsymbol{x}^{k+1}-\boldsymbol{f}\|_2^2=c \tag{4-31}$$

将式(4-31) 中的 $\boldsymbol{x}^{k+1}$ 替换为式(4-29)，则有

$$\lambda^{k+1}=\frac{\beta_1\|\boldsymbol{f}-\boldsymbol{a}^{k+1}\|_2}{\sqrt{c}}-\beta_1 \tag{4-32}$$

从上述讨论可以看到，通过引入辅助变量 $\boldsymbol{x}$，可以将 $\boldsymbol{K}\boldsymbol{u}$ 从偏差原理中释放出来，得益于此，不用附加任何条件，在每步迭代中便可得到关于 λ 的封闭解，这是所提算法与文献 [172] 中算法的最大区别。在文献 [172] 中，Ng 等同样基于 ADMM 求解约束问题式(4-1)，不同的是，仅有一个辅助变量被引入用以替换 TV 正则化子。不同于式(4-32)，对于式(4-2) 而言，λ 的封闭解并不存在，因此，需要引入 Newton 迭代法来求解 λ，不可避免的，需要对式(4-2) 施加必要的附加条件以保证 λ 的存在性和唯一

性[30]。相反，所提算法则不受额外附加条件的限制。

算法 4-1　参数自适应的交替方向乘子法（APE-ADMM）

步骤 1： 输入 $\boldsymbol{f}$，$\boldsymbol{K}$，c；

步骤 2： 初始化 $\boldsymbol{u}^0$，$\boldsymbol{x}^0$，$\boldsymbol{y}^0$，$\boldsymbol{\mu}^0$，$\boldsymbol{\xi}^0=\boldsymbol{0}$，$k=0$，$\beta_1$，$\beta_2>0$；

步骤 3： 判断是否满足终止条件，若否，则执行以下步骤；

步骤 4： 通过式(4-25) 计算 $\boldsymbol{u}^{k+1}$；

步骤 5： 通过式(4-27) 计算 $\boldsymbol{y}^{k+1}$；

步骤 6： 若式(4-30) 成立，则设置 $\lambda^{k+1}=0$，$\boldsymbol{x}^{k+1}=\boldsymbol{a}^{k+1}$，否则通过式(4-32) 和式(4-29) 分别更新 λ^{k+1} 和 $\boldsymbol{x}^{k+1}$；

步骤 7： 通过式(4-22) 和式(4-23) 更新 $\boldsymbol{\mu}^{k+1}$ 和 $\boldsymbol{\xi}^{k+1}$；

步骤 8： $k=k+1$；

步骤 9： 结束循环并输出 $\boldsymbol{u}^{k+1}$ 和 λ^{k+1}。

算法 4-1（APE-ADMM）总结了所导出的算法。其中，关于 $\boldsymbol{u}$ 子问题（步骤 4）计算量最大，在每步迭代中，需要求解 3 次 FFT/逆 FFT，因此，若 APE-ADMM 迭代 L 次，则计算消耗约为 $3L$ 次二维 FFT 所用的时间。此外，容易发现，算法 4-1 中的某些变量可并行更新（如 $\boldsymbol{y}$ 和 $\boldsymbol{x}$），故可通过 GPU 等并行运算设备对算法 4-1 进行加速。

4.3.3 收敛性分析

本小节将证明 APE-ADMM 所产生的序列 $\{\boldsymbol{u}^k\}$ 收敛到约束 TV 正则化问题式(4-1) 的极小点，$\{\lambda^k\}$ 则趋向于约束 $\boldsymbol{u}\in\Psi$ 所对应的最优正则化参数 λ^*，即问题式(4-1) 的解同时是 $\lambda=\lambda^*$ 时问题式(1-16) 的解。

算法 APE-ADMM 中的步骤 6 表明，当 $k\to+\infty$ 时，序列 $\{\lambda^k\}$ 趋于某个非负的 $\lambda^\dagger$，并且若 $\boldsymbol{u}\in\Psi$，则有 $\lambda^\dagger=0$，若 $\|\boldsymbol{Ku}-\boldsymbol{f}\|_2^2=c$，则有 $\lambda^\dagger>0$（事实上对于一幅自然图像，仅可能出现后一种情形）。式(4-7) 中所述的鞍点条件对于 $L_A(u,\boldsymbol{x},\boldsymbol{y};\boldsymbol{\mu},\boldsymbol{\xi};\lambda^\dagger)$ 依然成立，在接下来的讨论中，记 $(\boldsymbol{u}^*,\boldsymbol{x}^*,\boldsymbol{y}^*;\boldsymbol{\mu}^*,\boldsymbol{\xi}^*)$ 为其鞍点。

引理 4-3 和引理 4-5 揭示了算法 APE-ADMM 所产生序列的收缩性和收敛性。

引理 4-3　令 $\{\boldsymbol{u}^k,\boldsymbol{x}^k,\boldsymbol{y}^k;\boldsymbol{\mu}^k,\boldsymbol{\xi}^k\}$ 为 APE-ADMM 产生的序列，则 $\{\boldsymbol{x}^k\}$、$\{\boldsymbol{y}^k\}$、$\{\boldsymbol{\mu}^k\}$ 和 $\{\boldsymbol{\xi}^k\}$ 有界，且以下成立：

$$\begin{cases}\lim\limits_{k\to+\infty}\|\boldsymbol{x}^{k+1}-\boldsymbol{x}^k\|_2=0, & \lim\limits_{k\to+\infty}\|\boldsymbol{y}^{k+1}-\boldsymbol{y}^k\|_2=0\\ \lim\limits_{k\to+\infty}\|\boldsymbol{x}^k-\boldsymbol{Ku}^k\|_2=0, & \lim\limits_{k\to+\infty}\|\boldsymbol{y}^k-\nabla\boldsymbol{u}^k\|_2=0\\ \lim\limits_{k\to+\infty}\|\boldsymbol{\mu}^{k+1}-\boldsymbol{\mu}^k\|_2=0, & \lim\limits_{k\to+\infty}\|\boldsymbol{\xi}^{k+1}-\boldsymbol{\xi}^k\|_2=0\end{cases}\tag{4-33}$$

记 $\boldsymbol{v}=(\sqrt{\beta_1}\boldsymbol{x},\ \sqrt{\beta_2}\boldsymbol{y},\ \boldsymbol{\mu}/\sqrt{\beta_1},\ \boldsymbol{\xi}/\sqrt{\beta_2})$，则必有 $\|\boldsymbol{v}^{k+1}-\boldsymbol{v}^*\|_2^2\leqslant\|\boldsymbol{v}^k-\boldsymbol{v}^*\|_2^2$，即 $\{\boldsymbol{v}^k\}$ 关于所有 $\boldsymbol{v}^*$ 的集合是 Fejér 单调的。

证明 设 $(\boldsymbol{u}^*,\boldsymbol{x}^*,\boldsymbol{y}^*;\boldsymbol{\mu}^*,\boldsymbol{\xi}^*)$ 为 $L_A(\boldsymbol{u},\boldsymbol{x},\boldsymbol{y};\boldsymbol{\mu},\boldsymbol{\xi};\lambda^\dagger)$ 的鞍点，定义 $\hat{\boldsymbol{u}}^{k+1}\triangleq\boldsymbol{u}^{k+1}-\boldsymbol{u}^*$，并以同样方式定义 $\hat{\boldsymbol{x}}^{k+1}$、$\hat{\boldsymbol{y}}^{k+1}$、$\hat{\boldsymbol{\mu}}^{k+1}$ 和 $\hat{\boldsymbol{\xi}}^{k+1}$。

取 $\lambda=\lambda^\dagger$，根据式(4-7) 中的第一个不等式可得 $\boldsymbol{x}^*=\boldsymbol{K}\boldsymbol{u}^*$ 和 $\boldsymbol{y}^*=\nabla\boldsymbol{u}^*$。联立该结论与式(4-22) 和式(4-23) 可得：

$$\begin{cases}\hat{\boldsymbol{\mu}}^{k+1}=\hat{\boldsymbol{\mu}}^k-\beta_1(\hat{\boldsymbol{x}}^{k+1}-\boldsymbol{K}\hat{\boldsymbol{u}}^{k+1})\\ \hat{\boldsymbol{\xi}}^{k+1}=\hat{\boldsymbol{\xi}}^k-\beta_2(\hat{\boldsymbol{y}}^{k+1}-\nabla\hat{\boldsymbol{u}}^{k+1})\end{cases}\tag{4-34}$$

故有：

$$\begin{cases}\dfrac{\|\hat{\boldsymbol{\mu}}^k\|_2^2-\|\hat{\boldsymbol{\mu}}^{k+1}\|_2^2}{\beta_1}=2\langle\hat{\boldsymbol{\mu}}^k,\hat{\boldsymbol{x}}^{k+1}-\boldsymbol{K}\hat{\boldsymbol{u}}^{k+1}\rangle-\beta_1\|\hat{\boldsymbol{x}}^{k+1}-\boldsymbol{K}\hat{\boldsymbol{u}}^{k+1}\|_2^2\\ \dfrac{\|\hat{\boldsymbol{\xi}}^k\|_2^2-\|\hat{\boldsymbol{\xi}}^{k+1}\|_2^2}{\beta_2}=2\langle\hat{\boldsymbol{\xi}}^k,\hat{\boldsymbol{y}}^{k+1}-\nabla\hat{\boldsymbol{u}}^{k+1}\rangle-\beta_2\|\hat{\boldsymbol{y}}^{k+1}-\nabla\hat{\boldsymbol{u}}^{k+1}\|_2^2\end{cases}\tag{4-35}$$

一方面，由定理 4-1 的证明和式(4-7) 中的第二个不等式 ($\lambda=\lambda^\dagger$) 可知：

$$\begin{aligned}&\langle\boldsymbol{K}^{\mathrm{T}}\boldsymbol{\mu}^*+\nabla^{\mathrm{T}}\boldsymbol{\xi}^*,\boldsymbol{u}-\boldsymbol{u}^*\rangle+\beta_1\langle\boldsymbol{K}^{\mathrm{T}}(\boldsymbol{K}\boldsymbol{u}^*-\boldsymbol{x}^*),\boldsymbol{u}-\boldsymbol{u}^*\rangle+\\&\beta_2\langle\nabla^{\mathrm{T}}(\nabla\boldsymbol{u}^*-\boldsymbol{y}^*),\boldsymbol{u}-\boldsymbol{u}^*\rangle\geqslant0\quad\forall\,\boldsymbol{u}\in V\end{aligned}\tag{4-36}$$

$$\|\boldsymbol{y}\|_1-\|\boldsymbol{y}^*\|_1-\langle\boldsymbol{\xi}^*,\boldsymbol{y}-\boldsymbol{y}^*\rangle+\beta_2\langle\boldsymbol{y}^*-\nabla\boldsymbol{u}^*,\boldsymbol{y}-\boldsymbol{y}^*\rangle\geqslant0\quad\forall\,\boldsymbol{y}\in Q\tag{4-37}$$

$$\begin{aligned}&\frac{\lambda^\dagger}{2}\|\boldsymbol{x}-\boldsymbol{f}\|_2^2-\frac{\lambda^\dagger}{2}\|\boldsymbol{x}^*-\boldsymbol{f}\|_2^2-\langle\boldsymbol{\mu}^*,\boldsymbol{x}-\boldsymbol{x}^*\rangle+\\&\beta_1\langle\boldsymbol{x}^*-\boldsymbol{K}\boldsymbol{u}^*,\boldsymbol{x}-\boldsymbol{x}^*\rangle\geqslant0\quad\forall\,\boldsymbol{x}\in V\end{aligned}\tag{4-38}$$

另一方面，因为 $\boldsymbol{u}^{k+1}$、$\boldsymbol{x}^{k+1}$ 和 $\boldsymbol{y}^{k+1}$ 分别是所对应的子问题的解，根据引理 4-2，必有

$$\begin{aligned}&\langle\boldsymbol{K}^{\mathrm{T}}\boldsymbol{\mu}^k+\nabla^{\mathrm{T}}\boldsymbol{\xi}^k,\boldsymbol{u}-\boldsymbol{u}^{k+1}\rangle+\beta_1\langle\boldsymbol{K}^{\mathrm{T}}(\boldsymbol{K}\boldsymbol{u}^{k+1}-\boldsymbol{x}^k),\boldsymbol{u}-\boldsymbol{u}^{k+1}\rangle+\\&\beta_2\langle\nabla^{\mathrm{T}}(\nabla\boldsymbol{u}^{k+1}-\boldsymbol{y}^k),\boldsymbol{u}-\boldsymbol{u}^{k+1}\rangle\geqslant0,\ \forall\,\boldsymbol{u}\in V\end{aligned}\tag{4-39}$$

$$\|\boldsymbol{y}\|_1-\|\boldsymbol{y}^{k+1}\|_1-\langle\boldsymbol{\xi}^k,\boldsymbol{y}-\boldsymbol{y}^{k+1}\rangle+\beta_2\langle\boldsymbol{y}^{k+1}-\nabla\boldsymbol{u}^{k+1},\boldsymbol{y}-\boldsymbol{y}^{k+1}\rangle\geqslant0\quad\forall\,\boldsymbol{y}\in Q\tag{4-40}$$

$$\begin{aligned}&\frac{\lambda^{k+1}}{2}\|\boldsymbol{x}-\boldsymbol{f}\|_2^2-\frac{\lambda^{k+1}}{2}\|\boldsymbol{x}^{k+1}-\boldsymbol{f}\|_2^2-\langle\boldsymbol{\mu}^k,\boldsymbol{x}-\boldsymbol{x}^{k+1}\rangle+\\&\beta_1\langle\boldsymbol{x}^{k+1}-\boldsymbol{K}\boldsymbol{u}^{k+1},\boldsymbol{x}-\boldsymbol{x}^{k+1}\rangle\geqslant0\quad\forall\,\boldsymbol{x}\in V\end{aligned}\tag{4-41}$$

将 $\boldsymbol{u}=\boldsymbol{u}^{k+1}$ 和 $\boldsymbol{u}=\boldsymbol{u}^*$ 分别代入式(4-36) 和式(4-39)，而后相加可得：

$$\begin{aligned}&\langle \hat{\boldsymbol{\mu}}^k, \boldsymbol{K}\hat{\boldsymbol{u}}^{k+1}\rangle+\beta_1\langle \boldsymbol{K}\hat{\boldsymbol{u}}^{k+1}-\hat{\boldsymbol{x}}^k, \boldsymbol{K}\hat{\boldsymbol{u}}^{k+1}\rangle+\\&\langle \hat{\boldsymbol{\xi}}^k, \nabla\hat{\boldsymbol{u}}^{k+1}\rangle+\beta_2\langle \nabla\hat{\boldsymbol{u}}^{k+1}-\hat{\boldsymbol{y}}^k, \nabla\hat{\boldsymbol{u}}^{k+1}\rangle\leqslant 0\end{aligned}\tag{4-42}$$

同理，将 $\boldsymbol{y}=\boldsymbol{y}^{k+1}$ 和 $\boldsymbol{y}=\boldsymbol{y}^*$ 分别代入式(4-37) 和式(4-40)，而后相加可得：

$$\langle \hat{\boldsymbol{\xi}}^k, -\hat{\boldsymbol{y}}^{k+1}\rangle+\beta_2\langle \nabla\hat{\boldsymbol{u}}^{k+1}-\hat{\boldsymbol{y}}^{k+1}, -\hat{\boldsymbol{y}}^{k+1}\rangle\leqslant 0\tag{4-43}$$

从算法 APE-ADMM 的步骤 6 可知，必有①$\|\boldsymbol{a}^{k+1}-\boldsymbol{f}\|_2^2\leqslant c$ 和 $\lambda^{k+1}=0$ 或②$\|\boldsymbol{a}^{k+1}-\boldsymbol{f}\|_2^2>c$、$\lambda^{k+1}>0$ 和 $\|\boldsymbol{x}^{k+1}-\boldsymbol{f}\|_2^2=c$。因为 $\|\boldsymbol{x}^*-\boldsymbol{f}\|_2^2=c$，对于情况①和情况②均有：

$$\langle \hat{\boldsymbol{\mu}}^k, -\hat{\boldsymbol{x}}^{k+1}\rangle+\beta_1\langle \boldsymbol{K}\hat{\boldsymbol{u}}^{k+1}-\hat{\boldsymbol{x}}^{k+1}, -\hat{\boldsymbol{x}}^{k+1}\rangle\leqslant 0\tag{4-44}$$

将式(4-42)、式(4-43) 和式(4-44) 相加，可得：

$$\begin{aligned}&\langle \hat{\boldsymbol{\mu}}^k, \hat{\boldsymbol{x}}^{k+1}-\boldsymbol{K}\hat{\boldsymbol{u}}^{k+1}\rangle+\langle \hat{\boldsymbol{\xi}}^k, \hat{\boldsymbol{y}}^{k+1}-\nabla\hat{\boldsymbol{u}}^{k+1}\rangle\geqslant\\&\beta_1\|\hat{\boldsymbol{x}}^{k+1}-\boldsymbol{K}\hat{\boldsymbol{u}}^{k+1}\|_2^2+\beta_2\|\hat{\boldsymbol{y}}^{k+1}-\nabla\hat{\boldsymbol{u}}^{k+1}\|_2^2+\\&\beta_1\langle \hat{\boldsymbol{x}}^{k+1}-\hat{\boldsymbol{x}}^k, \boldsymbol{K}\hat{\boldsymbol{u}}^{k+1}\rangle+\beta_2\langle \hat{\boldsymbol{y}}^{k+1}-\hat{\boldsymbol{y}}^k, \nabla\hat{\boldsymbol{u}}^{k+1}\rangle\end{aligned}\tag{4-45}$$

联立式(4-35) 和式(4-45) 得：

$$\begin{aligned}&\frac{\|\hat{\boldsymbol{\mu}}^k\|_2^2-\|\hat{\boldsymbol{\mu}}^{k+1}\|_2^2}{\beta_1}+\frac{\|\hat{\boldsymbol{\xi}}^k\|_2^2-\|\hat{\boldsymbol{\xi}}^{k+1}\|_2^2}{\beta_2}\geqslant 2\beta_1\langle \hat{\boldsymbol{x}}^{k+1}-\hat{\boldsymbol{x}}^k, \boldsymbol{K}\hat{\boldsymbol{u}}^{k+1}\rangle+\\&2\beta_2\langle \hat{\boldsymbol{y}}^{k+1}-\hat{\boldsymbol{y}}^k, \nabla\hat{\boldsymbol{u}}^{k+1}\rangle+\beta_1\|\hat{\boldsymbol{x}}^{k+1}-\boldsymbol{K}\hat{\boldsymbol{u}}^{k+1}\|_2^2+\beta_2\|\hat{\boldsymbol{y}}^{k+1}-\nabla\hat{\boldsymbol{u}}^{k+1}\|_2^2\end{aligned}\tag{4-46}$$

接下来估计不等式(4-46) 右边前两项的界。由 $\boldsymbol{x}^k$ 和 $\boldsymbol{y}^k$ 的更新可知：

$$\|\boldsymbol{y}\|_1-\|\boldsymbol{y}^k\|_1-\langle \boldsymbol{\xi}^{k-1}, \boldsymbol{y}-\boldsymbol{y}^k\rangle+\beta_2\langle \boldsymbol{y}^k-\nabla\boldsymbol{u}^k, \boldsymbol{y}-\boldsymbol{y}^k\rangle\geqslant 0\tag{4-47}$$

$$\frac{\lambda^k}{2}\|\boldsymbol{x}-\boldsymbol{f}\|_2^2-\frac{\lambda^k}{2}\|\boldsymbol{x}^k-\boldsymbol{f}\|_2^2-\langle \boldsymbol{\mu}^{k-1}, \boldsymbol{x}-\boldsymbol{x}^k\rangle+\beta_1\langle \boldsymbol{x}^k-\boldsymbol{K}\boldsymbol{u}^k, \boldsymbol{x}-\boldsymbol{x}^k\rangle\geqslant 0\tag{4-48}$$

将 $\boldsymbol{y}=\boldsymbol{y}^k$ 和 $\boldsymbol{y}=\boldsymbol{y}^{k+1}$ 分别代入式(4-40) 和式(4-47)，而后相加可得：

$$\beta_2\|\hat{\boldsymbol{y}}^{k+1}-\hat{\boldsymbol{y}}^k\|_2^2-\langle \hat{\boldsymbol{\xi}}^k-\hat{\boldsymbol{\xi}}^{k-1}, \hat{\boldsymbol{y}}^{k+1}-\hat{\boldsymbol{y}}^k\rangle-\beta_2\langle \nabla\hat{\boldsymbol{u}}^{k+1}-\nabla\hat{\boldsymbol{u}}^k, \hat{\boldsymbol{y}}^{k+1}-\hat{\boldsymbol{y}}^k\rangle\leqslant 0\tag{4-49}$$

根据 APE-ADMM 的步骤 6，有：

$$\begin{cases}\lambda^k\|\boldsymbol{x}^k-\boldsymbol{f}\|_2^2\geqslant\lambda^k\|\boldsymbol{x}^{k+1}-\boldsymbol{f}\|_2^2\\\lambda^{k+1}\|\boldsymbol{x}^{k+1}-\boldsymbol{f}\|_2^2\geqslant\lambda^{k+1}\|\boldsymbol{x}^k-\boldsymbol{f}\|_2^2\end{cases}\tag{4-50}$$

将 $\boldsymbol{x}=\boldsymbol{x}^k$ 和 $\boldsymbol{x}=\boldsymbol{x}^{k+1}$ 分别代入式(4-41) 和式(4-48)，而后相加可得：

$$\beta_1\|\hat{\boldsymbol{x}}^{k+1}-\hat{\boldsymbol{x}}^k\|_2^2-\langle\hat{\boldsymbol{\mu}}^k-\hat{\boldsymbol{\mu}}^{k-1},\hat{\boldsymbol{x}}^{k+1}-\hat{\boldsymbol{x}}^k\rangle-\beta_1\langle \boldsymbol{K}\hat{\boldsymbol{u}}^{k+1}-\boldsymbol{K}\hat{\boldsymbol{u}}^k,\hat{\boldsymbol{x}}^{k+1}-\hat{\boldsymbol{x}}^k\rangle\leqslant 0 \tag{4-51}$$

联立式(4-34)（取 $k=k-1$）、式(4-49) 和式(4-51) 得：

$$\begin{cases}\langle\hat{\boldsymbol{x}}^{k+1}-\hat{\boldsymbol{x}}^k,\boldsymbol{K}\hat{\boldsymbol{u}}^{k+1}-\hat{\boldsymbol{x}}^k\rangle\geqslant\|\hat{\boldsymbol{x}}^{k+1}-\hat{\boldsymbol{x}}^k\|_2^2\\ \langle\hat{\boldsymbol{y}}^{k+1}-\hat{\boldsymbol{y}}^k,\nabla\hat{\boldsymbol{u}}^{k+1}-\hat{\boldsymbol{y}}^k\rangle\geqslant\|\hat{\boldsymbol{y}}^{k+1}-\hat{\boldsymbol{y}}^k\|_2^2\end{cases} \tag{4-52}$$

等式(4-52) 联立：

$$\begin{cases}\langle\hat{\boldsymbol{y}}^{k+1}-\hat{\boldsymbol{y}}^k,\hat{\boldsymbol{y}}^k\rangle=\dfrac{1}{2}(\|\hat{\boldsymbol{y}}^{k+1}\|_2^2-\|\hat{\boldsymbol{y}}^k\|_2^2-\|\hat{\boldsymbol{y}}^{k+1}-\hat{\boldsymbol{y}}^k\|_2^2)\\ \langle\hat{\boldsymbol{x}}^{k+1}-\hat{\boldsymbol{x}}^k,\hat{\boldsymbol{x}}^k\rangle=\dfrac{1}{2}(\|\hat{\boldsymbol{x}}^{k+1}\|_2^2-\|\hat{\boldsymbol{x}}^k\|_2^2-\|\hat{\boldsymbol{x}}^{k+1}-\hat{\boldsymbol{x}}^k\|_2^2)\end{cases} \tag{4-53}$$

可得：

$$\begin{cases}\langle\hat{\boldsymbol{y}}^{k+1}-\hat{\boldsymbol{y}}^k,\nabla\hat{\boldsymbol{u}}^{k+1}\rangle\geqslant\dfrac{1}{2}(\|\hat{\boldsymbol{y}}^{k+1}\|_2^2-\|\hat{\boldsymbol{y}}^k\|_2^2+\|\hat{\boldsymbol{y}}^{k+1}-\hat{\boldsymbol{y}}^k\|_2^2)\\ \langle\hat{\boldsymbol{x}}^{k+1}-\hat{\boldsymbol{x}}^k,\boldsymbol{K}\hat{\boldsymbol{u}}^{k+1}\rangle\geqslant\dfrac{1}{2}(\|\hat{\boldsymbol{x}}^{k+1}\|_2^2-\|\hat{\boldsymbol{x}}^k\|_2^2+\|\hat{\boldsymbol{x}}^{k+1}-\hat{\boldsymbol{x}}^k\|_2^2)\end{cases} \tag{4-54}$$

联立式(4-46) 和式(4-54) 得：

$$\begin{aligned}&\frac{\|\hat{\boldsymbol{\mu}}^k\|_2^2-\|\hat{\boldsymbol{\mu}}^{k+1}\|_2^2}{\beta_1}+\frac{\|\hat{\boldsymbol{\xi}}^k\|_2^2-\|\hat{\boldsymbol{\xi}}^{k+1}\|_2^2}{\beta_2}+\beta_1(\|\hat{\boldsymbol{x}}^k\|_2^2-\|\hat{\boldsymbol{x}}^{k+1}\|_2^2)+\\ &\beta_2(\|\hat{\boldsymbol{y}}^k\|_2^2-\|\hat{\boldsymbol{y}}^{k+1}\|_2^2)\geqslant\beta_1\|\hat{\boldsymbol{x}}^{k+1}-\boldsymbol{K}\hat{\boldsymbol{u}}^{k+1}\|_2^2+\beta_2\|\hat{\boldsymbol{y}}^{k+1}-\nabla\hat{\boldsymbol{u}}^{k+1}\|_2^2+\\ &\beta_1\|\hat{\boldsymbol{x}}^{k+1}-\hat{\boldsymbol{x}}^k\|_2^2+\beta_2\|\hat{\boldsymbol{y}}^{k+1}-\hat{\boldsymbol{y}}^k\|_2^2\end{aligned} \tag{4-55}$$

上述不等式表明序列 $\{\|\hat{\boldsymbol{\mu}}^k\|_2^2/\beta_1+\|\hat{\boldsymbol{\xi}}^k\|_2^2/\beta_2+\beta_1\|\hat{\boldsymbol{x}}^k\|_2^2+\beta_2\|\hat{\boldsymbol{y}}^k\|_2^2\}$ 是非负的、有界的和非增的，故它必有极限。所以，当 $k\to+\infty$ 时，不等式(4-55) 的左边趋于 0，这表明不等式(4-55) 右边的极限也为 0。联立该结果与式(4-22)、式(4-23) 和式(4-34) 可得引理 4-3 的结论。引理 4-3 得证。

引理 4-4[5]　令 $\{\boldsymbol{p}^k\}$ 为欧氏空间 $\mathbb{R}^N$ 中的序列，C 为 $\mathbb{R}^N$ 中的非空子集，若 $\{\boldsymbol{p}^k\}$ 关于 C 是 Fejér 单调的，即 $\|\boldsymbol{p}^{k+1}-\boldsymbol{p}^*\|_2^2\leqslant\|\boldsymbol{p}^k-\boldsymbol{p}^*\|_2^2(\forall\boldsymbol{p}^*\in C)$，且 $\{\boldsymbol{p}^k\}$ 的所有聚点均在 C 中，则必有 $\{\boldsymbol{p}^k\}$ 收敛到 C 中的一点。

引理 4-5　令 $\{\boldsymbol{u}^k, \boldsymbol{x}^k, \boldsymbol{y}^k; \boldsymbol{\mu}^k, \boldsymbol{\xi}^k\}$ 为 APE-ADMM 产生的序列，则它必收敛到 $L_A(\boldsymbol{u}, \boldsymbol{x}, \boldsymbol{y}; \boldsymbol{\mu}, \boldsymbol{\xi}; \lambda^\dagger)$ 的一个鞍点。特别地，$\{\boldsymbol{u}^k\}$ 收敛到 $\lambda=\lambda^\dagger$ 时问题式(1-16) 的解。

证明　将 $\boldsymbol{u}=\boldsymbol{u}^*$、$\boldsymbol{x}=\boldsymbol{x}^*$ 和 $\boldsymbol{y}=\boldsymbol{y}^*$ 分别代入式(4-39)、式(4-40) 和

式(4-41)，而后相加可得：

$$\begin{aligned}\|\boldsymbol{y}^*\|_1+\frac{\lambda^{k+1}}{2}\|\boldsymbol{x}^*-\boldsymbol{f}\|_2^2 \geqslant & \|\boldsymbol{y}^{k+1}\|_1+\frac{\lambda^{k+1}}{2}\|\boldsymbol{x}^{k+1}-\boldsymbol{f}\|_2^2- \\ & \langle\boldsymbol{\mu}^k,\boldsymbol{x}^{k+1}-\boldsymbol{K}\boldsymbol{u}^{k+1}\rangle-\langle\boldsymbol{\xi}^k,\boldsymbol{y}^{k+1}-\nabla\boldsymbol{u}^{k+1}\rangle+ \\ & \beta_1\|\boldsymbol{K}\boldsymbol{u}^{k+1}-\boldsymbol{x}^{k+1}\|_2^2+\beta_1\langle\boldsymbol{x}^{k+1}-\boldsymbol{x}^k,\boldsymbol{K}\boldsymbol{u}^{k+1}-\boldsymbol{K}\boldsymbol{u}^*\rangle+ \\ & \beta_2\|\nabla\boldsymbol{u}^{k+1}-\boldsymbol{y}^{k+1}\|_2^2+\beta_2\langle\boldsymbol{y}^{k+1}-\boldsymbol{y}^k,\nabla\boldsymbol{u}^{k+1}-\nabla\boldsymbol{u}^*\rangle\end{aligned} \tag{4-56}$$

根据引理 4-3 和不等式(4-56) 可得：

$$\|\boldsymbol{y}^*\|_1+\frac{\lambda^\dagger}{2}\|\boldsymbol{x}^*-\boldsymbol{f}\|_2^2 \geqslant \lim_{k\to+\infty}\left(\|\boldsymbol{y}^{k+1}\|_1+\frac{\lambda^\dagger}{2}\|\boldsymbol{x}^{k+1}-\boldsymbol{f}\|_2^2\right) \tag{4-57}$$

因为 $(\boldsymbol{u}^*, \boldsymbol{x}^*, \boldsymbol{y}^*; \boldsymbol{\mu}^*, \boldsymbol{\xi}^*)$ 为 $L_A(\boldsymbol{u}, \boldsymbol{x}, \boldsymbol{y}; \boldsymbol{\mu}, \boldsymbol{\xi}; \lambda^\dagger)$ 的鞍点，因此根据式(4-7) 有：

$$\|\boldsymbol{y}^*\|_1+\frac{\lambda^\dagger}{2}\|\boldsymbol{x}^*-\boldsymbol{f}\|_2^2 \leqslant \lim_{k\to+\infty}\left(\|\boldsymbol{y}^{k+1}\|_1+\frac{\lambda^\dagger}{2}\|\boldsymbol{x}^{k+1}-\boldsymbol{f}\|_2^2\right) \tag{4-58}$$

联立不等式(4-57)、不等式(4-58)、$\boldsymbol{x}^*=\boldsymbol{K}\boldsymbol{u}^*$、$\boldsymbol{y}^*=\nabla\boldsymbol{u}^*$ 和引理 4-3 得：

$$\begin{aligned}&\|\nabla\boldsymbol{u}^*\|_1+\frac{\lambda^\dagger}{2}\|\boldsymbol{K}\boldsymbol{u}^*-\boldsymbol{f}\|_2^2=\|\boldsymbol{y}^*\|_1+\frac{\lambda^\dagger}{2}\|\boldsymbol{x}^*-\boldsymbol{f}\|_2^2 \\ &=\lim_{k\to+\infty}\left(\|\boldsymbol{y}^k\|_1+\frac{\lambda^\dagger}{2}\|\boldsymbol{x}^k-\boldsymbol{f}\|_2^2\right)=\lim_{k\to+\infty}\left(\|\nabla\boldsymbol{u}^k\|_1+\frac{\lambda^\dagger}{2}\|\boldsymbol{K}\boldsymbol{u}^k-\boldsymbol{f}\|_2^2\right)\end{aligned} \tag{4-59}$$

进一步，根据引理 4-3，有：

$$\begin{aligned}\lim_{k\to\infty}L_A(\boldsymbol{u}^k,\boldsymbol{x}^k,\boldsymbol{y}^k;\boldsymbol{\mu}^k,\boldsymbol{\xi}^k;\lambda^\dagger)&=\lim_{k\to+\infty}\left(\|\boldsymbol{y}^k\|_1+\frac{\lambda^\dagger}{2}\|\boldsymbol{x}^k-\boldsymbol{f}\|_2^2\right) \\ &=\|\boldsymbol{y}^*\|_1+\frac{\lambda^\dagger}{2}\|\boldsymbol{x}^*-\boldsymbol{f}\|_2^2=L_A(\boldsymbol{u}^*,\boldsymbol{x}^*,\boldsymbol{y}^*;\boldsymbol{\mu}^*,\boldsymbol{\xi}^*;\lambda^\dagger)\end{aligned} \tag{4-60}$$

等式(4-60) 表明序列 $\{\boldsymbol{u}^k, \boldsymbol{x}^k, \boldsymbol{y}^k; \boldsymbol{\mu}^k, \boldsymbol{\xi}^k\}$ 的任意聚点均为 $L_A(\boldsymbol{u}, \boldsymbol{x}, \boldsymbol{y}; \boldsymbol{\mu}, \boldsymbol{\xi}; \lambda^\dagger)$ 的鞍点。将 $L_A(\boldsymbol{u}, \boldsymbol{x}, \boldsymbol{y}; \boldsymbol{\mu}, \boldsymbol{\xi}; \lambda^\dagger)$ 重写为 $L'_A(\lambda^\dagger)=L'_A(\boldsymbol{u}, \sqrt{\beta_1}\boldsymbol{x}, \sqrt{\beta_2}\boldsymbol{y}; \boldsymbol{\mu}/\sqrt{\beta_1}, \boldsymbol{\xi}/\sqrt{\beta_2}; \lambda^\dagger)$，则 $(\boldsymbol{u}^*, \sqrt{\beta_1}\boldsymbol{x}^*, \sqrt{\beta_2}\boldsymbol{y}^*; \boldsymbol{\mu}^*/\sqrt{\beta_1}, \boldsymbol{\xi}^*/\sqrt{\beta_2})$ 或序列 $\{\boldsymbol{u}^k, \sqrt{\beta_1}\boldsymbol{x}^k, \sqrt{\beta_2}\boldsymbol{y}^k; \boldsymbol{\mu}^k/\sqrt{\beta_1}, \boldsymbol{\xi}^k/\sqrt{\beta_2}\}$ 的任意聚点均为 $L'_A(\lambda^\dagger)$ 的鞍点。根据引理 4-3 和引理 4-4，必有 $\{\boldsymbol{u}^k, \sqrt{\beta_1}\boldsymbol{x}^k, \sqrt{\beta_2}\boldsymbol{y}^k; \boldsymbol{\mu}^k/\sqrt{\beta_1}, \boldsymbol{\xi}^k/\sqrt{\beta_2}\}$ 收敛到 $L'_A(\lambda^\dagger)$ 鞍点集中的某一点［根据式(4-25) 和 $\{\sqrt{\beta_1}\boldsymbol{x}^k, \sqrt{\beta_2}\boldsymbol{y}^k; \boldsymbol{\mu}^k/\sqrt{\beta_1}, \boldsymbol{\xi}^k/\sqrt{\beta_2}\}$ 的收敛性可得 $\{\boldsymbol{u}^k\}$ 的收敛性］。故 $\{\boldsymbol{u}^k, \boldsymbol{x}^k, \boldsymbol{y}^k; \boldsymbol{\mu}^k, \boldsymbol{\xi}^k\}$ 必收敛到 $L_A(\boldsymbol{u}, \boldsymbol{x}, \boldsymbol{y}; \boldsymbol{\mu}, \boldsymbol{\xi}; \lambda^\dagger)$ 的某一鞍点。引理 4-5 得证。

引理 4-5 表明 $\{\boldsymbol{u}^k\}$ 收敛到 $\lambda=\lambda^\dagger$ 时无约束问题式(1-16) 的解，另一方面，$\lambda^\dagger$ 的获取严格地遵循了偏差原理。所以，$\lambda^\dagger$ 即是所要寻找的 λ^*，它使得 $\boldsymbol{u}^*$ 为约束问题式(4-1) 解。总结以上讨论，可得下述关于算

法 APE-ADMM 的收敛性定理。

定理 4-2 设序列 $\{\boldsymbol{u}^k\}$ 和 $\{\lambda^k\}$ 由 APE-ADMM 产生，则 $\{\boldsymbol{u}^k\}$ 收敛到约束问题式(4-1) 的解，而 $\{\lambda^k\}$ 趋向于约束 $\boldsymbol{u}\in\Psi$ 所对应的最优正则化参数 λ^*。

由引理 4-5 和定理 4-2 可知，由于模糊矩阵 $\boldsymbol{K}$ 的奇异性，问题式(4-1) 的解可能并不唯一，但由于问题式(4-1) 的凸性，每一个解均能使问题式(4-1) 取得相同的最小值。因此，每一个解均可看作原始图像的一个合理估计。

4.3.4 参数设置

问题式(4-1) 中的上界 c 是噪声相关的[15,30,172]，若 c 选择恰当，则能在噪声抑制和图像复原之间取得较好的平衡。在本书中，选用基于小波变换的中值准则[30] 来估计噪声方差 σ^2。一旦噪声方差确定，则可用公式 $c=\tau mn\sigma^2$ 来求取 c。$\tau=1$ 是一种较为传统的选择，但文献［30］的研究表明，在噪声水平不高的情况下，该选择会导致过平滑的解，这表明在该情形下 λ 的值过小，应当设置 $\tau<1$。

事实上，到目前为止并没统一的选取 τ 的方法，这也是图像反问题领域值得深入研究的一个开放问题。对于 Tikhonov 正则方法而言，一种可行的途径是等效自由度法（equivalent degrees of freedom，EDF）。它通过求解 $\|\boldsymbol{K}\boldsymbol{u}^*(\lambda)-\boldsymbol{f}\|_2^2=\text{EDF}\cdot\sigma^2$ 来估计 τ。但是，EDF 方法很难被直接移植到 TV 正则化方法中，因为关于 $\boldsymbol{u}^*(\lambda)$ 的封闭解并不存在[15,30,172]。

另一种选择 τ 的实用方法是根据模糊信噪比（blurred signal-to-noise ratio，BSNR）调整 τ，其中 $\text{BSNR}=10\log_{10}(\text{var}(\boldsymbol{f})/\sigma^2)$，$\text{var}(\boldsymbol{f})$ 为 $\boldsymbol{f}$ 的方差。在本文中，通过将实验结果进行直线拟合，建议在去模糊实验中设置 $\tau=-0.006\text{BSNR}+1.09$，在去噪实验中设置 $\tau=-0.03\text{BSNR}+1.09$。尽管需要针对不同类型的问题来调整拟合直线的参数，但这种策略在一定程度上对于图像类型和大小的变化是鲁棒的。类似的做法也可以在其他一些 TV 复原工作中找到[15,170,172]。

另一个需要强调的问题是惩罚参数 β_1 和 β_2 的选择。简单设置 $\beta_1=\beta_2>0$ 对于保证算法的收敛性是足够的。然而，通过式(4-6) 中 L_A 的定义可知，λ 惩罚着 $\boldsymbol{x}$ 与 $\boldsymbol{f}$ 之间的距离，β_1 惩罚着 $\boldsymbol{x}$ 与 $\boldsymbol{K}\boldsymbol{u}$ 之间的距离，而 β_2 惩罚着 $\boldsymbol{y}$ 与 $\nabla\boldsymbol{u}$ 之间的距离。当观测图像的 BSNR 较高时，$\boldsymbol{K}\boldsymbol{u}$ 与 $\boldsymbol{f}$ 的距离会更近，在这种情况下，λ 应该更大。因而，为促使 $\boldsymbol{K}\boldsymbol{u}$ 更快地趋向

于 $\boldsymbol{f}$，应该选择更大的 β_1。这表明，更高的 BSNR 意味着更大的 β_1。大量实验表明，设置 $\beta_1=10^{(0.1\text{BSNR}-1)}$ 和 $\beta_2=1$ 时，APE-ADMM 能以较快的速度收敛。通过选取不同权重的 β_1 和 β_2，所提算法变得更加灵活。

4.4 快速自适应参数估计算法的推广

4.4.1 等价的分裂 Bregman 算法

根据 ADMM 与分裂 Bregman 算法在线性约束条件下的等价性，可以方便地导出 APE-ADMM 的分裂 Bregman 形式。

由约束优化问题式(4-5)，定义 Bregman 函数为：

$$J(\boldsymbol{u},\boldsymbol{x},\boldsymbol{y})\triangleq\|\boldsymbol{y}\|_1+\frac{\lambda}{2}\|\boldsymbol{x}-\boldsymbol{f}\|_2^2 \tag{4-61}$$

定义 Bregman 距离：

$$\begin{aligned}D_J^{(\boldsymbol{p}_u^k,\boldsymbol{p}_x^k,\boldsymbol{p}_y^k)}(\boldsymbol{u},\boldsymbol{x},\boldsymbol{y};\boldsymbol{u}^k,\boldsymbol{x}^k,\boldsymbol{y}^k)\triangleq J(\boldsymbol{u},\boldsymbol{x},\boldsymbol{y})-J(\boldsymbol{u}^k,\boldsymbol{x}^k,\boldsymbol{y}^k)-\\ \langle\boldsymbol{p}_u^k,\boldsymbol{u}-\boldsymbol{u}^k\rangle-\langle\boldsymbol{p}_x^k,\boldsymbol{x}-\boldsymbol{x}^k\rangle-\langle\boldsymbol{p}_y^k,\boldsymbol{y}-\boldsymbol{y}^k\rangle\end{aligned} \tag{4-62}$$

根据分裂 Bregman 算法的迭代规则式(1-39)（对两个线性约束同时应用）可以得到：

$$\begin{aligned}(\boldsymbol{u}^{k+1},\boldsymbol{x}^{k+1},\boldsymbol{y}^{k+1})=\underset{\boldsymbol{u},\boldsymbol{x},\boldsymbol{y}}{\operatorname{argmin}}\ D_J^{(\boldsymbol{p}_u^k,\boldsymbol{p}_x^k,\boldsymbol{p}_y^k)}(\boldsymbol{u},\boldsymbol{x},\boldsymbol{y};\boldsymbol{u}^k,\boldsymbol{x}^k,\boldsymbol{y}^k)+\\ \frac{\beta_1}{2}\|\boldsymbol{x}-\boldsymbol{K}\boldsymbol{u}\|_2^2+\frac{\beta_2}{2}\|\boldsymbol{y}-\nabla\boldsymbol{u}\|_2^2\end{aligned} \tag{4-63}$$

$$\boldsymbol{p}_u^{k+1}=\boldsymbol{p}_u^k+\beta_1\boldsymbol{K}^{\mathrm{T}}(\boldsymbol{x}^{k+1}-\boldsymbol{K}\boldsymbol{u}^{k+1})+\beta_2\nabla^{\mathrm{T}}(\boldsymbol{y}^{k+1}-\nabla\boldsymbol{u}^{k+1}) \tag{4-64}$$

$$\boldsymbol{p}_x^{k+1}=\boldsymbol{p}_x^k+\beta_1(\boldsymbol{K}\boldsymbol{u}^{k+1}-\boldsymbol{x}^{k+1}) \tag{4-65}$$

$$\boldsymbol{p}_y^{k+1}=\boldsymbol{p}_y^k+\beta_2(\nabla\boldsymbol{u}^{k+1}-\boldsymbol{y}^{k+1}) \tag{4-66}$$

定义：

$$\begin{cases}\boldsymbol{p}_{\mathrm{u}}^0\triangleq-\beta_1\boldsymbol{K}^{\mathrm{T}}\boldsymbol{b}^0-\beta_2\nabla^{\mathrm{T}}\boldsymbol{d}^0\\ \boldsymbol{p}_x^0\triangleq\beta_1\boldsymbol{b}^0\\ \boldsymbol{p}_y^0\triangleq\beta_2\boldsymbol{d}^0\end{cases} \tag{4-67}$$

根据上述式(4-64)～式(4-66)，必然有：

$$\begin{cases}\boldsymbol{p}_u^k=-\beta_1\boldsymbol{K}^{\mathrm{T}}\boldsymbol{b}^k-\beta_2\nabla^{\mathrm{T}}\boldsymbol{d}^k\\ \boldsymbol{p}_x^k=\beta_1\boldsymbol{b}^k\\ \boldsymbol{p}_y^k=\beta_2\boldsymbol{d}^k\end{cases}\qquad k=0,1,\cdots \tag{4-68}$$

故可得如下迭代规则：

$$\begin{cases}(\boldsymbol{u}^{k+1},\boldsymbol{x}^{k+1},\boldsymbol{y}^{k+1})=\underset{\boldsymbol{u},\boldsymbol{x},\boldsymbol{y}}{\operatorname{argmin}}\ \dfrac{\lambda}{2}\|\boldsymbol{x}-\boldsymbol{f}\|_2^2+\dfrac{\beta_1}{2}\|\boldsymbol{x}-\boldsymbol{K}\boldsymbol{u}-\boldsymbol{b}^k\|_2^2+ \\ \qquad \|\boldsymbol{y}\|_1+\dfrac{\beta_2}{2}\|\boldsymbol{y}-\nabla\boldsymbol{u}-\boldsymbol{d}^k\|_2^2 \\ \boldsymbol{b}^{k+1}=\boldsymbol{b}^k+\boldsymbol{K}\boldsymbol{u}^{k+1}-\boldsymbol{x}^{k+1} \\ \boldsymbol{d}^{k+1}=\boldsymbol{d}^k+\nabla\boldsymbol{u}^{k+1}-\boldsymbol{y}^{k+1}\end{cases} \tag{4-69}$$

采用与 ADMM 类似的交替策略，可得：

$$\boldsymbol{u}^{k+1}=\underset{\boldsymbol{u}}{\operatorname{argmin}}\ \frac{\beta_1}{2}\|\boldsymbol{x}^k-\boldsymbol{K}\boldsymbol{u}-\boldsymbol{b}^k\|_2^2+\frac{\beta_2}{2}\|\boldsymbol{y}^k-\nabla\boldsymbol{u}-\boldsymbol{d}^k\|_2^2 \tag{4-70}$$

$$\boldsymbol{y}^{k+1}=\underset{\boldsymbol{y}_i}{\operatorname{argmin}}\|\boldsymbol{y}\|_1+\frac{\beta_2}{2}\|\boldsymbol{y}-\nabla\boldsymbol{u}-\boldsymbol{d}^k\|_2^2 \tag{4-71}$$

$$\boldsymbol{x}^{k+1}=\underset{\boldsymbol{x}}{\operatorname{argmin}}\ \frac{\lambda^{k+1}}{2}\|\boldsymbol{x}-\boldsymbol{f}\|_2^2+\frac{\beta_1}{2}\|\boldsymbol{x}-\boldsymbol{K}\boldsymbol{u}^{k+1}-\boldsymbol{b}^k\|_2^2 \tag{4-72}$$

$$\boldsymbol{b}^{k+1}=\boldsymbol{b}^k+\boldsymbol{K}\boldsymbol{u}^{k+1}-\boldsymbol{x}^{k+1} \tag{4-73}$$

$$\boldsymbol{d}^{k+1}=\boldsymbol{d}^k+\nabla\boldsymbol{u}^{k+1}-\boldsymbol{y}^{k+1} \tag{4-74}$$

上述 $\boldsymbol{u}^{k+1}$、$\boldsymbol{y}^{k+1}$、$\boldsymbol{x}^{k+1}$ 以及 λ^{k+1} 的更新与 APE-ADMM 中的类似，这里不再赘述。由上述讨论可得下列参数自适应的分裂 Bregman 算法。

算法 4-2　参数自适应的分裂 Bregman 算法（APE-SBA）

步骤 1： 输入 $\boldsymbol{f}$，$\boldsymbol{K}$，c；

步骤 2： 初始化 $\boldsymbol{u}^0$，$\boldsymbol{x}^0$，$\boldsymbol{y}^0$，$\boldsymbol{b}^0$，$\boldsymbol{d}^0=\boldsymbol{0}$，$k=0$，$\beta_1$，$\beta_2>0$；

步骤 3： 判断是否满足终止条件，若否，则执行以下步骤；

步骤 4： 通过式(4-70) 计算 $\boldsymbol{u}^{k+1}$；

步骤 5： 通过式(4-71) 计算 $\boldsymbol{y}^{k+1}$；

步骤 6： 通过式(4-72) 更新 λ^{k+1} 和 $\boldsymbol{x}^{k+1}$（方式同 APE-ADMM）；

步骤 7： 通过式(4-73) 和式(4-74) 更新 $\boldsymbol{b}^{k+1}$ 和 $\boldsymbol{d}^{k+1}$；

步骤 8： $k=k+1$；

步骤 9： 结束循环并输出 $\boldsymbol{u}^{k+1}$ 和 λ^{k+1}。

由式(4-70)～式(4-74) 可知，若设置 $\boldsymbol{\mu}=\beta_1\boldsymbol{b}$ 和 $\boldsymbol{\xi}=\beta_2\boldsymbol{d}$，容易发现 APE-ADMM 与 APE-SBA 是完全等价的。

4.4.2 带有快速自适应参数估计的区间约束 TV 图像复原

算法 APE-ADMM 中所采用的参数自适应估计方法可以方便地推广至带有区间约束的图像复原问题。像素值的区间约束是指将图像像素值限定到给定的动态范围内，在本文中为 [0，255]，某些文献则仅考虑像素值的正性约束[187,188]。若图像中有大量的像素取值位于给定动态范围的两端，如取 0 或 255，则区间约束可以在定量评价和视觉效果两个方面显著地提升复原图像的质量[28,29]。

考虑如下区间约束的 TV 正则化图像复原问题

$$\min_{u}\|\nabla \boldsymbol{u}\|_1 \quad \text{s. t.} \quad \boldsymbol{u}\in\Omega\triangleq\{\boldsymbol{u}:\boldsymbol{0}\leqslant \boldsymbol{u}\leqslant \boldsymbol{255}\}\cap\Psi\triangleq\{\boldsymbol{u}:\|\boldsymbol{Ku}-\boldsymbol{f}\|_2^2\leqslant c\} \tag{4-75}$$

引入三个辅助变量 $\boldsymbol{x}$、$\boldsymbol{y}$ 和 $\boldsymbol{z}$ 分别替代 $\boldsymbol{Ku}$、$\nabla\boldsymbol{u}$ 和 $\boldsymbol{u}$ 可得：

$$\min_{\boldsymbol{x},\boldsymbol{y},\boldsymbol{z}}\|\nabla \boldsymbol{u}\|_1+\frac{\lambda}{2}\|\boldsymbol{x}-\boldsymbol{f}\|_2^2+\iota_\Omega(\boldsymbol{z}) \quad \text{s. t.} \quad \boldsymbol{Ku}=\boldsymbol{x},\nabla\boldsymbol{u}=\boldsymbol{y},\boldsymbol{u}=\boldsymbol{z} \tag{4-76}$$

优化问题式(4-76) 的增广 Lagrange 函数定义为：

$$\begin{aligned}L_A(\boldsymbol{u},\boldsymbol{x},\boldsymbol{y},\boldsymbol{z};\boldsymbol{\mu},\boldsymbol{\xi},\boldsymbol{\eta})\triangleq&\frac{\lambda}{2}\|\boldsymbol{x}-\boldsymbol{f}\|_2^2-\boldsymbol{\mu}^{\mathrm{T}}(\boldsymbol{x}-\boldsymbol{Ku})+\frac{\beta_1}{2}\|\boldsymbol{x}-\boldsymbol{Ku}\|_2^2+\\&\|\boldsymbol{y}\|_1-\boldsymbol{\xi}^{\mathrm{T}}(\boldsymbol{y}-\nabla\boldsymbol{u})+\frac{\beta_2}{2}\|\boldsymbol{y}-\nabla\boldsymbol{u}\|_2^2+\iota_\Omega(\boldsymbol{z})-\boldsymbol{\eta}^{\mathrm{T}}(\boldsymbol{z}-\boldsymbol{u})+\frac{\beta_3}{2}\|\boldsymbol{z}-\boldsymbol{u}\|_2^2\end{aligned} \tag{4-77}$$

类似于算法 APE-ADMM 的推导过程，可得：

$$\begin{aligned}\boldsymbol{u}=&(\beta_1\boldsymbol{K}^{\mathrm{T}}\boldsymbol{K}+\beta_2\nabla^{\mathrm{T}}\nabla+\beta_3\boldsymbol{I})^{-1}[\boldsymbol{K}^{\mathrm{T}}(\beta_1\boldsymbol{x}^k-\boldsymbol{\mu}^k)\\&+\nabla^{\mathrm{T}}(\beta_2\boldsymbol{y}^k-\boldsymbol{\xi}^k)+(\beta_3\boldsymbol{z}^k-\boldsymbol{\eta}^k)]\end{aligned} \tag{4-78}$$

变量 $\boldsymbol{y}^{k+1}$、λ^{k+1}、$\boldsymbol{x}^{k+1}$、$\boldsymbol{\mu}^{k+1}$ 和 $\boldsymbol{\xi}^{k+1}$ 的求解与算法 APE-ADMM 中的完全一致，此外有：

$$\boldsymbol{z}^{k+1}=\arg\min_{\boldsymbol{z}}\left\{\iota_\Omega(\boldsymbol{z})-(\boldsymbol{\eta}^k)^{\mathrm{T}}\boldsymbol{z}+\frac{\beta_3}{2}\|\boldsymbol{z}-\boldsymbol{u}^{k+1}\|_2^2\right\}=P_\Omega\left(\boldsymbol{u}^{k+1}+\frac{\boldsymbol{\eta}^k}{\beta_3}\right) \tag{4-79}$$

以及

$$\boldsymbol{\eta}^{k+1}=\boldsymbol{\eta}^k-\beta_3(\boldsymbol{z}^{k+1}-\boldsymbol{u}^{k+1}) \tag{4-80}$$

公式(4-79) 中，P_Ω 为投影到凸集 Ω 上的投影算子，在本文的区间约束中，其实现过程为将小于 0 的像素值置 0，将大于 255 的像素值置为 255，而其他像素值不变。

总结上述讨论，可得如下区间约束的 APE-ADMM 算法。

算法 4-3　参数自适应的区间约束交替方向乘子法（APE-BCADMM）

步骤 1： 输入 $\boldsymbol{f}$，$\boldsymbol{K}$，c；

步骤 2： 初始化 $\boldsymbol{u}^0$，$\boldsymbol{x}^0$，$\boldsymbol{y}^0$，$\boldsymbol{\mu}^0$，$\boldsymbol{\xi}^0$，$\boldsymbol{\eta}^0=\boldsymbol{0}$，$k=0$，$\beta_1$，$\beta_2$，$\beta_3>0$；

步骤 3： 判断是否满足终止条件，若否，则执行以下步骤；

步骤 4： 通过式(4-25) 计算 $\boldsymbol{u}^{k+1}$；

步骤 5： 通过式(4-27) 计算 $\boldsymbol{y}^{k+1}$；

步骤 6：通过式(4-79) 计算 $\boldsymbol{z}^{k+1}$；

步骤 7：若式(4-30) 成立，则 $\lambda^{k+1}=0$，$\boldsymbol{x}^{k+1}=\boldsymbol{a}^{k+1}=\boldsymbol{K}\boldsymbol{u}^{k+1}+\boldsymbol{\mu}^{k}/\beta_1$，否则通过式(4-32) 和式(4-29) 分别更新 λ^{k+1} 和 $\boldsymbol{x}^{k+1}$；

步骤 8：通过式(4-22)、式(4-23) 和式(4-80) 更新 $\boldsymbol{\mu}^{k+1}$、$\boldsymbol{\xi}^{k+1}$ 和 $\boldsymbol{\eta}^{k+1}$；

步骤 9：$k=k+1$；

步骤 10：结束循环并输出 $\boldsymbol{u}^{k+1}$ 和 λ^{k+1}。

在接下来的实验分析中并没有涉及算法 APE-BCADMM，其实验结果在第 6 章的像素区间约束有效性实验中有所体现。

4.5 实验结果

本节设置了三个实验来验证所提 APE-ADMM 算法的有效性，每个实验均针对一特定目的：①第一个目的是通过与两种著名的 TV 算法做比较，揭示自适应正则化参数选择的重要性。这两种算法分别是快速全变差反卷积算法（fast total variation deconvolution algorithm，FTVD-v4❶）[126] 和快速迭代收缩/阈值算法（fast iterative shrinkage/thresholding algorithm，FISTA❷）[40]。FTVD-v4 结合了变量分裂和 ADM 方法来进行图像复原，而 FISTA 则是一种前向-后向分裂方法，它们的共同优势是快速性。在这两种方法中，正则化参数是通过试错的方式手动选取的，因此，在算法执行过程中 λ 是固定的。比较实验表明，通常情况下，APE-ADMM 可以自动找到最优的 λ，并且其收敛速率快于 FTVD-v4 和 FISTA，而 FTVD-v4 和 FISTA 的结果对于 λ 的变化非常敏感。②第二个目的是将 APE-ADMM 与另外三个著名的自适应 TV 正则化算法进行比较，这三个算法分别是 Wen-Chan[30]、C-SALSA❸[15] 和 Ng-Weiss-Yuan[172]。实验结果表明，所提算法在速度和 PSNR 两个方面均优于其他两种算法。因为实验选取了不同大小的图像，算法速度相对于图像大小的变化也被很好地展现出来。③第三个目的是通过与著名的 Chambolle 算法[116,189] 和基于 TV 的自适应分裂 Bregman 方法[125,190] 做比较，展现 APE-ADMM 在去噪方面的竞争力。

接下来的四个小节详述了以上四个实验。MATLAB 实验平台为

❶ http://www.caam.rice.edu/~optimization/L1/ftvd/v5-1/.

❷ http://iew4-technion.ac.il/~becka/papers/tv_fista.

❸ http://cascais.lx.it.pt/~mafonso/salsa.html.

Windows 7 台式机，配置为 Intel Core（TM）i5 CPU（3.20GHz）和 8GB RAM。观测图像和复原图像的质量通过 PSNR 进行评价。图 4-1 给出了四幅测试图像，其尺寸分别为 256×256（Lena）、512×512（boat 和 Barbara）和 1024×1024（man）。

图 4-1　测试图像：Lena、boat、Barbara 和 man

4.5.1 实验 1——自适应正则化参数估计的意义

实验 1 首先解释了为什么自适应选取 λ 在图像复原中更具吸引力，并展示了所提算法能够快速有效地完成最优参数的自适应估计。这里“最优”的意思是使得 PSNR 为最高。比较实验涉及了 FTVD-v4 和 FISTA 两种方法，以及 boat 和 man 两幅图像。在 FISTA 中，正则化参数是作为正则项乘子出现的，而在 FTVD-v4 和 APE-ADMM 中，则是作为保真项乘子出现的，为方便比较，这里使用的 FISTA 的正则化参数实际上是方法中参数的倒数。在对 boat 施加平均模糊 A（9）和对 man 施加运动模糊 M(30，30）后，分别在模糊图像上添加方差为 4 和 20 的 Gauss 噪声以获得最终的两幅退化图像。退化图像 boat 和 man 的 PSNR

分别为 23.30dB 和 21.64dB。算法的终止准则统一设定为：

$$\frac{\| \boldsymbol{u}^{k+1} - \boldsymbol{u}^{k} \|_2}{\| \boldsymbol{u}^{k} \|_2} \leqslant 10^{-6} \tag{4-81}$$

或迭代步数达到 1000，其中 $\boldsymbol{u}^k$ 表示第 k 步的复原结果。

表 4-1 给出了各自最优 λ 下 APE-ADMM、FTVD-v4 和 FISTA 的实验结果，包括 PSNR、迭代步数和 CPU 时间。由表 4-1 可知，APE-ADMM 的最终参数值均接近于另外两个算法的最优参数值；APE-ADMM、FTVD-v4 和 FISTA 的 PSNR 基本处于同一个水平上；当比较 CPU 时间时，APE-ADMM 显著优于另外两种算法。图 4-2 给出了三种算法的 PSNR 相对于 CPU 时间的变化曲线。不难发现，对于 boat 和 man 图像复原实验，APE-ADMM 的 PSNR 上升和收敛的速度要快于另外两算法。图 4-3 显示，尽管 λ 在迭代初始阶段会有波动，但随着迭代步数的增加，APE-ADMM 可以迅速找到最优的 λ。注意 λ 可能会在中间取得零值，这在所提算法中是允许的。不同于固定 λ 的算法，所提算法的目标函数值［关于最小化函数式(1-16)］并不会单调下降，它会随着 λ 的变化而变化。

表 4-1　最优 λ 下 APE-ADMM、FTVD-v4 和 FISTA 的结果比较

图像	算法	最优 λ	PSNR/dB	迭代数	CPU/s
boat	APE-ADMM	10.19	28.62	134	7.91
	FTVD-v4	11.00	28.60	1000	49.26
	FISTA	10.50	28.47	1000	572.40
man	APE-ADMM	3.18	26.83	166	44.89
	FTVD-v4	3.30	26.82	1000	221.43
	FISTA	3.20	26.80	1000	3272.02

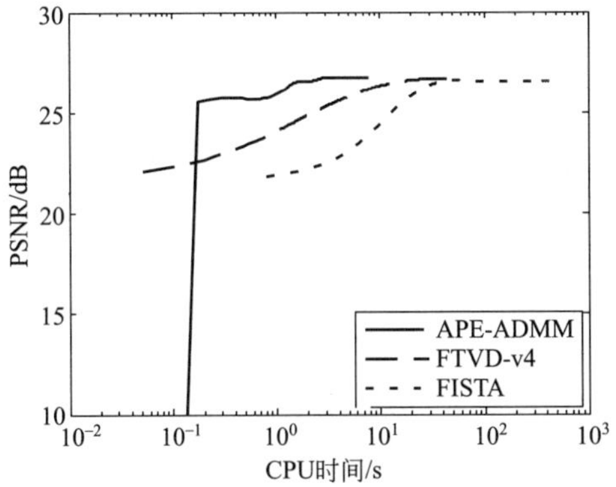

(a) boat

图 4-2

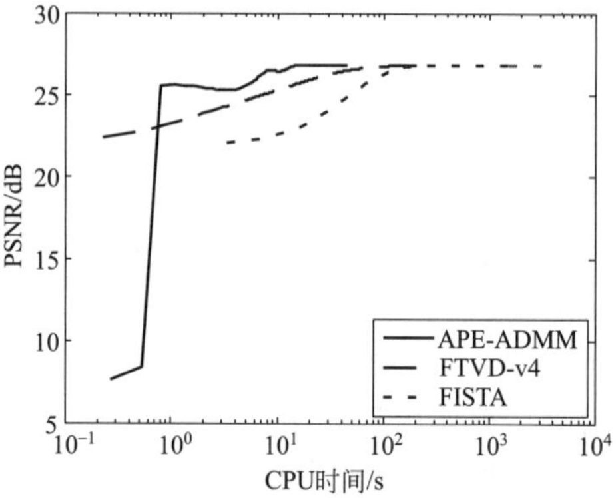

(b) man

图 4-2 APE-ADMM、 FTVD-v4 和 FISTA 算法 PSNR 曲线

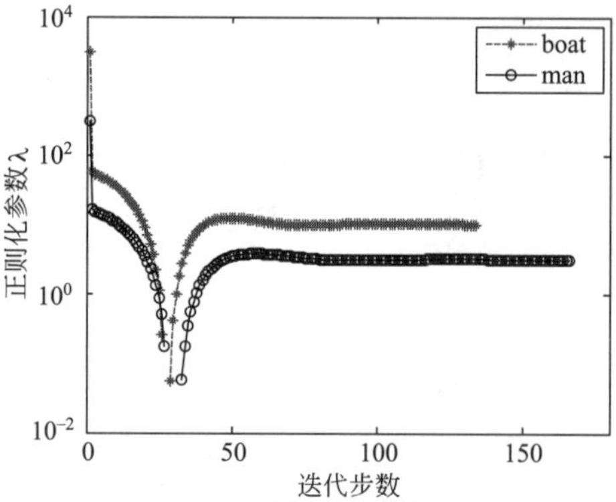

(a) λ 变化曲线

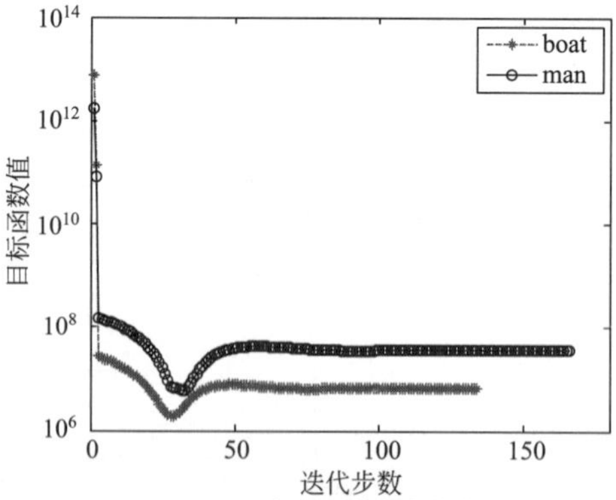

(b) 目标函数变化曲线

图 4-3 APE-ADMM λ 和目标函数值相对于迭代步数的变化曲线

值得一提的是，APE-ADMM 可以通过上述自适应方式找到最优的 λ，而 FTVD-v4 和 FISTA 则需通过试凑的方式获取最优的参数。事实上，在该实验中，FTVD-v4 和 FISTA 最优参数的获取借助了 APE-ADMM 算法的帮助。因为这三种算法均是 TV 正则化的，它们的目标函数具有相同的形式，因而有理由相信其最优的 λ 是相近的。以 APE-ADMM 最优参数值 λ^* 的最近邻整数为参考点［记该整数为 round(λ^*)］，在区间［0.5round(λ^*)，2round(λ^*)］等间距选择 11 个点（包含端点）作为 FTVD-v4 和 FISTA 可能的最优 λ。然后计算其 PSNR 相对于 λ 的变化曲线。图 4-4(a) 和 (b) 分别给出了 boat 和 man 图像所对应的曲线。经过更加精细的调整，得到了表 4-1 所示的 FTVD-v4 和 FISTA 的最优 λ 值。从图 4-4 可以发现，FTVD-v4 和 FISTA 的 PSNR 均敏感于 λ 的变化，并且仅在最优 λ 的附近取得合理的复原结果，一旦 λ 过多地偏离最优值，其 PSNR 会迅速地下降。图 4-5 给出了不同 λ 下三种算法的 man 复原图像。当采用最优的 λ 时，无论从 PSNR 还是从视觉效果上看，FTVD-v4 和 FISTA 均能得到与 APE-ADMM 相类似的结果。然而，当设置 $\lambda=0.5$round(λ^*) 时，FTVD-v4 和 FISTA 均得到过平滑的结果，其 man 图像复原结果中的头发等纹理结构仍然是模糊的。相反，当设置 $\lambda=2$round(λ^*) 时，FTVD-v4 和 FISTA 均得到含噪点的结果。事实上，随着图像尺寸的增大，非自适应方法获取最优 λ 的过程会变得更为复杂。此外，最优 λ 还敏感于图像尺寸、图像种类和模糊类型的变化。

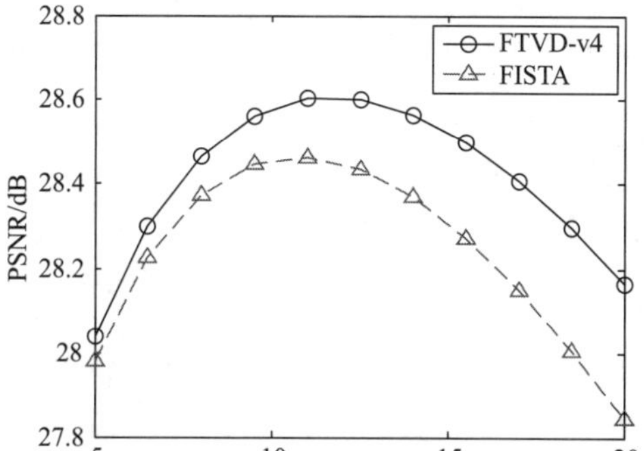

(a) boat

图 4-4

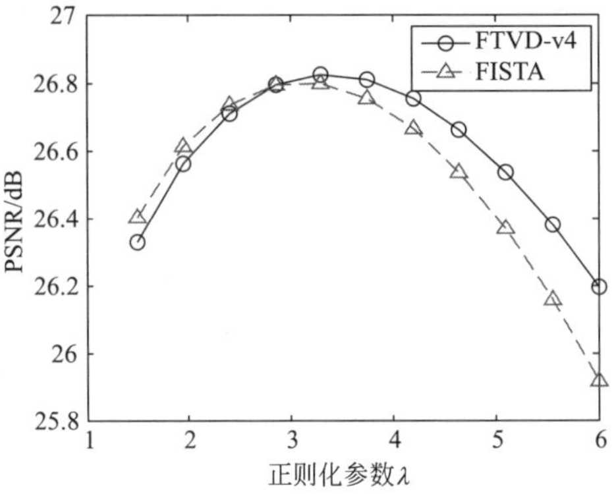

(b) man

图 4-4 FTVD-v4 和 FISTA 的 PSNR 相对于 λ 的变化曲线

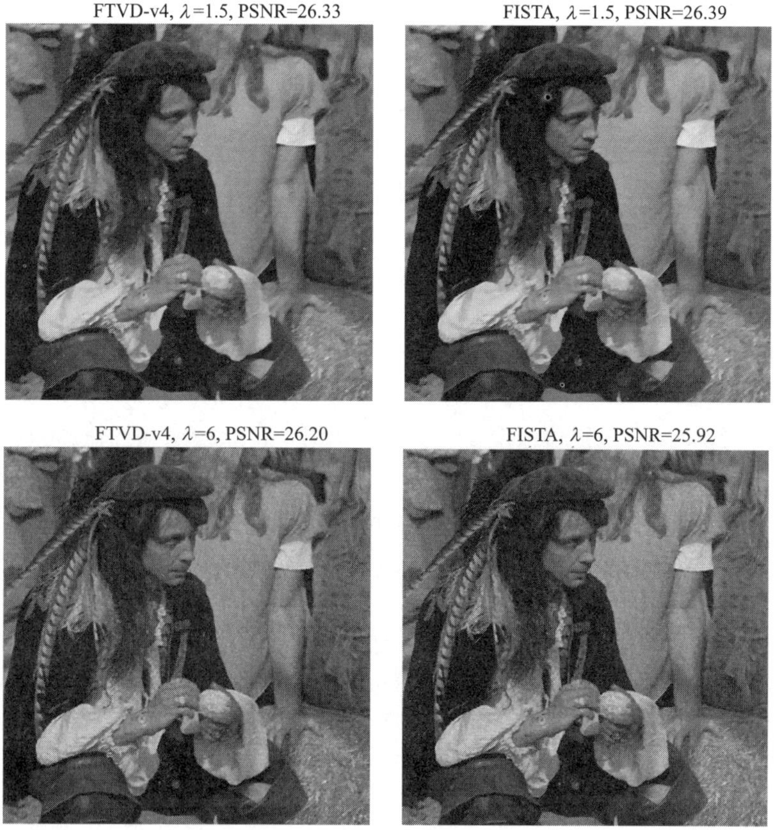

图 4-5　APE-ADMM、 FTVD-v4 和 FISTA 在不同 λ 下的 man 复原图像

4.5.2 实验 2——与其他自适应算法的比较

在该小节的实验中，将所提算法与其他三种著名自适应 TV 图像复原方法进行了比较。比较涉及速度、精度和参数选择三个方面。参与比较的三种方法是：基于原始-对偶模型的 Wen-Chan[30]、基于 ADMM 的 C-SALSA[15] 和基于 ADMM 的 Ng-Weiss-Yuan[172]。本章的引言部分（4.1 节）已经详细地描述了这几种方法，此处不再赘述。

表 4-2 给出了该实验中所选用的 5 个背景问题。在问题 3A 和 3B 中，i，$j=-7$、…、7。实验中采用了不同尺寸的三幅图像 Lena（256×256）、boat（512×512）和 man（1024×1024）。算法的停止准则与前一小节相同。三种比较算法的其他参数设置则遵循原始参考文献。

表 4-2 自适应图像去模糊实验设置表

问题	模糊核	噪声方差 σ^2
1	A(9)	0.56^2
2A	G(9,3)	2
2B	G(9,3)	8
3A	$h_{ij}=1/(1+i^2+j^2)$	2
3B	$h_{ij}=1/(1+i^2+j^2)$	8

表 4-3 给出了 PSNR、迭代步数、CPU 时间以及最终正则化参数 λ 四个方面的比较结果。每一个比较项的最优结果均用黑体标出。"—" 表示算法未给出该项结果。因为算法 Ng-Weiss-Yuan 的结果均是在图像像素值范围设定为 [0, 1] 时取得的，因而，在采用该算法时图像像素值均除以 255。此外，为保证 PSNR 相对于其他算法不变，在采用 Ng-Weiss-Yuan 时，表 4-2 中的噪声方差也作了转换。Ng-Weiss-Yuan 的最优 λ 是在像素值限定于 [0, 1] 而非 [0, 255] 的前提下得到的，而这两种情况下所取得的 λ 并不具有明确的对应关系，因此，仅选用 APE-ADMM 和 Wen-Chan 的参数值做对比。

表 4-3 不同算法在 λ、PSNR (dB)、迭代步数以及 CPU 耗时 (s) 的比较

问题	方法	Lena 256×256				boat 512×512				man 1024×1024			
		λ	PSNR	步数	时间	λ	PSNR	步数	时间	λ	PSNR	步数	时间
1	APE-ADMM	46.29	**30.37**	**126**	**1.07**	51.88	**31.22**	**111**	**5.39**	52.92	**31.48**	**119**	**26.05**
	Wen-Chan	44.63	30.31	442	6.50	53.04	31.10	321	31.15	46.82	31.29	399	163.39
	C-SALSA	—	30.17	191	4.95	—	30.78	814	210.62	—	31.01	811	895.88
	Ng-Weiss-Yuan	6150.2	29.77	856	20.06	7301.47	30.64	561	109.08	6252.58	30.81	776	634.08
2A	APE-ADMM	23.48	**28.08**	**165**	**1.40**	23.68	**28.41**	**149**	**7.26**	27.28	**29.39**	**159**	**34.91**
	Wen-Chan	13.89	27.91	1000	14.53	16.62	28.08	593	57.30	11.87	29.13	877	357.90
	C-SALSA	—	27.64	402	10.38	—	27.69	675	174.85	—	28.99	439	485.80
	Ng-Weiss-Yuan	1317.98	27.36	1000	23.80	2076.94	27.51	944	174.58	1383.43	28.72	1000	882.00
2B	APE-ADMM	4.27	**27.15**	**190**	**1.58**	6.82	**27.21**	**165**	**8.04**	7.55	**28.55**	**177**	**39.20**
	Wen-Chan	2.66	26.82	1000	14.22	4.77	26.89	853	82.03	3.10	28.22	1000	405.97
	C-SALSA	—	26.77	372	9.58	—	26.63	729	188.83	—	28.18	601	663.14
	Ng-Weiss-Yuan	400.69	26.56	1000	24.38	563.48	26.32	1000	187.79	448.73	27.95	1000	1018.88
3A	APE-ADMM	6.53	**31.18**	**134**	**1.12**	7.86	**31.06**	**113**	**5.49**	7.70	**32.28**	**121**	**26.88**
	Wen-Chan	6.49	30.98	367	5.31	8.15	30.87	311	30.03	7.19	32.02	396	161.91
	C-SALSA	—	30.54	490	13.19	—	30.46	532	137.73	—	31.69	595	660.39
	Ng-Weiss-Yuan	1215.7	30.64	700	16.25	1368.36	30.44	526	100.95	1212.92	31.66	710	626.37
3B	APE-ADMM	2.41	**29.44**	**149**	**1.24**	2.83	**29.35**	**126**	**6.13**	2.85	**30.66**	**136**	**30.12**
	Wen-Chan	2.31	29.28	515	7.41	2.78	29.16	451	43.58	2.45	30.39	520	211.74
	C-SALSA	—	29.02	187	4.80	—	28.86	293	75.73	—	30.20	233	257.13
	Ng-Weiss-Yuan	433.62	28.91	956	22.75	520.75	28.84	678	129.06	459.29	30.11	920	933.26

图 4-6 给出了问题 2B 背景下，对应于 boat 图像的，不同算法 PSNR 和 λ 相对于 CPU 时间的变化曲线。图 4-7 则给出了相应的退化图像和复原图像。

(a) 退化的boat图像

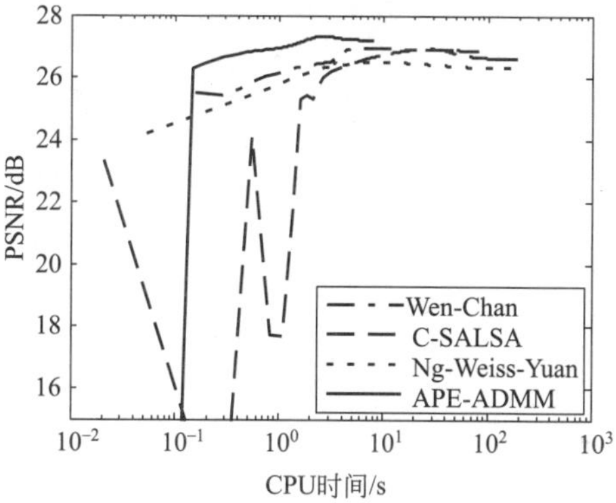

(b) PSNR相对于时间的变化曲线

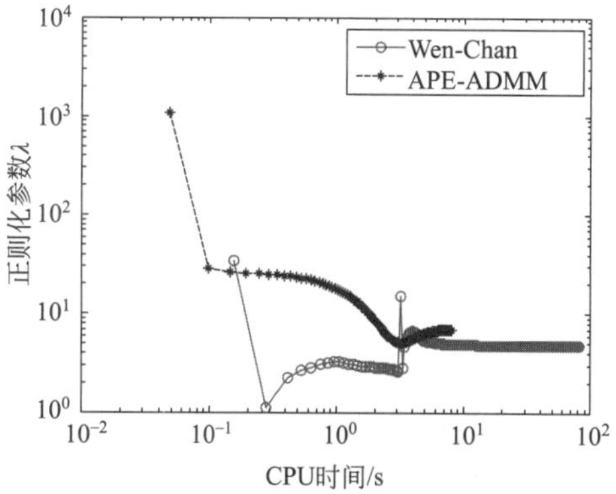

(c) APE-ADMM和Wen-Chan λ 相对于时间的变化曲线

图 4-6 问题 2B 下 boat 图像实验结果

图 4-7 问题 2B 背景下，APE-ADMM、Wen-Chan、C-SALSA 和 Ng-Weiss-Yuan 的 boat 复原图像

从表 4-3、图 4-6 和图 4-7 可以看到：第一，相比于其他算法，APE-ADMM 能够在最短的时间内以最少的迭代步数获得最高的 PSNR，如果将 CPU 时间除以迭代步数，还可以发现所提算法有着最高的单步执行效率。这一结果符合设想：通过以闭合形式自适应更新正则化参数 λ，APE-ADMM 在排除内迭代的基础上获得了更高的执行效率。此外，其他三种方法的单步执行效率和精度都会受到内迭代参数设置的影响。得益于 β_1 和 β_2 的选择策略，所提算法能以最少的迭代步数完成图像复原任务。第二，从表 4-3 可以看到，当背景问题和图像变化时，APE-ADMM 仍能够很好地保持相比于其他算法的优势，且图像尺寸越大，速度方面的优势越大。更高的 PSNR 也表明，APE-ADMM 可以得到更为合理的 λ。图 4-7 展示了问题 2B 下，APE-ADMM 的 boat 图像复原结果在细节方面比 Wen-Chan 的结果更好，其原因是算法 Wen-Chan 所获取的 λ 过小，这意味着复原图像是过平滑的。

4.5.3 实验 3——去噪实验比较

以上实验表明，APE-ADMM 在去模糊问题上是快速有效的。本小节则通过与另外两种著名的自适应 TV 去噪算法进行比较，展示了 APE-ADMM 在图像去噪方面的潜力。这两种算法分别是 Chambolle 投影算法[116,189] 和自适应分裂 Bregman 去噪算法[125,190]，它们均采用了文献 [116] 所描述的正则化参数选择策略。本文所采用的这两种算法均为在线版本❶。相比于所提算法，这两种算法所采取的参数选择策略是为图像去噪专门设计的，尚不能确定其能否用于图像去模糊。

本实验所采用的图像是 Barbara 和 boat。首先分别将方差为 100、400 和 900 的 Gauss 白噪声添加到上述两幅图像中，然后，采用三种方法实现噪声消除。表 4-4 比较了三种算法的 PSNR。因为 Chambolle 算法和分裂 Bregman 算法均是在线算法，该实验并未将 CPU 时间作为一项比较内容。从表 4-4 可以看到，APE-ADMM 可以获得比另两种算法更高的 PSNR。图 4-8 和图 4-9 分别给出了噪声方差为 400 时，不同算法的 Barbara 图像的复原结果和误差图像（复原图像与原始图像的差，为增强视觉效果，将原始误差图像仿射投影到 [0, 255] 区间上），误差图像所代表的相对误差分别是 9.58%、10.04%和 10.29%。除在 PSNR 方面的优势外，图 4-9 表明，得益于更少的纹理丢失，APE-ADMM 在细节保存方面优于另两种算法。更好的复原质量表明：在正则化子均为 TV 模型的情况下，所提算法能求得更优的 λ。

表 4-4 图像去噪实验的 PSNR（dB）值

Barbara 512×512				
σ^2	噪声图像	APE-ADMM	Chambolle	Split Bregman
100	28.14	30.88	30.12	29.91
400	22.14	26.78	26.38	26.16
900	18.73	24.89	24.82	24.40
boat 512×512				
σ^2	噪声图像	APE-ADMM	Chambolle	Split Bregman
100	28.15	32.42	31.77	31.25
400	22.17	29.03	28.51	28.11
900	18.75	26.92	26.72	26.19

❶ http://www.ipol.im/.

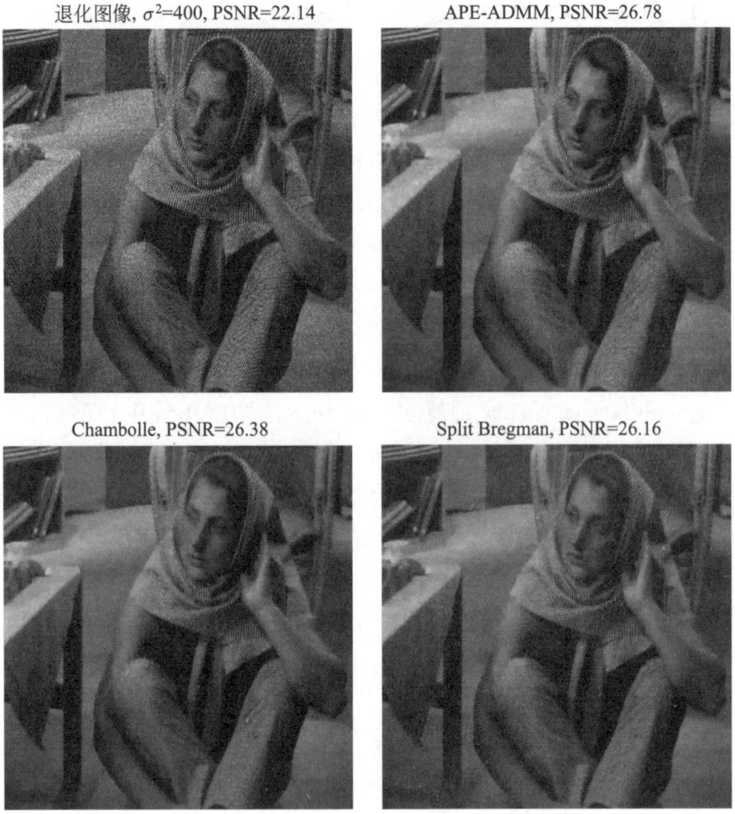

图 4-8　σ^2= 400 时， APE-ADMM、 Chambolle 和分裂 Bregman 算法的 Barbara 图像复原结果

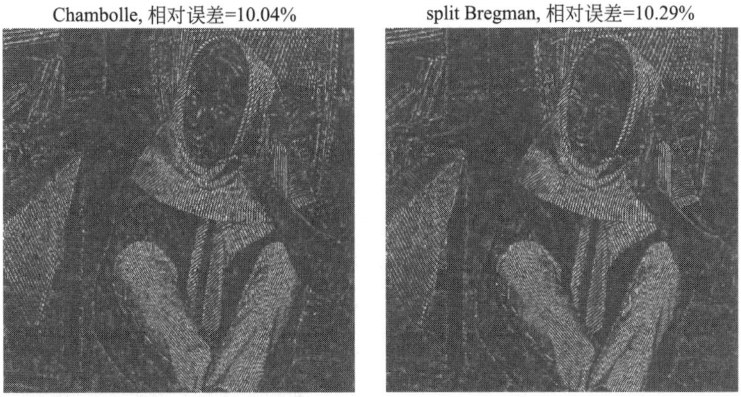

图 4-9 $\sigma^2=400$ 时， APE-ADMM、 Chambolle 和分裂 Bregman 对应的误差图像

第5章

并行交替方向乘子法及其在复合正则化图像复原中的应用

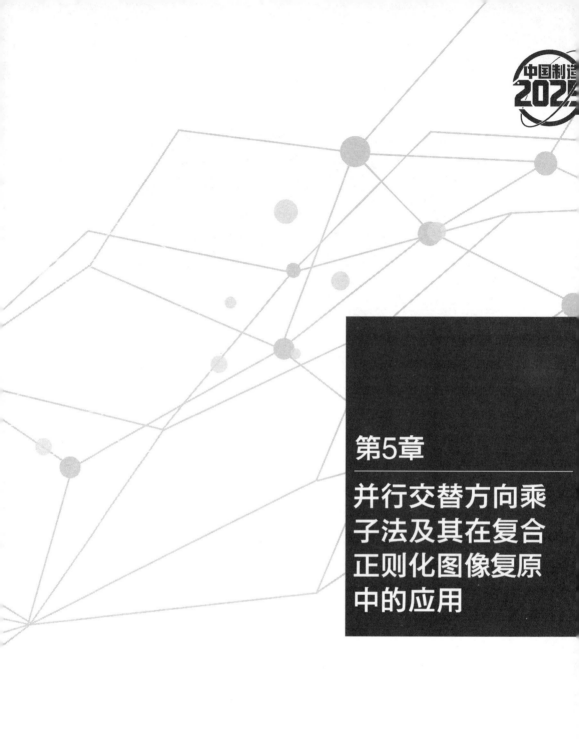

5.1 概述

图像复原问题中正则化策略的选择直接影响到最终估计结果的正确性和求解过程的复杂性，多数情况下，这两者很难兼顾。没有正则化的逆滤波无法求解病态的图像反问题；早期的二阶 Tikhonov 正则化可以通过 Wiener 滤波方便地在频域进行解析求解，但过强的正则性使其边缘保持能力有限；当前最为常用的基于 l_1 范数的 TV 正则化或小波正则化能够更好地保持图像边缘，但它们并不存在封闭解。此外，现已证明，TV 正则化仅在分片常值图像的处理中是最优的[37]；小波变换可以稀疏表征点奇异或是图像中的各向同性特征，但却无法非常稀疏地表征图像边缘或曲线等各向异性特征[191]。因此，这两种常用方法的结果在视觉上均存在缺陷。复合正则化方法可以融合多种正则化手段的优势，从而得到更为优异的结果，但这往往会导致更为复杂的优化问题。

第 3 章的研究仅考虑了约束 TV 正则化图像复原问题的求解，而单一的 TV 正则化在应用于自然图像时会不可避免地产生阶梯效应。充分挖掘图像本身的光滑性[41-51,192,193]和稀疏性[85-98,194,195]，构建更好的图像正则化策略，是进一步提升复原图像质量的根本途径。

更精细的正则化策略必然意味着更复杂的最优化函数，发掘不同正则化策略之间的共性特点，构建具有一般性的图像反问题优化模型，是导出更加通用、更加强大的图像反问题求解算法的基础。第 4 章所采用的 ADMM 方法是一种通用的优化算法，在诸多领域均有应用，其更进一步的并行推广越来越受到重视[196,197]。

本章研究了复合正则化图像复原的求解问题，建立了一般性的图像反问题优化模型，提出了求解一般化目标函数模型的并行交替方向乘子法（parallel ADMM，PADMM）[206]，通过采用变量分裂策略，目标函数可以被分解为数项可单独求解的子问题；通过 Moreau 分解给出了算法的原始-对偶形式，在 ADMM 的基础上消除了辅助变量，得到了更为简洁的算法结构；证明了 PADMM 的收敛性并分析了其收敛速率；将所提 PADMM 算法应用到了广义全变差（TGV）和剪切波复合正则化的图像复原问题的求解中，提出了用于 TGV/剪切波图像复原的 PADMM 算法（parallel ADMM for TGV/shearlet image restoration，PADMM-TGVS)，并通过图像单/多通道去模糊实验和图像压缩感知实验验证了所提算法的有效性。在应用于图像复原时，PADMM 算法包含了第 4 章所提出的正则化参数自适应估计策略。事实上，因为无法很好地处理棘手的通道间模糊，自适应的图像复原算法大都难以推广应用到多通道图像处理中。通过一些合理的改进，PADMM 可以方便地推广到其他一些图像反问题中，如图像修补和图像解压缩。

本章结构安排如下：5.2 节建立了一般性的图像反问题优化函数模型，并给出了求解该模型的并行交替方向乘子法的鞍点条件、导出过程及原始-对偶形式。5.3 节给出了所提算法的收敛性证明和 $O(1/k)$ 收敛速率分析。5.4 节则详述了 PADMM 算法在广义全变差/剪切波复合正则化图像复原中的应用策略。5.5 节给出了相关对比实验结果。

5.2 并行交替方向乘子法

为能在求解图像复原问题时获得更好的结果，本章重点研究了复合正则化反问题的求解方法。下面，首先给出描述正则化图像复原的一般目标函数模型，而后，在此基础上提出求解一般模型的并行交替乘子法（PADMM）。

5.2.1 正则化图像复原目标函数的一般性描述

本章所考虑的复合正则化子为多个正则化子的线性组合。记由 Hilbert 空间 X 映射到 $(-\infty, +\infty]$ 的所有正常凸下半连续函数的集合为 $\Gamma_0\{X\}$，所建立的一般性凸目标函数可描述为：

$$\min_{\boldsymbol{x}\in X} e(\boldsymbol{x})+\sum_{h=1}^{H} f_h(\boldsymbol{L}_h\boldsymbol{x}) \tag{5-1}$$

其中 $e\in\Gamma_0\{X\}$，$f_h\in\Gamma_0\{V_h\}$，且在临近算子存在闭合形式或是可以方便求解的意义下，f_h 是足够“简单”的。$\boldsymbol{L}_h(X\rightarrow V_h)$ 为线性有界算子，其 Hilbert 伴随算子记为 $\boldsymbol{L}_h^*$，其内积诱导的范数记为 $\|\boldsymbol{L}_h\|=\sup\{\|\boldsymbol{L}_h\boldsymbol{x}\|_2 : \|\boldsymbol{x}\|_2=1\}<+\infty$。此外，假设问题式(5-1)的最优解是存在的。需要指出的是，给定 X 中的非空集合 Ω，可以通过定义其示性函数 ι_Ω（定义见第 1 章绪论）来使得约束优化问题 $\min\limits_{\boldsymbol{x}} g(\boldsymbol{x})\quad \text{s.t.}\quad \boldsymbol{x}\in\Omega$ 转化为无约束优化问题 $\min\limits_{\boldsymbol{x}} g(\boldsymbol{x})+\iota_\Omega$，因此，问题式(5-1)对于可建模为式(1-6)或式(1-7)类型的反问题，如图像去模糊、修补、压缩感知和分割等，是足够一般的。

实际应用中，求解问题式(5-1)的困难源于多个方面。首先，图像数据空间 X 和 V_h 通常是高维的；第二，$\boldsymbol{L}_h$ 通常是大规模的且是非稀疏的；此外，函数 e 和线性算子耦合的 f_h 可能是不可微的。因此，许多传统算法，如梯度法，通常无法用来求解问题式(5-1)。

算子分裂方法为问题式(5-1)的求解提供了可行途径，该类方法通常通过挖掘目标函数的一阶信息来实现问题的求解，它们可以将一个复杂问题分解为多个较容易求解的子问题，从而导出一些可行的算法。

5.2.2 增广 Lagrange 函数与鞍点条件

根据 Fermat 法则，可以得到如下关于问题式(5-1)解的引理。

引理 5-1 问题式(5-1)的解 $\boldsymbol{x}^*$ 满足：

$$\boldsymbol{0} \in \partial e(\boldsymbol{x}^*) + \sum_{h=1}^{H} \boldsymbol{L}_h^* \partial f_h(\boldsymbol{L}_h \boldsymbol{x}^*) \tag{5-2}$$

其中 $\partial f_h(\boldsymbol{L}_h\boldsymbol{x}^*)$ 表示 f_h 在 $\boldsymbol{L}_h\boldsymbol{x}^*$ 处的次微分。

根据变量分裂，可以引入一组辅助变量 $\boldsymbol{a}_1 \in V_1$，…，$\boldsymbol{a}_H \in V_H$ 来替代 $\boldsymbol{L}_1\boldsymbol{x}$，…，$\boldsymbol{L}_H\boldsymbol{x}$ 作为 f_1，…f_H 的变量，从而将问题式(5-1)转变为如下带线性约束的优化问题：

$$\min_{\boldsymbol{x} \in X} e(\boldsymbol{x}) + \sum_{h=1}^{H} f_h(\boldsymbol{a}_h) \quad \text{s.t.} \quad \boldsymbol{a}_1 = \boldsymbol{L}_1\boldsymbol{x}, \cdots, \boldsymbol{a}_H = \boldsymbol{L}_H\boldsymbol{x} \tag{5-3}$$

问题式(5-3)的增广 Lagrange 函数定义为：

$$\begin{aligned} &L_A(\boldsymbol{x}, \boldsymbol{a}_1, \cdots, \boldsymbol{a}_H; \boldsymbol{v}_1, \cdots, \boldsymbol{v}_H) = e(\boldsymbol{x}) + \\ &\sum_{h=1}^{H} \left(f_h(\boldsymbol{a}_h) + \langle \boldsymbol{v}_h, \boldsymbol{L}_h\boldsymbol{x} - \boldsymbol{a}_h \rangle + \frac{\beta_h}{2} \| \boldsymbol{L}_h\boldsymbol{x} - \boldsymbol{a}_h \|_2^2 \right) \end{aligned} \tag{5-4}$$

其中 $\boldsymbol{v}_1 \in V_1$，…，$\boldsymbol{v}_H \in V_H$ 为对偶变量（或称为 Lagrange 乘子），β_1，…，β_H 为正的惩罚参数。在式(5-4)中，采用了一种加权思想，即每一个线性约束均对应一个特定的 β_h，尽管这一做法会使得算法的推导过程复杂化，但在实际应用中，它却可能明显提升算法的实际收敛速率，第 4 章已经详细论述了这一做法的缘由。

称（$\boldsymbol{x}^*$，$\boldsymbol{a}_1^*$，…，$\boldsymbol{a}_H^*$；$\boldsymbol{v}_1^*$，…，$\boldsymbol{v}_H^*$）为问题式(5-4)的鞍点，则：

$$\begin{aligned} &L_A(\boldsymbol{x}^*, \boldsymbol{a}_1^*, \cdots, \boldsymbol{a}_H^*; \boldsymbol{v}_1, \cdots, \boldsymbol{v}_H) \leqslant L_A(\boldsymbol{x}^*, \boldsymbol{a}_1^*, \cdots, \boldsymbol{a}_H^*; \boldsymbol{v}_1^*, \cdots, \boldsymbol{v}_H^*) \leqslant \\ &L_A(\boldsymbol{x}, \boldsymbol{a}_1, \cdots, \boldsymbol{a}_H; \boldsymbol{v}_1^*, \cdots, \boldsymbol{v}_H^*) \\ &\forall (\boldsymbol{x}, \boldsymbol{a}_1, \cdots, \boldsymbol{a}_H; \boldsymbol{v}_1, \cdots, \boldsymbol{v}_H) \in X \times V_1 \times \cdots \times V_H \times V_1 \times \cdots \times V_H \end{aligned} \tag{5-5}$$

问题式(5-1)的解和鞍点条件式(5-5)的关系可通过下列定理给出，本章给出了该定理的详细证明。

定理 5-1 $\boldsymbol{x}^* \in X$ 为问题式(5-1)的解，当且仅当存在 $\boldsymbol{a}_h^*$，$\boldsymbol{v}_h^* \in V_h$，$h=1$，…，$H$ 使得 $(\boldsymbol{x}^*, \boldsymbol{a}_1^*, \cdots, \boldsymbol{a}_H^*; \boldsymbol{v}_1^*, \cdots, \boldsymbol{v}_H^*)$ 为增广 Lagrange 问题式(5-4)的鞍点。

证明 设 $(\boldsymbol{x}^*, \boldsymbol{a}_1^*, \cdots, \boldsymbol{a}_H^*; \boldsymbol{v}_1^*, \cdots, \boldsymbol{v}_H^*)$ 满足式(5-5)中的鞍点条件，则：

$$\sum_{h=1}^{H}\langle \boldsymbol{v}_h, \boldsymbol{L}_h\boldsymbol{x}^* - \boldsymbol{a}_h^*\rangle \leqslant \sum_{h=1}^{H}\langle \boldsymbol{v}_h^*, \boldsymbol{L}_h\boldsymbol{x}^* - \boldsymbol{a}_h^*\rangle \quad \forall \boldsymbol{v}_h \in V_h, h=1,\cdots,H \tag{5-6}$$

将 $\boldsymbol{v}_h=\boldsymbol{v}_h^*$，$h=2$，…，$H$ 代入上式可得：

$$\langle \boldsymbol{v}_1, \boldsymbol{L}_1\boldsymbol{x}^* - \boldsymbol{a}_1^*\rangle \leqslant \langle \boldsymbol{v}_1^*, \boldsymbol{L}_1\boldsymbol{x}^* - \boldsymbol{a}_1^*\rangle \quad \forall \boldsymbol{v}_1 \in V_1 \tag{5-7}$$

不等式(5-7)表明 $\boldsymbol{L}_1\boldsymbol{x}^* - \boldsymbol{a}_1^* = \boldsymbol{0}$ 成立，同理可得：

$$\boldsymbol{L}_h\boldsymbol{x}^* - \boldsymbol{a}_h^* = \boldsymbol{0}, h=2,\cdots,H \tag{5-8}$$

该结论和式(5-5)中的第二个不等式表明：

$$\begin{aligned} e(\boldsymbol{x}^*) + \sum_{h=1}^{H} f_h(\boldsymbol{L}_h\boldsymbol{x}^*) &\leqslant e(\boldsymbol{x}) + \\ \sum_{h=1}^{H}\Big(f_h(\boldsymbol{a}_h) &+ \langle \boldsymbol{v}_h^*, \boldsymbol{L}_h\boldsymbol{x} - \boldsymbol{a}_h\rangle + \frac{\beta_h}{2}\|\boldsymbol{L}_h\boldsymbol{x} - \boldsymbol{a}_h\|_2^2\Big) \\ \forall \boldsymbol{x} \in X, \boldsymbol{a}_h &\in V_h, h=1,\cdots,H \end{aligned} \tag{5-9}$$

将 $\boldsymbol{L}_h\boldsymbol{x} - \boldsymbol{a}_h = \boldsymbol{0}$，$h=1$，…，$H$ 代入上式可得：

$$e(\boldsymbol{x}^*) + \sum_{h=1}^{H} f_h(\boldsymbol{L}_h\boldsymbol{x}^*) \leqslant e(\boldsymbol{x}) + \sum_{h=1}^{H} f_h(\boldsymbol{L}_h\boldsymbol{x}) \tag{5-10}$$

不等式(5-10)表明 $\boldsymbol{x}^*$ 为问题式(5-1)的解。

反之，假设 $\boldsymbol{x}^* \in X$ 为问题式(5-1)的解，令 $\boldsymbol{a}_h^* = \boldsymbol{L}_h\boldsymbol{x}_h^*$，$h=1$，…，$H$，由引理 5-1 可知，存在 $\boldsymbol{v}_h^*$ 使得 $\boldsymbol{v}_h^* = \partial f_h(\boldsymbol{L}_h\boldsymbol{x}^*)$，$h=1$，…，$H$。接下来证明 $(\boldsymbol{x}^*, \boldsymbol{a}_1^*, \cdots, \boldsymbol{a}_H^*; \boldsymbol{v}_1^*, \cdots, \boldsymbol{v}_H^*)$ 为式(5-4)的鞍点。因为 $\boldsymbol{a}_h^* = \boldsymbol{L}_h\boldsymbol{x}_h^*$ 成立，故式(5-5)中的第一个不等式成立。由增广 Lagrange 函数式(5-4)的定义可知，$L_A(\boldsymbol{x}, \boldsymbol{a}_1, \cdots, \boldsymbol{a}_H; \boldsymbol{v}_1^*, \cdots, \boldsymbol{v}_H^*)$ 分别关于变量 $\boldsymbol{x}$，$\boldsymbol{a}_1$，…，$\boldsymbol{a}_H$ 为正常的、强制的和连续的凸函数，根据引理 4-2，其在 $X \times V_1 \times \cdots \times V_H$ 中存在极小点 $(\tilde{\boldsymbol{x}}, \tilde{\boldsymbol{a}}_1, \cdots, \tilde{\boldsymbol{a}}_H)$ 的充要条件是：

$$e(\boldsymbol{x}) - e(\tilde{\boldsymbol{x}}) + \langle \sum_{h=1}^{H}(\boldsymbol{L}_h^*\boldsymbol{v}_h^* + \beta_h\boldsymbol{L}_h^*(\boldsymbol{L}_h\tilde{\boldsymbol{x}} - \tilde{\boldsymbol{a}}_h)), \boldsymbol{x} - \tilde{\boldsymbol{x}}\rangle \geqslant 0 \quad \forall \boldsymbol{x} \in X \tag{5-11}$$

$$f_h(\boldsymbol{a}_h)-f_h(\tilde{\boldsymbol{a}}_h)+\langle -\boldsymbol{v}_h^*+\beta_h(\tilde{\boldsymbol{a}}_h-\boldsymbol{L}_h\tilde{\boldsymbol{x}}),\ \boldsymbol{a}_h-\tilde{\boldsymbol{a}}_h\rangle \geqslant 0 \quad \forall \boldsymbol{a}_h\in V_h, h=1,\cdots,H \tag{5-12}$$

一方面，将 $\tilde{\boldsymbol{x}}=\boldsymbol{x}^*$ 和 $\tilde{\boldsymbol{a}}_h=\boldsymbol{a}_h^*$ 代入式(5-11) 中，根据上述关于 $\boldsymbol{v}_h^*$ 的假设，必有（$\boldsymbol{x}^*$，$\boldsymbol{a}_1^*$，…，$\boldsymbol{a}_H^*$）满足式(5-11)；另一方面，根据引理 5-1 和 $\boldsymbol{a}_h^*=\boldsymbol{L}_h\boldsymbol{x}_h^*$ 可得 $\boldsymbol{0}\in\partial e(\boldsymbol{x}^*)+\sum_{h=1}^{H}\boldsymbol{L}_h^*\partial f_h(\boldsymbol{a}_h^*)$。将 $\tilde{\boldsymbol{x}}=\boldsymbol{x}^*$ 和 $\tilde{\boldsymbol{a}}_h=\boldsymbol{a}_h^*$ 代入式(5-12)，可得式(5-12) 等价于

$$f_h(\boldsymbol{a}_h)-f_h(\boldsymbol{a}_h^*)-\langle \boldsymbol{v}_h^*,\boldsymbol{a}_h-\boldsymbol{a}_h^*\rangle\geqslant 0 \quad \forall \boldsymbol{a}_h\in V_h, h=1,\cdots,H \tag{5-13}$$

即：

$$f_h(\boldsymbol{a}_h)-f_h(\boldsymbol{a}_h^*)-\langle \partial f_h(\boldsymbol{L}_h\boldsymbol{x}^*),\boldsymbol{a}_h-\boldsymbol{a}_h^*\rangle\geqslant 0 \quad \forall \boldsymbol{a}_h\in V_h, h=1,\cdots,H \tag{5-14}$$

不等式(5-14) 的左侧即为 Bregman 距离，根据其定义，它是非负的。故（$\boldsymbol{x}^*$，$\boldsymbol{a}_1^*$，…，$\boldsymbol{a}_H^*$）同样满足式(5-12)。因此，式(5-14) 中的第二个不等式成立。定理 5-1 得证。

5.2.3 算法导出

为简化所提算法的收敛性分析，将式(5-4) 重写为：

$$L'_A\left(\boldsymbol{x},\sqrt{\beta_1}\boldsymbol{a}_1,\cdots,\sqrt{\beta_H}\boldsymbol{a}_H;\frac{\boldsymbol{v}_1}{\sqrt{\beta_1}},\cdots,\frac{\boldsymbol{v}_H}{\sqrt{\beta_H}}\right)=\mathrm{e}(\boldsymbol{x})+\sum_{h=1}^{H}\left(\overline{f}_h(\sqrt{\beta_h}\boldsymbol{a}_h)+\left\langle\frac{\boldsymbol{v}_h}{\sqrt{\beta_h}},\sqrt{\beta_h}\boldsymbol{L}_h\boldsymbol{x}-\sqrt{\beta_h}\boldsymbol{a}_h\right\rangle+\frac{1}{2}\left\|\sqrt{\beta_h}\boldsymbol{L}_h\boldsymbol{x}-\sqrt{\beta_h}\boldsymbol{a}_h\right\|_2^2\right) \tag{5-15}$$

记：

$$\boldsymbol{a}=(\sqrt{\beta_1}\boldsymbol{a}_1,\cdots,\sqrt{\beta_H}\boldsymbol{a}_H)\in V\triangleq V_1\times\cdots\times V_H \tag{5-16}$$

$$\boldsymbol{v}=\left(\frac{\boldsymbol{v}_1}{\sqrt{\beta_1}},\cdots,\frac{\boldsymbol{v}_H}{\sqrt{\beta_H}}\right)\in V \tag{5-17}$$

$$\boldsymbol{Lx}=(\sqrt{\beta_1}\boldsymbol{L}_1\boldsymbol{x},\cdots,\sqrt{\beta_H}\boldsymbol{L}_H\boldsymbol{x})\in V \tag{5-18}$$

$$f(\boldsymbol{a})=\sum_{h=1}^{H}f_h(\boldsymbol{a}_h)=\sum_{h=1}^{H}\overline{f}_h(\sqrt{\beta_h}\boldsymbol{a}_h) \tag{5-19}$$

对于 $\boldsymbol{L}$ 的伴随算子 $\boldsymbol{L}^*$，必有：

$$\boldsymbol{L}^*\boldsymbol{v}=\boldsymbol{L}_1^*\boldsymbol{v}_1+\cdots+\boldsymbol{L}_H^*\boldsymbol{v}_H=\sum_{h=1}^{H}\boldsymbol{L}_h^*\boldsymbol{v}_h \tag{5-20}$$

结合上述标记，可以将增广 Lagrange 函数式(5-4) 重建为：

$$L_A(\boldsymbol{x},\boldsymbol{a};\boldsymbol{v})=e(\boldsymbol{x})+f(\boldsymbol{a})+\langle\boldsymbol{v},\boldsymbol{Lx}-\boldsymbol{a}\rangle+\frac{1}{2}\|\boldsymbol{Lx}-\boldsymbol{a}\|_2^2 \tag{5-21}$$

增广 Lagrange 函数式(5-21) 的鞍点条件可以描述为：

$$L_A(\boldsymbol{x}^*,\boldsymbol{a}^*;\boldsymbol{v})\leqslant L_A(\boldsymbol{x}^*,\boldsymbol{a}^*;\boldsymbol{v}^*)\leqslant L_A(\boldsymbol{x},\boldsymbol{a};\boldsymbol{v}^*)\quad \forall(\boldsymbol{x},\boldsymbol{a};\boldsymbol{v})\in X\times V\times V \tag{5-22}$$

显然，该鞍点条件等价于增广 Lagrange 函数式(5-4) 的鞍点条件式(5-5)。

将 ADMM 迭代框架应用于式(5-21)，可得：

$$\begin{cases}\boldsymbol{x}^{k+1}=\underset{\boldsymbol{x}}{\operatorname{argmin}}\, e(\boldsymbol{x})+\dfrac{1}{2}\|\boldsymbol{Lx}-\boldsymbol{a}^k+\boldsymbol{v}^k\|_2^2\\ \boldsymbol{a}^{k+1}=\underset{\boldsymbol{a}}{\operatorname{argmin}}\ f(\boldsymbol{a})+\dfrac{1}{2}\|\boldsymbol{Lx}^{k+1}-\boldsymbol{a}+\boldsymbol{v}^k\|_2^2=\operatorname{prox}_f(\boldsymbol{Lx}^{k+1}+\boldsymbol{v}^k)\\ \boldsymbol{v}^{k+1}=\boldsymbol{v}^k+\boldsymbol{Lx}^{k+1}-\boldsymbol{a}^{k+1}\end{cases} \tag{5-23}$$

将迭代框架式(5-22) 展开，可得如下迭代规则：

$$\begin{cases}\boldsymbol{x}^{k+1}=\underset{\boldsymbol{x}}{\operatorname{argmin}}\, e(\boldsymbol{x})+\sum\limits_{h=1}^{H}\dfrac{\beta_h}{2}\left\|\boldsymbol{L}_h\boldsymbol{x}-\boldsymbol{a}_h^k+\dfrac{\boldsymbol{v}_h^k}{\beta_h}\right\|_2^2\\ \boldsymbol{a}_h^{k+1}=\operatorname{prox}_{f_h/\beta_h}\left(\boldsymbol{L}_h\boldsymbol{x}^{k+1}+\dfrac{\boldsymbol{v}_h^k}{\beta_h}\right)h=1,\cdots,H\\ \boldsymbol{v}_h^{k+1}=\boldsymbol{v}_h^k+\beta_h(\boldsymbol{L}_h\boldsymbol{x}^{k+1}-\boldsymbol{a}_h^{k+1})h=1,\cdots,H\end{cases} \tag{5-24}$$

算法 5-1 根据式(5-24) 总结出了第一个并行 ADMM 算法。

算法 5-1　并行交替方向乘子法 (PADMM1)

步骤 1：初始化 $\boldsymbol{x}^0$、$\boldsymbol{a}_h^0$、$\boldsymbol{v}_h^0$ 为 $\boldsymbol{0}$，设置 $k=0$ 和 $\beta_h>0$，$h=1$，…，H；

步骤 2：判断是否满足终止条件，若否，则执行以下步骤；

步骤 3：执行迭代规则式(5-24)；

步骤 4：$k=k+1$；

步骤 5：结束循环并输出 $\boldsymbol{x}^{k+1}$。

算法 5-1 中辅助变量 $\boldsymbol{a}_1$、…、$\boldsymbol{a}_H$ 的更新是相互独立的，类似地，对偶变量 $\boldsymbol{v}_1$、…、$\boldsymbol{v}_H$ 也有着同样的关系，因此它被称为“并行的”。尽管算法 5-1 是高度并行的，但通过消除辅助变量，仍可进一步优化其结构。根据 Moreau 分解，正常凸函数 f 与其 Fenchel 共轭 f^* 具有如下关系：

$$\boldsymbol{v}=\operatorname{prox}_{\beta f^*}\boldsymbol{v}+\beta\operatorname{prox}_{f/\beta}\left(\frac{\boldsymbol{v}}{\beta}\right) \tag{5-25}$$

在迭代规则式(5-24) 中，若将 $\boldsymbol{v}_h^k+\beta_h\boldsymbol{L}_h\boldsymbol{x}^{k+1}$ 视为一个整体，则可发现关于 $\boldsymbol{v}_h^{k+1}$ 和 $\boldsymbol{a}_h^{k+1}$ 的子步骤构成了一对 Moreau 分解。将 $\boldsymbol{x}$ 的更新置于 $\boldsymbol{v}_H$ 的更新之后（若连续地考察两步迭代，则可发现该操作并不会破坏

已有的变量更新次序)，则可通过消除辅助变量将式(5-24)转化为如下迭代规则：

$$\begin{cases} \boldsymbol{v}_h^{k+1} = \operatorname{prox}_{\beta_h f_h^*}(\beta_h \boldsymbol{L}_h \boldsymbol{x}^k + \boldsymbol{v}_h^k), h = 1, \cdots, H \\ \underset{\boldsymbol{x}}{\operatorname{argmin}}\, e(\boldsymbol{x}) + \dfrac{1}{2} \sum_{h=1}^{H} \| \boldsymbol{L}_h \boldsymbol{x} - \boldsymbol{L}_h \boldsymbol{x}^k + 2\boldsymbol{v}_h^{k+1} - \boldsymbol{v}_h^k \|_2^2 \end{cases} \tag{5-26}$$

根据迭代规则式(5-26)，可以得到如下仅包含原始变量和对偶变量的 PADMM 算法。

算法 5-2　等价的并行交替方向乘子法（PADMM2）

步骤 1：初始化 $\boldsymbol{x}^0$、$\boldsymbol{v}_h^0$ 为 $\boldsymbol{0}$，设置 $k=0$ 和 $\beta_h>0$，$h=1$，…，H；

步骤 2：判断是否满足终止条件，若否，则执行以下步骤；

步骤 3：执行迭代规则式(5-26)；

步骤 4：$k=k+1$；

步骤 5：结束循环并输出 $\boldsymbol{x}^{k+1}$。

注解 5-1　与算法 5-1 相比，算法 5-2 因消除了辅助变量 $\boldsymbol{a}_1$、…、$\boldsymbol{a}_H$ 而更加紧凑。尽管算法 5-1 和算法 5-2 是等价的，但更低的单步计算复杂度和更平衡的变量载入使得算法 5-2 更适合于并行计算。从理论上讲，算法 5-2 可以看作是直接求解问题式(5-1) Lagrange 函数鞍点的算法。问题式(5-1) 的 Lagrange 函数为：

$$L_A(\boldsymbol{x}; \boldsymbol{v}_1, \cdots, \boldsymbol{v}_H) = \mathrm{e}(\boldsymbol{x}) + \sum_{h=1}^{H} (\langle \boldsymbol{L}_h \boldsymbol{x}, \boldsymbol{v}_h \rangle - f_h^*(\boldsymbol{v}_h)) \tag{5-27}$$

注解 5-2　算法 5-1 和算法 5-2 中原始变量 $\boldsymbol{x}$ 的更新看上去并不容易。但几种可导出封闭解的特殊情况值得关注，事实上，这几种情况对于当前的图像反问题是足够一般化的。第一，若 $e(\boldsymbol{x})=0$，则算法 5-1 和算法 5-2 中 $\boldsymbol{x}$ 的更新分别具有最小二乘形式：

$$\boldsymbol{x}^{k+1} = \left(\sum_{h=1}^{H} \beta_h \boldsymbol{L}_h^* \boldsymbol{L}_h\right)^{-1} \sum_{h=1}^{H} \boldsymbol{L}_h^* (\beta_h \boldsymbol{a}_h^k - \boldsymbol{v}_h^k) \tag{5-28}$$

和

$$\boldsymbol{x}^{k+1} = \left(\sum_{h=1}^{H} \beta_h \boldsymbol{L}_h^* \boldsymbol{L}_h\right)^{-1} \sum_{h=1}^{H} \boldsymbol{L}_h^* (\beta_h \boldsymbol{L}_h \boldsymbol{x}^k + \boldsymbol{v}_h^k - 2\boldsymbol{v}_h^{k+1}) \tag{5-29}$$

第二，若 $e(\boldsymbol{x})$ 具有二次形式，则算法 5-1 和算法 5-2 中 $\boldsymbol{x}$ 的更新依然具有最小二乘形式；第三，若 $e(\boldsymbol{x})$ 仅是可临近的，即其临近算子存在闭合形式或可以方便求解，则可将算法 5-1 和算法 5-2 中关于 $\boldsymbol{x}$ 的子步骤进行线性化，这样可借助 $e(\boldsymbol{x})$ 的临近算子实现 $\boldsymbol{x}$ 的更新。第三种情况涉及附加的收敛性条件，已超出了本章的讨论范围，其求解方式在下一章会有详细的论述。

5.3 收敛性分析

本节证明了由所提算法所产生的始于任意初始值的迭代序列收敛到增广 Lagrange 函数式(5-4) 的鞍点，且所提算法具有至差 $O(1/k)$ 的收敛速率。本节的收敛性分析是基于算法 5-1 的，但根据算法 5-1 与算法 5-2 的等价性，该分析同样适用于算法 5-2。此外，算法的收敛性分析受文献 [128] 的启发，其基本工具为变分不等式。

5.3.1 收敛性证明

根据引理 4-2，问题式(5-3) 和增广 Lagrange 函数式(5-21) 可由下述变分不等式问题刻画：寻找 $(\boldsymbol{x}^*, \boldsymbol{a}^*, \boldsymbol{v}^*) \in X \times V \times V$，使得：

$$\begin{cases} \mathrm{e}(\boldsymbol{x}) - \mathrm{e}(\boldsymbol{x}^*) + \langle \boldsymbol{x} - \boldsymbol{x}^*, \boldsymbol{L}^* \boldsymbol{v}^* \rangle \geqslant 0 \\ f(\boldsymbol{a}) - f(\boldsymbol{a}^*) + \langle \boldsymbol{a} - \boldsymbol{a}^*, -\boldsymbol{v}^* \rangle \geqslant 0 \\ \langle \boldsymbol{v} - \boldsymbol{v}^*, -\boldsymbol{L}\boldsymbol{x}^* + \boldsymbol{a}^* \rangle \geqslant 0 \end{cases} \tag{5-30}$$

记 $\boldsymbol{y} = (\boldsymbol{x}, \boldsymbol{a}, \boldsymbol{v}) \in Y \triangleq X \times V \times V$ 和 $F(\boldsymbol{y}) = (\boldsymbol{L}^* \boldsymbol{v}, -\boldsymbol{v}, -\boldsymbol{L}\boldsymbol{x} + \boldsymbol{a}) \in Y$，则式(5-30) 可转化为：

$$\mathrm{VI}(Y, F, f): \mathrm{e}(\boldsymbol{x}) + f(\boldsymbol{a}) - \mathrm{e}(\boldsymbol{x}^*) - f(\boldsymbol{a}^*) + \langle \boldsymbol{y} - \boldsymbol{y}^*, F(\boldsymbol{y}^*) \rangle \geqslant 0 \quad \forall \boldsymbol{y} \in Y \tag{5-31}$$

记问题 VI(Y, F, f) 的解集为 Y^*，即所有 $(\boldsymbol{x}^*, \boldsymbol{a}^*, \boldsymbol{v}^*)$ 的集合。此外，定义 $\boldsymbol{z} = (\boldsymbol{a}, \boldsymbol{v}) \in Z \triangleq V \times V$ 并记 Z^* 为所有 $\boldsymbol{z}^* = (\boldsymbol{a}^*, \boldsymbol{v}^*)$ 的集合。容易验证，线性映射 $F(\boldsymbol{y})$ 为单调的，即 $\langle \boldsymbol{y} - \boldsymbol{y}', F(\boldsymbol{y}) - F(\boldsymbol{y}') \rangle \geqslant 0 \quad \forall \boldsymbol{y}, \boldsymbol{y}' \in Y$。

引理 5-2 给出了算法 5-1 所产生序列的收缩性。

引理 5-2 令 $\{\boldsymbol{x}^k, \boldsymbol{a}_1^k, \cdots, \boldsymbol{a}_H^k; \boldsymbol{v}_1^k, \cdots, \boldsymbol{v}_H^k\}$ 为算法 5-1 所产生的序列，则 $\{\boldsymbol{z}^k\} = \{\boldsymbol{a}^k, \boldsymbol{v}^k\} = \{\sqrt{\beta_1}\boldsymbol{a}_1^k, \cdots, \sqrt{\beta_H}\boldsymbol{a}_H^k, \boldsymbol{v}_1^k/\sqrt{\beta_1}, \cdots, \boldsymbol{v}_H^k/\sqrt{\beta_H}\}$ 满足：

$$\|\boldsymbol{z}^{k+1} - \boldsymbol{z}^*\|_2^2 \leqslant \|\boldsymbol{z}^k - \boldsymbol{z}^*\|_2^2 - \|\boldsymbol{z}^{k+1} - \boldsymbol{z}^k\|_2^2 \quad \forall \boldsymbol{z}^* \in Z^* \tag{5-32}$$

证明 因为 $\boldsymbol{a}^{k+1}$ 为式(5-23) 中关于 $\boldsymbol{a}$ 的最小化问题的解，根据引理 4-2，有：

$$f(\boldsymbol{a}) - f(\boldsymbol{a}^{k+1}) + \langle \boldsymbol{a} - \boldsymbol{a}^{k+1}, \boldsymbol{a}^{k+1} - \boldsymbol{L}\boldsymbol{x}^{k+1} - \boldsymbol{v}^k \rangle \geqslant 0 \quad \forall \boldsymbol{a} \in V \tag{5-33}$$

将式(5-23) 中第三个等式代入式(5-33) 可得：

$$f(\boldsymbol{a}) - f(\boldsymbol{a}^{k+1}) + \langle \boldsymbol{a} - \boldsymbol{a}^{k+1}, -\boldsymbol{v}^{k+1} \rangle \geqslant 0 \quad \forall \boldsymbol{a} \in V \tag{5-34}$$

同理可得：

$$f(\boldsymbol{a})-f(\boldsymbol{a}^k)+\langle \boldsymbol{a}-\boldsymbol{a}^k,-\boldsymbol{v}^k\rangle \geqslant 0 \quad \forall \boldsymbol{a}\in V \tag{5-35}$$

将 $\boldsymbol{a}=\boldsymbol{a}^k$ 和 $\boldsymbol{a}=\boldsymbol{a}^{k+1}$ 分别代入式(5-34）和式(5-35）并相加，可得：

$$\langle \boldsymbol{a}^k-\boldsymbol{a}^{k+1},\boldsymbol{v}^k-\boldsymbol{v}^{k+1}\rangle \geqslant 0 \tag{5-36}$$

由式(5-23）中关于 $\boldsymbol{x}$ 的子问题的最优性条件可知：

$$\mathrm{e}(\boldsymbol{x})-\mathrm{e}(\boldsymbol{x}^{k+1})+\langle \boldsymbol{x}-\boldsymbol{x}^{k+1},\boldsymbol{L}^*(\boldsymbol{L}\boldsymbol{x}^{k+1}-\boldsymbol{a}^k+\boldsymbol{v}^k)\rangle \geqslant 0 \quad \forall \boldsymbol{x}\in X \tag{5-37}$$

将式(5-23）中第三个等式代入式(5-37)，可得：

$$\mathrm{e}(\boldsymbol{x})-\mathrm{e}(\boldsymbol{x}^{k+1})+\langle \boldsymbol{x}-\boldsymbol{x}^{k+1},\boldsymbol{L}^*(\boldsymbol{v}^{k+1}+\boldsymbol{a}^{k+1}-\boldsymbol{a}^k)\rangle \geqslant 0 \quad \forall \boldsymbol{x}\in X \tag{5-38}$$

迭代规则式(5-23）中第三个等式表明：

$$\langle \boldsymbol{v}-\boldsymbol{v}^{k+1},-\boldsymbol{L}\boldsymbol{x}^{k+1}+\boldsymbol{a}^{k+1}+\boldsymbol{v}^{k+1}-\boldsymbol{v}^k\rangle = 0 \quad \forall \boldsymbol{v}\in V \tag{5-39}$$

将式(5-34)、式(5-38）和式(5-39）相加，可得：

$$\begin{aligned}&\mathrm{e}(\boldsymbol{x})+f(\boldsymbol{a})-\mathrm{e}(\boldsymbol{x}^{k+1})-f(\boldsymbol{a}^{k+1})+\langle \boldsymbol{y}-\boldsymbol{y}^{k+1},F(\boldsymbol{y}^{k+1})\rangle+\\&\quad\langle \boldsymbol{x}-\boldsymbol{x}^{k+1},\boldsymbol{L}^*(\boldsymbol{a}^{k+1}-\boldsymbol{a}^k)\rangle+\langle \boldsymbol{v}-\boldsymbol{v}^{k+1},\boldsymbol{v}^{k+1}-\boldsymbol{v}^k\rangle \geqslant 0 \quad \forall \boldsymbol{y}\in Y\end{aligned} \tag{5-40}$$

不等式(5-40）表明，若：

$$\|\boldsymbol{z}^{k+1}-\boldsymbol{z}^k\|_2^2=\|\boldsymbol{a}^{k+1}-\boldsymbol{a}^k\|_2^2+\|\boldsymbol{v}^{k+1}-\boldsymbol{v}^k\|_2^2=0 \tag{5-41}$$

成立，则：

$$\mathrm{e}(\boldsymbol{x})+f(\boldsymbol{a})-\mathrm{e}(\boldsymbol{x}^{k+1})-f(\boldsymbol{a}^{k+1})+\langle \boldsymbol{y}-\boldsymbol{y}^{k+1},F(\boldsymbol{y}^{k+1})\rangle \geqslant 0 \quad \forall \boldsymbol{y}\in Y \tag{5-42}$$

即 $\boldsymbol{y}^{k+1}$ 为问题 VI(Y，F，f）的解且（$\boldsymbol{x}^{k+1}$，$\boldsymbol{a}^{k+1}$；$\boldsymbol{v}^{k+1}$）为增广 Lagrange 函数式(5-21）的鞍点。将 $\boldsymbol{y}=\boldsymbol{y}^*$ 代入式(5-40）可得：

$$\begin{aligned}&\langle \boldsymbol{a}^*-\boldsymbol{a}^{k+1},\boldsymbol{a}^{k+1}-\boldsymbol{a}^k\rangle+\langle \boldsymbol{v}^*-\boldsymbol{v}^{k+1},\boldsymbol{v}^{k+1}-\boldsymbol{v}^k\rangle \geqslant \mathrm{e}(\boldsymbol{x}^{k+1})+\\&\quad f(\boldsymbol{a}^{k+1})-\mathrm{e}(\boldsymbol{x}^*)-f(\boldsymbol{a}^*)+\langle \boldsymbol{y}^{k+1}-\boldsymbol{y}^*,F(\boldsymbol{y}^{k+1})\rangle+\\&\quad\langle \boldsymbol{a}^*-\boldsymbol{a}^{k+1},\boldsymbol{a}^{k+1}-\boldsymbol{a}^k\rangle-\langle \boldsymbol{L}(\boldsymbol{x}^*-\boldsymbol{x}^{k+1}),\boldsymbol{a}^{k+1}-\boldsymbol{a}^k\rangle\end{aligned} \tag{5-43}$$

因为 $\boldsymbol{y}^*$ 是问题 VI(Y，F，f）的最优解，故：

$$\mathrm{e}(\boldsymbol{x}^{k+1})+f(\boldsymbol{a}^{k+1})-\mathrm{e}(\boldsymbol{x}^*)-f(\boldsymbol{a}^*)+\langle \boldsymbol{y}^{k+1}-\boldsymbol{y}^*,F(\boldsymbol{y}^*)\rangle \geqslant 0 \tag{5-44}$$

由 F 的单调性可知：

$$\langle \boldsymbol{y}^{k+1}-\boldsymbol{y}^*,F(\boldsymbol{y}^{k+1})\rangle \geqslant \langle \boldsymbol{y}^{k+1}-\boldsymbol{y}^*,F(\boldsymbol{y}^*)\rangle \tag{5-45}$$

由式(5-36）可知：

$$\begin{aligned}&\langle \boldsymbol{a}^*-\boldsymbol{a}^{k+1},\boldsymbol{a}^{k+1}-\boldsymbol{a}^k\rangle-\langle \boldsymbol{L}(\boldsymbol{x}^*-\boldsymbol{x}^{k+1}),\boldsymbol{a}^{k+1}-\boldsymbol{a}^k\rangle\\&=\langle \boldsymbol{L}\boldsymbol{x}^{k+1}-\boldsymbol{a}^{k+1},\boldsymbol{a}^{k+1}-\boldsymbol{a}^k\rangle=\langle \boldsymbol{v}^{k+1}-\boldsymbol{v}^k,\boldsymbol{a}^{k+1}-\boldsymbol{a}^k\rangle \geqslant 0\end{aligned} \tag{5-46}$$

联立式(5-43)～式(5-46）可得：

$$\begin{aligned}&\langle \boldsymbol{a}^*-\boldsymbol{a}^{k+1},\boldsymbol{a}^{k+1}-\boldsymbol{a}^k\rangle+\langle \boldsymbol{v}^*-\boldsymbol{v}^{k+1},\boldsymbol{v}^{k+1}-\boldsymbol{v}^k\rangle\\&=\langle \boldsymbol{z}^*-\boldsymbol{z}^{k+1},\boldsymbol{z}^{k+1}-\boldsymbol{z}^k\rangle\geqslant 0\end{aligned}\tag{5-47}$$

因此有

$$\begin{aligned}&\|\boldsymbol{z}^k-\boldsymbol{z}^*\|_2^2=\|\boldsymbol{z}^*-\boldsymbol{z}^{k+1}+\boldsymbol{z}^{k+1}-\boldsymbol{z}^k\|_2^2\\&=\|\boldsymbol{z}^*-\boldsymbol{z}^{k+1}\|_2^2+\|\boldsymbol{z}^{k+1}-\boldsymbol{z}^k\|_2^2+2\langle \boldsymbol{z}^*-\boldsymbol{z}^{k+1},\boldsymbol{z}^{k+1}-\boldsymbol{z}^k\rangle\\&\geqslant\|\boldsymbol{z}^*-\boldsymbol{z}^{k+1}\|_2^2+\|\boldsymbol{z}^{k+1}-\boldsymbol{z}^k\|_2^2\end{aligned}\tag{5-48}$$

引理 5-2 得证。

引理 5-2 表明，有界非负序列 $\{\|\boldsymbol{z}^k-\boldsymbol{z}^*\|_2^2\}$ 是非增的，故它必有极限，因此，当 $k\to+\infty$时，必有$\|\boldsymbol{z}^{k+1}-\boldsymbol{z}^k\|_2^2\to 0$。由式(5-42) 知，若 $k\to+\infty$，$\{\boldsymbol{y}^{k+1}\}$ 收敛到 VI(Y, F, f) 的解，且有序列 $\{\boldsymbol{x}^{k+1}$, $\boldsymbol{a}^{k+1}$; $\boldsymbol{v}^{k+1}\}$ 收敛到式(5-21) 的鞍点。因此，根据式(5-4) 和式(5-21) 的等价性，可以得到如下定理。

定理 5-2 由算法 5-1 所产生的序列 $\{\boldsymbol{x}^k$, $\boldsymbol{a}_1^k$, …, $\boldsymbol{a}_H^k$; $\boldsymbol{v}_1^k$, …, $\boldsymbol{v}_H^k\}$ 收敛到增广 Lagrange 函数式(5-4) 的鞍点，特别地，$\{\boldsymbol{x}^k\}$ 收敛到问题式(5-1) 的解。

5.3.2 收敛速率分析

本小节分析了算法 5-1 的收敛速率。首先给出反映序列 $\{\|\boldsymbol{z}^{k+1}-\boldsymbol{z}^k\|_2^2\}$ 单调性的引理 5-3。

引理 5-3 令 $\{\boldsymbol{x}^k$, $\boldsymbol{a}_1^k$, …, $\boldsymbol{a}_H^k$; $\boldsymbol{v}_1^k$, …, $\boldsymbol{v}_H^k\}$ 为算法 5-1 所产生的序列，则 $\{\boldsymbol{z}^k\}=\{\boldsymbol{a}^k, \boldsymbol{v}^k\}=\{\sqrt{\beta_1}\boldsymbol{a}_1^k, \dots, \sqrt{\beta_H}\boldsymbol{a}_H^k, \boldsymbol{v}_1^k/\sqrt{\beta_1}, \dots, \boldsymbol{v}_H^k/\sqrt{\beta_H}\}$ 满足：

$$\|\boldsymbol{z}^{k+1}-\boldsymbol{z}^k\|_2^2\leqslant\|\boldsymbol{z}^k-\boldsymbol{z}^{k-1}\|_2^2\quad\forall k\geqslant 1\tag{5-49}$$

证明 记 $\overline{\boldsymbol{x}}^k=\boldsymbol{x}^{k+1}$、$\overline{\boldsymbol{a}}^k=\boldsymbol{a}^{k+1}$、$\overline{\boldsymbol{v}}^k=\boldsymbol{L}\boldsymbol{x}^{k+1}-\boldsymbol{a}^k+\boldsymbol{v}^k=\boldsymbol{v}^{k+1}+\boldsymbol{a}^{k+1}-\boldsymbol{a}^k$、$\overline{\boldsymbol{z}}^k=(\overline{\boldsymbol{a}}^k, \overline{\boldsymbol{v}}^k)$ 和 $\overline{\boldsymbol{y}}^k=(\overline{\boldsymbol{x}}^k, \overline{\boldsymbol{a}}^k, \overline{\boldsymbol{v}}^k)$，定义线性算子 $\boldsymbol{M}$：$(\boldsymbol{a}, \boldsymbol{v})\to(\boldsymbol{a}, -\boldsymbol{a}+\boldsymbol{v})$，由以上标记可知：

$$\boldsymbol{z}^{k+1}=\boldsymbol{z}^k-\boldsymbol{M}(\boldsymbol{z}^k-\overline{\boldsymbol{z}}^k)\tag{5-50}$$

根据以上标记，不等式(5-40) 可以转化为：

$$\begin{aligned}&\mathrm{e}(\boldsymbol{x})+f(\boldsymbol{a})-\mathrm{e}(\overline{\boldsymbol{x}}^k)-f(\overline{\boldsymbol{a}}^k)+\langle \boldsymbol{y}-\overline{\boldsymbol{y}}^k,F(\overline{\boldsymbol{y}}^k)\rangle+\\&\langle \boldsymbol{z}-\overline{\boldsymbol{z}}^k,\boldsymbol{M}(\overline{\boldsymbol{z}}^k-\boldsymbol{z}^k)\rangle\geqslant 0\quad\forall \boldsymbol{y}\in Y\end{aligned}\tag{5-51}$$

同理可得：

$$\begin{aligned}&\mathrm{e}(\boldsymbol{x})+f(\boldsymbol{a})-\mathrm{e}(\overline{\boldsymbol{x}}^{k+1})-f(\overline{\boldsymbol{a}}^{k+1})+\langle \boldsymbol{y}-\overline{\boldsymbol{y}}^{k+1},F(\overline{\boldsymbol{y}}^{k+1})\rangle+\\&\langle \boldsymbol{z}-\overline{\boldsymbol{z}}^{k+1},\boldsymbol{M}(\overline{\boldsymbol{z}}^{k+1}-\boldsymbol{z}^{k+1})\rangle\geqslant 0\quad\forall \boldsymbol{y}\in Y\end{aligned}\tag{5-52}$$

将 $\boldsymbol{y}=\overline{\boldsymbol{y}}^{k+1}$ 和 $\boldsymbol{y}=\overline{\boldsymbol{y}}^{k}$ 分别代入式(5-51) 和式(5-52)，并相加可得：

$$-\langle \overline{\boldsymbol{y}}^{k+1}-\overline{\boldsymbol{y}}^{k}, F(\overline{\boldsymbol{y}}^{k+1})-F(\overline{\boldsymbol{y}}^{k})\rangle+\langle \overline{\boldsymbol{z}}^{k+1}-\overline{\boldsymbol{z}}^{k}, \boldsymbol{M}((\boldsymbol{z}^{k+1}-\boldsymbol{z}^{k})-(\overline{\boldsymbol{z}}^{k+1}-\overline{\boldsymbol{z}}^{k}))\rangle \geqslant 0 \tag{5-53}$$

由 F 的单调性可知：

$$\langle \overline{\boldsymbol{z}}^{k+1}-\overline{\boldsymbol{z}}^{k}, \boldsymbol{M}((\boldsymbol{z}^{k+1}-\boldsymbol{z}^{k})-(\overline{\boldsymbol{z}}^{k+1}-\overline{\boldsymbol{z}}^{k}))\rangle \geqslant 0 \tag{5-54}$$

将 $\langle(\boldsymbol{z}^{k+1}-\boldsymbol{z}^{k})-(\overline{\boldsymbol{z}}^{k+1}-\overline{\boldsymbol{z}}^{k}), \boldsymbol{M}((\boldsymbol{z}^{k+1}-\boldsymbol{z}^{k})-(\overline{\boldsymbol{z}}^{k+1}-\overline{\boldsymbol{z}}^{k}))\rangle$ 同时加到式(5-54) 的两侧，并应用等式 $\langle \boldsymbol{z}, \boldsymbol{M}\boldsymbol{z}\rangle=\frac{1}{2}\langle \boldsymbol{z}, (\boldsymbol{M}+\boldsymbol{M}^{*})\boldsymbol{z}\rangle$（记 $\langle \boldsymbol{z}, \boldsymbol{Q}\boldsymbol{z}\rangle=\|\boldsymbol{z}\|_{\boldsymbol{Q}}^{2}$，若 $\boldsymbol{Q}$ 为半正定），可得：

$$\langle \boldsymbol{z}^{k+1}-\boldsymbol{z}^{k}, \boldsymbol{M}((\boldsymbol{z}^{k+1}-\boldsymbol{z}^{k})-(\overline{\boldsymbol{z}}^{k+1}-\overline{\boldsymbol{z}}^{k}))\rangle \geqslant \frac{1}{2}\|(\boldsymbol{z}^{k+1}-\boldsymbol{z}^{k})-(\overline{\boldsymbol{z}}^{k+1}-\overline{\boldsymbol{z}}^{k})\|_{\boldsymbol{M}+\boldsymbol{M}^{*}}^{2} \tag{5-55}$$

由式(5-50) 可知：

$$\langle \boldsymbol{M}(\boldsymbol{z}^{k}-\overline{\boldsymbol{z}}^{k}), \boldsymbol{M}((\boldsymbol{z}^{k}-\overline{\boldsymbol{z}}^{k})-(\boldsymbol{z}^{k+1}-\overline{\boldsymbol{z}}^{k+1}))\rangle \geqslant \frac{1}{2}\|(\boldsymbol{z}^{k}-\overline{\boldsymbol{z}}^{k})-(\boldsymbol{z}^{k+1}-\overline{\boldsymbol{z}}^{k+1})\|_{\boldsymbol{M}+\boldsymbol{M}^{*}}^{2} \tag{5-56}$$

故有：

$$\begin{aligned}
&\|\boldsymbol{M}(\boldsymbol{z}^{k}-\overline{\boldsymbol{z}}^{k})\|_2^2-\|\boldsymbol{M}(\boldsymbol{z}^{k+1}-\overline{\boldsymbol{z}}^{k+1})\|_2^2=2\langle \boldsymbol{M}(\boldsymbol{z}^{k}-\overline{\boldsymbol{z}}^{k}), \boldsymbol{M}((\boldsymbol{z}^{k}-\overline{\boldsymbol{z}}^{k})-\\
&\quad(\boldsymbol{z}^{k+1}-\overline{\boldsymbol{z}}^{k+1}))\rangle-\|\boldsymbol{M}((\boldsymbol{z}^{k}-\overline{\boldsymbol{z}}^{k})-(\boldsymbol{z}^{k+1}-\overline{\boldsymbol{z}}^{k+1}))\|_2^2 \geqslant \\
&\quad\|(\boldsymbol{z}^{k}-\overline{\boldsymbol{z}}^{k})-(\boldsymbol{z}^{k+1}-\overline{\boldsymbol{z}}^{k+1})\|_{\boldsymbol{M}+\boldsymbol{M}^{*}}^{2}-\|\boldsymbol{M}((\boldsymbol{z}^{k}-\overline{\boldsymbol{z}}^{k})-(\boldsymbol{z}^{k+1}-\overline{\boldsymbol{z}}^{k+1}))\|_2^2\\
&=\|(\boldsymbol{z}^{k}-\overline{\boldsymbol{z}}^{k})-(\boldsymbol{z}^{k+1}-\overline{\boldsymbol{z}}^{k+1})\|_{(\boldsymbol{M}+\boldsymbol{M}^{*}-\boldsymbol{M}^{*}\boldsymbol{M})}^{2} \geqslant 0
\end{aligned} \tag{5-57}$$

再次利用式(5-50) 可得 $\|\boldsymbol{z}^{k+1}-\boldsymbol{z}^{k}\|_2^2 \leqslant \|\boldsymbol{z}^{k}-\boldsymbol{z}^{k-1}\|_2^2$。引理 5-3 得证。

定理 5-3 令 $\{\boldsymbol{x}^{k}, \boldsymbol{a}_1^{k}, \cdots, \boldsymbol{a}_H^{k}; \boldsymbol{v}_1^{k}, \cdots, \boldsymbol{v}_H^{k}\}$ 为算法 5-1 所产生的序列，则 $\{\boldsymbol{z}^{k}\}=\{\boldsymbol{a}^{k}, \boldsymbol{v}^{k}\}=\{\sqrt{\beta_1}\boldsymbol{a}_1^{k}, \cdots, \sqrt{\beta_H}\boldsymbol{a}_H^{k}, \boldsymbol{v}_1^{k}/\sqrt{\beta_1}, \cdots, \boldsymbol{v}_H^{k}/\sqrt{\beta_H}\}$ 满足：

$$\|\boldsymbol{z}^{k+1}-\boldsymbol{z}^{k}\|_2^2 \leqslant \frac{\|\boldsymbol{z}^{0}-\boldsymbol{z}^{*}\|_2^2}{k+1} \quad \forall \boldsymbol{z}^{*} \in Z^{*} \tag{5-58}$$

即算法 5-1 具有至差 $O(1/k)$ 的收敛速率。

证明 由式(5-32) 可知：

$$\sum_{i=0}^{\infty}\|\boldsymbol{z}^{i+1}-\boldsymbol{z}^{i}\|_2^2 \leqslant \|\boldsymbol{z}^{0}-\boldsymbol{z}^{*}\|_2^2 \quad \forall \boldsymbol{z}^{*} \in Z^{*} \tag{5-59}$$

由引理 5-3 可知：

$$(k+1)\|z^{k+1}-z^k\|_2^2 \leqslant \sum_{i=0}^{k}\|z^{i+1}-z^i\|_2^2 \leqslant \|z^0-z^*\|_2^2 \quad \forall z^* \in Z^* \tag{5-60}$$

定理 5-3 得证。

5.4 PADMM 在广义全变差/剪切波复合正则化图像复原中的应用

本节详细地论述了 PADMM 应用于复合 l_1 正则化反问题求解的实现途径。所选用的复合正则化子融合了两种最新的正则化手段：广义全变差[46]（TGV）和剪切波变换[82]。如同 TV 模型，TGV 模型对图像空域中的平滑性进行了约束，而剪切波变换则对图像在剪切波变换域的稀疏性进行了约束。值得一提的是，PADMM 并不仅仅适用于基于变分法或框架理论的正则化方法。作为 TV 模型的推广，TGV 模型引入了对图像函数高阶导数的约束，因此，它能够更好地在图像边缘保存和阶梯效应抑制之间取得平衡。这一策略也被其他一些基于变分偏微分的正则化工具所采用[41-51]。同传统的小波变换相比较，剪切波变换能够更好地表征图像中的各向异性信息，如图像边缘和曲线等。可以预见，TGV 和剪切波变换的有机结合能够为图像细节的保存提供更有力的保证。

尽管 PADMM 可以应用于更高阶的 TGV 模型，简单起见，本章仅考虑二阶的 TGV 模型，这在大多数实际应用中是足够的。这里所采用的剪切波变换是 FFST[82] 的最新版本，其剪切波在频域是有限支撑的，即是有限带宽的。本章所建立的用于图像复原的一般化模型为：

$$(\boldsymbol{u}^*,\boldsymbol{p}^*)=\underset{\boldsymbol{u},\boldsymbol{p}}{\operatorname{argmin}}\,\alpha_1\|\nabla\boldsymbol{u}-\boldsymbol{p}\|_1+\alpha_2\|\varepsilon\boldsymbol{p}\|_1+\alpha_3\sum_{r=1}^{N}\|\mathrm{SH}_r(\boldsymbol{u})\|_1$$
$$\text{s. t.}\quad \boldsymbol{u}\in\Psi\triangleq\{\boldsymbol{u}:\|\boldsymbol{K}\boldsymbol{u}-\boldsymbol{f}\|_2^2\leqslant c\}\text{或}\{\boldsymbol{u}:\|\boldsymbol{K}\boldsymbol{u}-\boldsymbol{f}\|_1\leqslant c\} \tag{5-61}$$

在最小化模型式(5-61) 中，$\boldsymbol{u}$，$\boldsymbol{f}\in\mathbb{R}^{mno}$ 分别表示原始图像和观测图像的向量表示，它们均具有 $m\times n\times o$ 大小的支撑域；前两个 l_1 项构成了二阶 TGV 模型$\mathrm{TGV}_{\boldsymbol{\alpha}}^2$，当 $\alpha_2=0$ 且 $\boldsymbol{p}=\boldsymbol{0}$ 时，该模型退化为 TV 模型（$\boldsymbol{p}$ 为二阶 TGV 模型引入的变量）；∇为一阶差分算子，而 ε 为对称差分算子；第三个 l_1 项中的SH_r（$\boldsymbol{u}$）$\in\mathbb{R}^{mno}$ 为 $\boldsymbol{u}$ 的第 r 个非下采样的剪切波变换子带，总的变换子带数 N 由变换层数决定；α_1、α_2 和 α_3 为预先确定的权值，它们起到平衡三个 l_1 正则项的作用；Ψ 为数据保真约

束。在本章中，Ψ 具有两种形式，其中，l_2 形式对应于 Gauss 噪声，而 l_1 形式对应于脉冲噪声。根据图像退化机制的不同，退化矩阵 $\boldsymbol{K}$ 具有不同的形式：若退化为图像模糊，则 $\boldsymbol{K}$ 为卷积矩阵；若退化为像素丢失，则 $\boldsymbol{K}$ 为对角选择矩阵（其元素为 1 或 0）；若问题为 MRI 重建，则 $\boldsymbol{K}$ 为对角选择矩阵与二维 Fourier 变换矩阵的乘积。

在$\mathrm{TGV}_{\boldsymbol{\alpha}}^2$ 中，$\alpha_1\|\nabla \boldsymbol{u}-\boldsymbol{p}\|_1$ 代表了对不连续元素的限制，而 $\alpha_2\|\varepsilon \boldsymbol{p}\|_1$ 则代表了对于光滑斜坡区域的限制。记 $\boldsymbol{p}\in\mathbb{R}^{mno}\times\mathbb{R}^{mno}(\boldsymbol{p}_{i,j,l}=(p_{i,j,l,1},p_{i,j,l,2}))$，则 $(\varepsilon \boldsymbol{p})_{i,j,l}$，$1\leqslant i\leqslant m$，$1\leqslant j\leqslant n$，$1\leqslant l\leqslant o$ 由下式给出：

$$
\begin{aligned}
(\varepsilon \boldsymbol{p})_{i,j,l}&=\begin{bmatrix}(\varepsilon \boldsymbol{p})_{i,j,l,1} & (\varepsilon \boldsymbol{p})_{i,j,l,3}\\ (\varepsilon \boldsymbol{p})_{i,j,l,3} & (\varepsilon \boldsymbol{p})_{i,j,l,2}\end{bmatrix}\\
&=\begin{bmatrix}\nabla_1 p_{i,j,l,1} & \dfrac{\nabla_2 p_{i,j,l,1}+\nabla_1 p_{i,j,l,2}}{2}\\ \dfrac{\nabla_2 p_{i,j,l,1}+\nabla_1 p_{i,j,l,2}}{2} & \nabla_2 p_{i,j,l,2}\end{bmatrix}
\end{aligned}
\tag{5-62}
$$

$\boldsymbol{p}$ 和 $\varepsilon\boldsymbol{p}$ 的 1 范数分别定义为：

$$
\|\boldsymbol{p}\|_1=\sum_{i,j=1}^{m,n}\|\boldsymbol{p}_{i,j}\|_2=\sum_{i,j=1}^{m,n}\sqrt{\sum\nolimits_{l=1}^{o}(p_{i,j,l,1}^2+p_{i,j,l,2}^2)} \tag{5-63}
$$

$$
\begin{aligned}
\|\varepsilon \boldsymbol{p}\|_1&=\sum_{i,j=1}^{m,n}\|(\varepsilon \boldsymbol{p})_{i,j}\|_2\\
&=\sum_{i,j=1}^{m,n}\sqrt{\sum\nolimits_{l=1}^{o}((\varepsilon \boldsymbol{p})_{i,j,l,1}^2+(\varepsilon \boldsymbol{p})_{i,j,l,2}^2+2(\varepsilon \boldsymbol{p})_{i,j,l,3}^2)}
\end{aligned}
\tag{5-64}
$$

根据第 3 章的相关内容，$\boldsymbol{u}$ 的第 r 个剪切波变换子带可以通过频域的逐点乘积来实现。在本文中，多通道剪切波变换是分通道进行的，相当于各通道分别进行二维剪切波变换。

为将 PADMM（算法 5-2）运用到式(5-61）的求解中，对变量和算子做如下分配：$\boldsymbol{x}=(\boldsymbol{u},\boldsymbol{p})$、$\mathrm{e}(\boldsymbol{x})=0$、$f_1(\boldsymbol{L}_1\boldsymbol{x})=\alpha_1\|\nabla\boldsymbol{u}-\boldsymbol{p}\|_1$、$f_2(\boldsymbol{L}_2\boldsymbol{x})=\alpha_2\|\varepsilon\boldsymbol{p}\|_1$、$f_3(\boldsymbol{L}_{3,r}\boldsymbol{x})=\alpha_3\|\boldsymbol{S}_r\boldsymbol{u}\|_1$ 和 $f_4(\boldsymbol{L}_4\boldsymbol{x})=\iota_\Psi(\boldsymbol{u})$。此外，记 $\hat{\boldsymbol{v}}_h^{k+1}=2\boldsymbol{v}_h^{k+1}-\boldsymbol{v}_h^k$。

根据算法 5-2（PADMM2），可以得到如下用于全变差/剪切波正则化图像复原的 PADMM 算法。

算法 5-3　全变差/剪切波正则化的并行交替方向乘子法（PADMM-TGVS）

步骤 1： 设置 $k=0$，$\boldsymbol{x}^0=\boldsymbol{0}$，$\boldsymbol{v}_h^0=\boldsymbol{0}$，和 $\beta_h>0$，$h=1,\cdots,H$；

步骤 2： 判断是否满足终止条件，若否，则执行以下步骤：

步骤 3： **for** $i=1,\cdots,m$；$j=1,\cdots,n$；$l=1,\cdots,o$；

步骤 4：$\boldsymbol{v}_{1,i,j,l}^{k+1}=P_{B_{\alpha_1}}(\beta_1((\nabla\boldsymbol{u}^k)_{i,j,l}-\boldsymbol{p}_{i,j,l}^k)+\boldsymbol{v}_{1,i,j,l}^k)$；

步骤 5：$\boldsymbol{v}_{2,i,j,l}^{k+1}=P_{B_{\alpha_2}}(\beta_2(\varepsilon\boldsymbol{p}^k)_{i,j,l}+\boldsymbol{v}_{2,i,j,l}^k)$；

步骤 6：$v_{3,r,i,j,l}^{k+1}=P_{B_{\alpha_3}}(\beta_3(\boldsymbol{S}_r\boldsymbol{u}^k)_{i,j,l}+v_{3,r,i,j,l}^k)$ $r=1,\cdots,N$；

步骤 7：结束 **for** 循环；

步骤 8：若噪声为 Gauss 噪声，则执行下一步；

步骤 9：$\boldsymbol{v}_4^{k+1}=\beta_4 S_{\sqrt{c}}\left(\frac{\boldsymbol{v}_4^k}{\beta_4}+\boldsymbol{K}\boldsymbol{u}^k-\boldsymbol{f}\right)$；

步骤 10：若噪声为脉冲噪声，则执行以下步骤；

步骤 11：$\boldsymbol{v}_4^{k+1}=\beta_4\left(\left(\frac{\boldsymbol{v}_4^k}{\beta_4}+\boldsymbol{K}\boldsymbol{u}^k-\boldsymbol{f}\right)-P_c\left(\frac{\boldsymbol{v}_4^k}{\beta_4}+\boldsymbol{K}\boldsymbol{u}^k-\boldsymbol{f}\right)\right)$；

步骤 12：$\boldsymbol{u}^{k+1}=\boldsymbol{u}^k-\left(\beta_1\nabla^*\nabla+\beta_3\sum_{r=1}^{N}\boldsymbol{S}_r^*\boldsymbol{S}_r+\beta_4\boldsymbol{K}^*\boldsymbol{K}\right)^{-1}\left(\nabla^*\hat{\boldsymbol{v}}_1^{k+1}+\sum_{r=1}^{N}\boldsymbol{S}_r^*\hat{\boldsymbol{v}}_{3,r}^{k+1}+\mathrm{K}^*\hat{\boldsymbol{v}}_4^{k+1}\right)$；

步骤 13：$\boldsymbol{p}_1^{k+1}=\boldsymbol{p}_1^k-\left[\beta_1\boldsymbol{I}+\beta_2\left(\nabla_1^*\nabla_1+\frac{\nabla_2^*\nabla_2}{2}\right)\right]^{-1}(-\hat{\boldsymbol{v}}_{1,1}^{k+1}+\nabla_1^*\hat{\boldsymbol{v}}_{2,1}^{k+1}+\nabla_2^*\hat{\boldsymbol{v}}_{2,3}^{k+1})$；

步骤 14：$\boldsymbol{p}_2^{k+1}=\boldsymbol{p}_2^k-\left[\beta_1\boldsymbol{I}+\beta_2\left(\frac{\nabla_1^*\nabla_1}{2}+\nabla_2^*\nabla_2\right)\right]^{-1}(-\hat{\boldsymbol{v}}_{1,2}^{k+1}+\nabla_1^*\hat{\boldsymbol{v}}_{2,3}^{k+1}+\nabla_2^*\hat{\boldsymbol{v}}_{2,2}^{k+1})$；

步骤 15：$k=k+1$；

步骤 16：结束循环并输出 $\boldsymbol{u}^{k+1}$。

在算法 5-3 中，记 $\boldsymbol{p}_1$ 和 $\boldsymbol{p}_2$ 分别为所有 $p_{i,j,l,1}$ 和 $p_{i,j,l,2}$（$1\leqslant i\leqslant m$，$1\leqslant j\leqslant n$，$1\leqslant l\leqslant o$）的集合，依照同样方式，定义 $\boldsymbol{v}_{1,1}$ 和 $\boldsymbol{v}_{1,2}$；$\boldsymbol{v}_2$ 有着与 $\varepsilon\boldsymbol{p}$ 相同的结构，记 $\boldsymbol{v}_{2,1}$、$\boldsymbol{v}_{2,2}$ 和 $\boldsymbol{v}_{2,3}$ 分别为所有 $v_{2,i,j,l,1}$、$v_{2,i,j,l,2}$ 和 $v_{2,i,j,l,3}$ 的组合；$P_{B_{\alpha_1}}$、$P_{B_{\alpha_2}}$ 和 $P_{B_{\alpha_3}}$ 分别表示二维、四维和一维的投影算子，而 $S_{\sqrt{c}}$ 则为 mno 维的收缩算子。逐点运算的 P_{B_α} 和 $S_{\sqrt{c}}$ 被分别定义为：

$$P_{B_\alpha}=(\boldsymbol{q}_{i,j,l})=\min(\|\boldsymbol{q}_{i,j}\|_2,\alpha)\frac{\boldsymbol{q}_{i,j,l}}{\|\boldsymbol{q}_{i,j}\|_2} \tag{5-65}$$

和

$$S_{\sqrt{c}}(\boldsymbol{z})=\max(\|\boldsymbol{z}\|_2-\sqrt{c},0)\frac{\boldsymbol{z}}{\|\boldsymbol{z}\|_2} \tag{5-66}$$

P_c 为投影到 l_1 球上的算子，相比于投影到 l_2 球上的算子要更难实现，本文采用文献［198］中的方法解决这一问题，其基本实现途径见 2.4.4 节。

算法 5-3 的结构是高度并行的，且其每一个子步骤均有封闭解。关于 $\boldsymbol{v}_1$、$\boldsymbol{v}_2$、$\boldsymbol{v}_3$ 和 $\boldsymbol{v}_4$ 的子问题是相互独立的，可并行实现，关于 $\boldsymbol{u}$、$\boldsymbol{p}_1$ 和 $\boldsymbol{p}_2$ 的子问题具有类似的性质。此外，关于 $\boldsymbol{v}_1$、$\boldsymbol{v}_2$ 和 $\boldsymbol{v}_3$ 的子问题又可逐像素进行（像素间独立）。因此，算法 5-3 可以通过 GPU 等并行运算设备实现加速。算法 5-3 中，非下采样的剪切波变换耗时最重，因此对于一幅 $m\times n$ 的图像，算法整体计算复杂度为 $mn\lg mn$。

注解 5-3 在算法 5-3 中，基于两方面的原因，应用了算法 5-2 而非等价的算法 5-1 对式(5-61) 进行求解。一方面，如同上文提及的，算法 5-2 有着更为紧凑的形式；另一方面，若将算法 5-1 应用于式(5-61) 的求解，由于 TGV 的特殊形式，$\boldsymbol{u}$、$\boldsymbol{p}_1$ 和 $\boldsymbol{p}_2$ 的更新将会耦合在一起，这时，需采用 Cramer 法则来实现三个变量的去耦更新，这一策略会明显增大算法的单步计算复杂度，且会在一定程度上破坏 $\boldsymbol{u}$、$\boldsymbol{p}_1$ 和 $\boldsymbol{p}_2$ 更新的并行性。

注解 5-4 在算法 5-3 中，并未显式地给出正则化参数 λ 的更新方法。但基于约束模型式(5-61)，如同第 4 章所述，λ 可以实现闭合形式的更新，这正是 Morozov 偏差原理参数估计的思想。一方面，若式(1-6) 中有 $D(\boldsymbol{Ku},\ \boldsymbol{f})=\|\boldsymbol{Ku}-\boldsymbol{f}\|_2^2\leqslant c$［依惯例，此时式(1-7) 中应有 $D(\boldsymbol{Ku},\ \boldsymbol{f})=\dfrac{1}{2}\|\boldsymbol{Ku}-\boldsymbol{f}\|_2^2$］，即观测数据中含有 Gauss 噪声，则 λ 可通过闭合形式

$$\lambda^{k+1}=\frac{\beta_4\left\|\boldsymbol{f}-\boldsymbol{Ku}^k-\dfrac{\boldsymbol{v}_4^k}{\beta_4}\right\|_2}{\sqrt{c}}-\beta_4 \tag{5-67}$$

进行更新（同第 4 章）；另一方面，若 $D(\boldsymbol{Ku},\ \boldsymbol{f})=\|\boldsymbol{Ku}-\boldsymbol{f}\|_1\leqslant c$，即观测数据中含有脉冲噪声，则 λ 可通过文献［198］中的方法方便地求解。值得一提的是，上述方法均不需要引入 Newton 法等内迭代算法。从这一点看，算法 PADMM-TGVS 可以包含第 4 章的算法 APE-ADMM（与 PADMM-TV 完全等同）。

5.5 实验结果

本节设置了多个实验来验证所提 PADMM 算法的有效性：Gauss/脉冲噪声下的灰度/彩色图像去模糊，以及由部分 Fourier 观测数据重建 MR 图像。图 5-1 给出了参与实验的 6 幅图像。Kodim14 图像来自于 Kodak 的在线图像数据库[1]而 foot 图像为径向 T1-加权的脚部 MR 图像数据[2]。退化图像和复原图像的质量通过峰值信噪比（PSNR）和结构相似度指数（SSIM）两项指标进行定量评价。

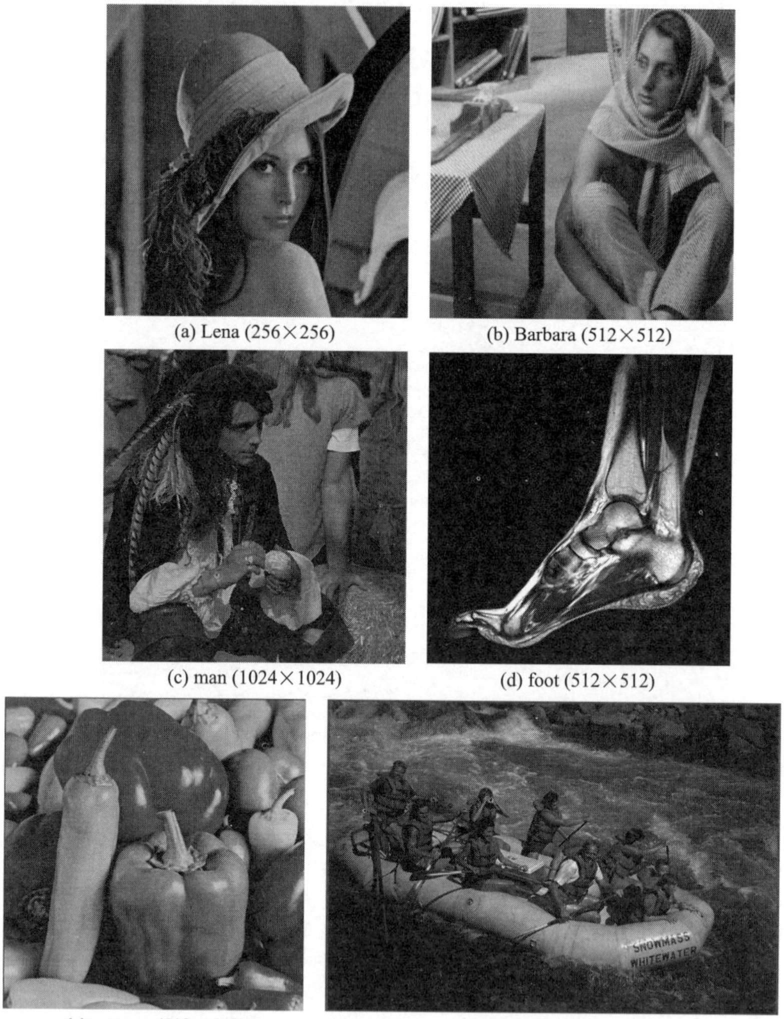

(a) Lena (256×256)　(b) Barbara (512×512)

(c) man (1024×1024)　(d) foot (512×512)

(e) peppers (512×512)　(f) Kodim14 (768×512)

图 5-1　测试图像

[1] http：//r0k. us/graphics/kodak/.

[2] http：//www. mr-tip. com.

在本章的图像去模糊实验中，若图像为灰度图像，则设置 $(\alpha_1, \alpha_2, \alpha_3)=(1, 3, 0.1)$，若图像为 RGB 图像，则设置 $(\alpha_1, \alpha_2, \alpha_3)=(2, 9, 0)$；对于 MRI 重建问题，设置 $(\alpha_1, \alpha_2, \alpha_3)=(1, 3, 10)$。对于 Gauss 噪声下的图像复原，设置 $\beta_1=\beta_2=\beta_3=1$ 和 $\beta_4=10^{(0.1\text{BSNR}-1)}\beta_1$；对于脉冲噪声下的图像复原，设置 $\beta_1=\beta_2=\beta_3=0.1$ 和 $\beta_4=10(1-\text{LEVER})\beta_1$，其中 LEVER 为脉冲噪声的比例。此外，在灰度图像和彩色图像复原中，分别设置 $c=(1.09-0.006\text{BSNR})mn\sigma^2$ 和 $c=(0.99-0.0009\text{BSNR})mno\sigma^2$，其中 σ 可通过基于小波变换的中值准则进行估计[30]。在脉冲噪声条件下，c 被设置为含噪观测数据和不含噪观测数据差的 l_1 范数，实际应用中，该值需要预先估计（在无法进行噪声水平估计的场合，则需通过试凑方式选择 c）。实验中剪切波进行 2 层变换，故式(5-61）中 $N=13$[82]。算法的终止准则统一设定为 $\|\boldsymbol{u}^{k+1}-\boldsymbol{u}^k\|_2/\|\boldsymbol{u}^k\|_2\leqslant 10^{-4}$。

通过设置 $\alpha_3=0$，模型式(5-61）的正则化子仅包含 $\text{TGV}_{\boldsymbol{\alpha}}^2$，此时，记算法 5-3 为 PADMM-TGV；更进一步地，若 $\alpha_2=0$ 和 $\boldsymbol{p}=0$ 同时成立，则算法 5-3 退化为仅包含 TV 正则项的 PADMM-TV。在实验表格 5-2 中，粗体显式了各个比较指标的最好结果。

5.5.1 灰度图像去模糊实验

在该实验中，参与比较的图像有 Lena、Barbara 和 man，以下几种著名算法参与了比较：自适应的 TV 算法 Wen-Chan[30]，基于小波变换的图像复原算法 Cai-Osher-Shen[199]，以及带有区间约束的 TV 算法 Chan-Tao-Yuan[29]。前两种算法参与了 Gauss 噪声下的比较实验，而后一种算法则参与了脉冲噪声下的比较实验。上述后两种算法均为 ADMM 算法的应用实例，关于算法 Wen-Chan，已在上一章做了详细介绍。不同于算法 PADMM 和 Wen-Chan，算法 Cai-Osher-Shen 和 Chan-Tao-Yuan 均需要经过多次求解来手动选择正则化参数，这使得这两种算法在实际应用中更加耗时。此外，算法 Chan-Tao-Yuan 采用了像素的区间约束，关于区间约束的作用，第 4 章已有论述。为更好地比对复原图像间的差异，复原结果大多采用局部放大部分。

表 5-1 在 Gauss 噪声和脉冲噪声背景下，分别设置了三个灰度图像去模糊问题。表 5-2 给出了几种算法的比较结果，包括 PSNR、SSIM、CPU 时间以及总迭代步数。

表 5-1 灰度图像去模糊实验设置细节

模糊核	图像	Gauss 噪声	脉冲噪声
G(9,3)	Lena	$\sigma=2$	50%
A(9)	Barbara	$\sigma=3$	60%
M(30,30)	man	$\sigma=4$	70%

表 5-2 灰度图像去模糊实验中不同算法在 PSNR（dB）、SSIM、CPU 耗时（s）和迭代步数方面的比较

算法	Lena(23.88dB,0.6841)				Barbara(22.39dB,0.5474)				Man(21.68dB,0.4681)			
Gauss 噪声												
	PSNR	SSIM	时间	步数	PSNR	SSIM	时间	步数	PSNR	SSIM	时间	步数
PADMM-TGVS	**27.89**	**0.8196**	9.34	120	**24.13**	**0.6817**	40.91	97	**27.02**	**0.6877**	217.13	120
PADMM-TGV	27.70	0.8147	2.30	136	24.02	0.6751	10.57	105	26.95	0.6859	59.91	127
PADMM-TV	27.63	0.8094	**1.30**	138	23.97	0.6684	**5.64**	104	26.88	0.6850	**30.66**	121
Wen-Chan	27.46	0.8049	1.59	149	23.87	0.6639	7.63	119	26.65	0.6765	42.20	150
Cai-Osher-Shen	27.38	0.8120	6.60	**64**	23.95	0.6708	26.88	**50**	26.76	0.6851	154.15	**70**
脉冲噪声												
算法	Lena(9.87dB,0.0288)				Barbara(8.22dB,0.0122)				Man(7.63dB,0.0070)			
	PSNR	SSIM	时间	步数	PSNR	SSIM	时间	步数	PSNR	SSIM	时间	步数
PADMM-TGVS	**28.97**	**0.8600**	20.41	237	**24.00**	**0.6817**	102.75	220	**25.41**	**0.6558**	441.38	219
PADMM-TGV	28.81	0.8565	5.16	228	23.84	0.6751	28.83	216	25.32	0.6544	146.41	236
PADMM-TV	28.75	0.8538	3.24	**215**	23.81	0.6684	17.26	202	25.20	0.6532	80.86	**203**
Chan-Tao-Yuan	28.71	0.8526	**2.04**	236	23.80	0.6708	**7.98**	**191**	25.22	0.6541	**46.55**	212

由表 5-2 中 Gauss 噪声条件下的复原结果可得到如下结论。第一，相比于其他算法，PADMM-TGVS 可以获得更高的 PSNR 和 SSIM，这主要得益于更为复杂的 TGV/剪切波复合正则化模型；第二，几种算法比较，PADMM-TV 所耗费的 CPU 时间最低；第三，基于小波变换的非自适应的 Cai-Osher-Shen 通常可以获得比 TV 算法 PADMM-TV 和 Wen-Chan 更高的 SSIM，但其耗时更长；第四，相比于 Wen-Chan，PADMM-TV 有着更高的单步执行效率。需要强调的是，由于 PADMM 算法高度的并行性，如果借助 GPU 等并行运算设备进行分布式计算，PADMM-TGVS 和 PADMM-TGV 的执行时间可以被大幅压缩。

图 5-2 和图 5-3 分别给出了 Gauss 噪声下，不同算法得出的 Lena 和 Barbara 复原图像。由图 5-2 和图 5-3 可观测到，PPDS-TGV 可以有效地抑制 PADMM-TV 和 Wen-Chan 复原结果中普遍存在的阶梯效应；PADMM-TGVS 复原结果中的边缘要比 PADMM-TGV 复原结果中的更清晰整洁；Cai-Osher-Shen 不会引入阶梯效应，但其结果中的边缘不及其他几种算法结果中的边缘清晰。

图 5-2 G (9, 3) 模糊和 $\sigma=2$ 的 Gauss 噪声条件下，不同算法的 Lena 复原图像

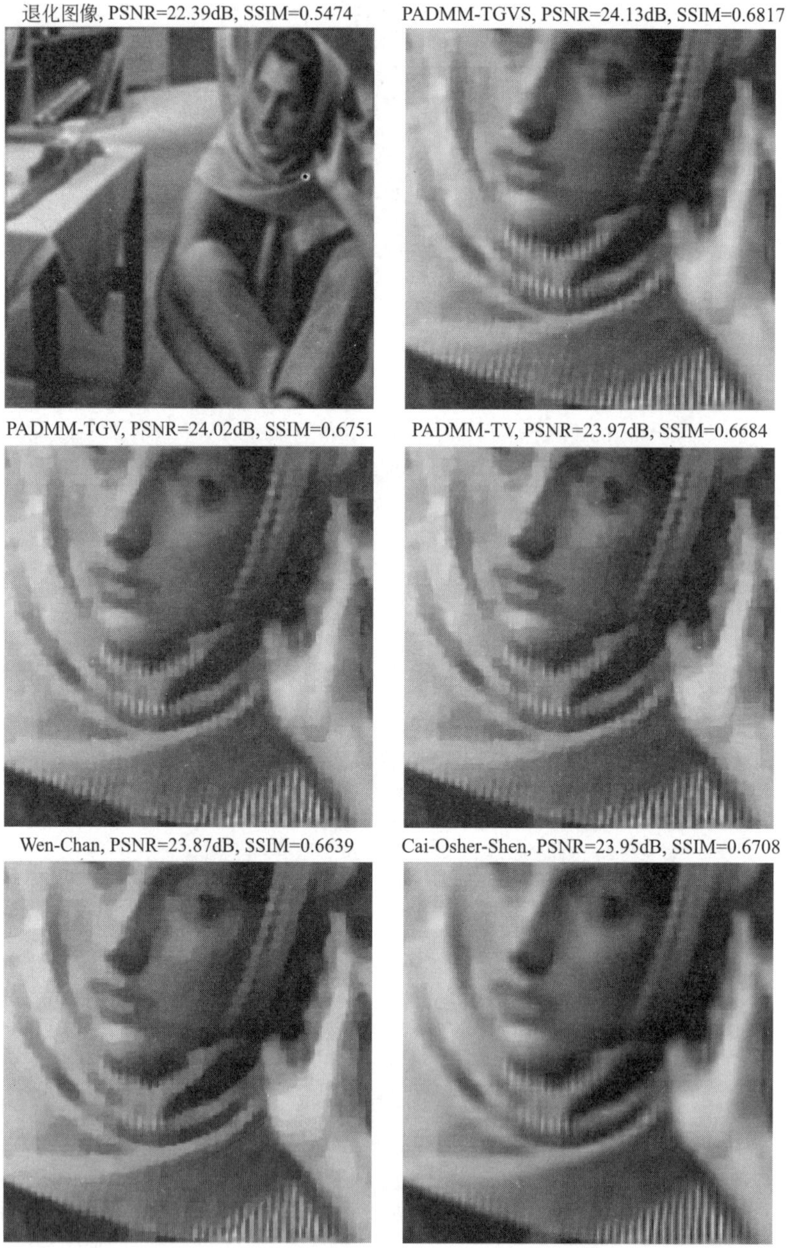

图 5-3　A (9) 模糊和 $\sigma=3$ 的 Gauss 噪声
条件下，不同算法的 Barbara 复原图像

图 5-4(a) 和 (b) 分别给出了 Gauss 噪声下，针对 Lena 图像和 Barbara 图像复原，不同算法 PSNR 相对于 CPU 时间的变化曲线。可以发现，第一，PADMM-TV 算法的 PSNR 上升和收敛得最快，这得益于其简单的正则化模型和不含内迭代的紧凑结构。第二，因为正则化模型更为复杂，PADMM-TGVS 所需时间要长于其他算法。因 PADMM-TV 和 Wen-Chan 均为 TV 算法，且均可实现正则化参数的自适应估计，图 5-4 (c) 和 (d) 比较了其正则化参数相对于 CPU 时间的变化曲线。尽管 PADMM-TV 和 Wen-Chan 最终的正则化参数相近，但更高的 PSNR 和 SSIM 表明，PADMM-TV 能够在更短的时间内找到更为准确的正则化参数。

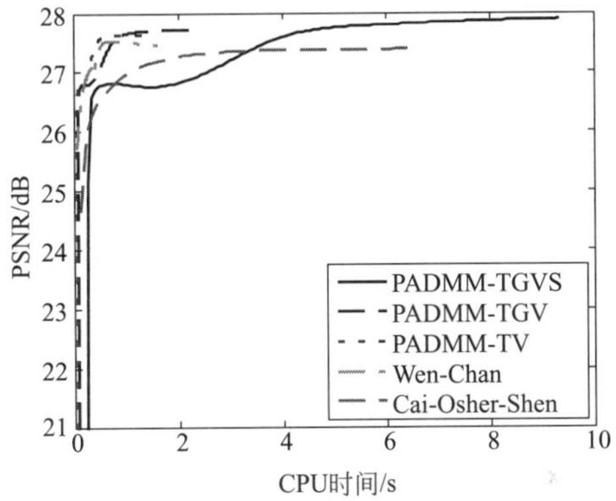

(a) Lena图像PSNR相对于时间的变化曲线

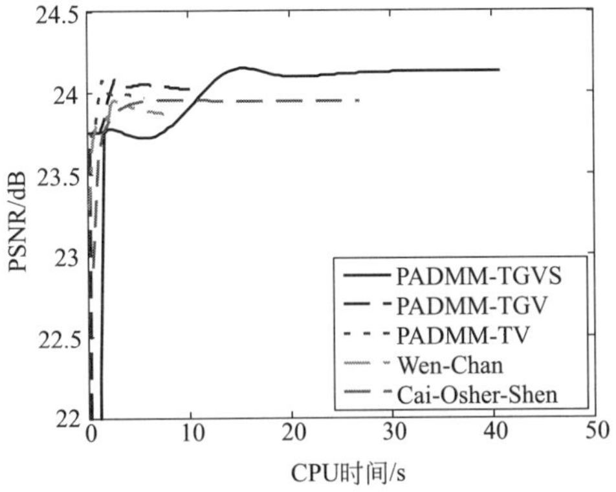

(b) Barbara图像PSNR相对于时间的变化曲线

图 5-4

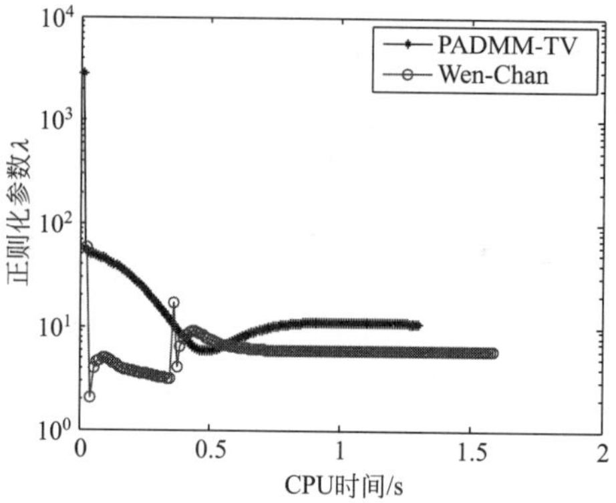

(c) Lena图像λ相对于时间的变化曲线

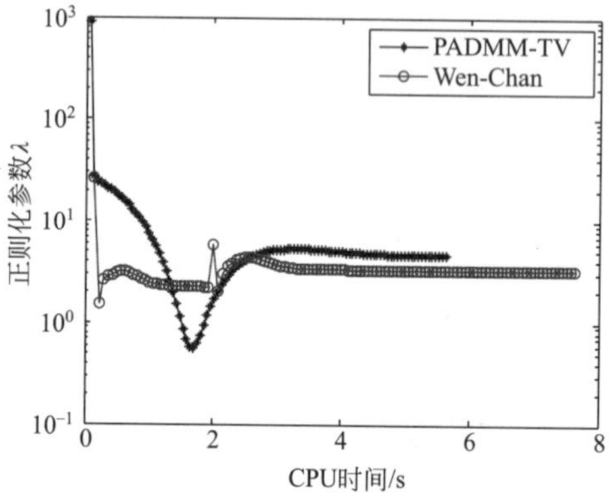

(d) Barbara图像λ相对于时间的变化曲线

图 5-4　Gauss 噪声条件下， Lena 和 Barbara 复原实验中不同算法 PSNR 和 λ 相对于时间的变化曲线

由表 5-2 中脉冲噪声条件下的比较结果可以得到如下结论。第一，PADMM-TGVS 的 PSNR 和 SSIM 均高于其他算法，这再次验证了 TGV 和剪切波复合正则化的优势。第二，尽管同是基于 TV 模型的算法，同 Chan-Tao-Yuan 相比，在算法仅执行一次的情况下，PADMM-TV 可获得相近的 PSNR 和 SSIM，但却要消耗更多的时间。其原因是，在处理脉冲噪声时，PADMM-TV 包含了更为复杂的 l_1 投影问题，这在 Chan-Tao-Yuan 中并不存在。尽管如此，需要强调的是，在噪声水平可以合理估计的前提下，PADMM 可以实现自动化的图像复原，相反，Chan-Tao-Yuan 算法需多次执行才能选择出较好的正则化参数，而这一人工参数选择过程往往比 PADMM 更为耗时。图 5-5 给出了脉冲噪声下，不同算法

的 man 图像复原结果，PADMM-TV 和 Chan-Tao-Yuan 的结果相近，PADMM-TGV 可以较好地抑制阶梯效应，而 PADMM-TGVS 则可以获得比 PADMM-TGV 更好的结果。

图 5-5　*M* (30, 30)模糊和 70%的脉冲噪声条件下，不同算法的 Man 复原图像

5.5.2 RGB 图像去模糊实验

本小节在 Gauss 噪声和脉冲噪声背景下，分别设计了两个 RGB 图像去模糊问题，表 5-3 给出了背景问题的设计情况。其中两组模糊由以下方式产生：

① 生成 9 个模糊核：{A(13)，A(15)，A(17)，G(11，9)，G(21，11)，G(31，13)，M(21，45)，M(41，90)，M(61，135)}；

② 将上述 9 个模糊核分配到 $\{K_{11}, K_{12}, K_{13}; K_{21}, K_{22}, K_{23}; K_{31}, K_{32}, K_{33}\}$，其中 K_{ii} 为通道内模糊而其余为通道间模糊；

③ 将上述模糊核乘以权重 {1，0，0；0，1，0；0，0，1}（模糊 1）和 {0.8，0.1，0.1；0.2，0.6，0.2；0.15，0.15，0.7}（模糊 2）得到最终的模糊核。

利用上述模糊核将 peppers 图像和 Kodim14 图像模糊化之后，又为其施加了表 5-3 所示的 Gauss 噪声或脉冲噪声以得到最终的观测图像。

表 5-3 RGB 图像去模糊实验设置细节

模糊类型	图像	Gauss 噪声	脉冲噪声
1	peppers，Kodim14	$\sigma=2$	50%
2	peppers，Kodim14	$\sigma=6$	80%

值得一提的是，直到目前，很少有基于 Morozov 偏差原理的自适应图像反卷积算法被扩展到多通道的图像处理中。这是因为，在多通道图像去模糊中，通道间模糊的存在意味着仅能通过 FFT 对模糊矩阵进行非完全对角化，随后还需要 Gauss 消去法来完成后续的线性方程求解工作[166]，这会大大限制牛顿法等很多常用内迭代算法的执行效率。相比之下，得益于每个子问题均可以解析求解，所提算法（PADMM-TGVS）可以通过借鉴 FTVD-v4 所采用的策略，顺畅地推广至多通道的图像反卷积。

该实验中，与 PADMM 做比较的是经典的 FTVD-v4。与 PADMM 算法相比，FTVD-v4 需要手动选择正则化参数。得益于多通道提供的更多信息，在彩色图像的复原中，PADMM-TGV 能够得到与 PADMM-TGVS 相近的结果，故在该实验中与 FTVD-v4 做比较的算法仅包括 PADMM-TGV 和 PADMM-TV。

表 5-4 给出了几种算法在 PSNR、SSIM、CPU 时间和总迭代步数四个方面的比较结果。从表 5-4 可以看到，第一，相比之下，PADMM-TGV 可以得到最高的 PSNR 和 SSIM；第二，由于涉及 l_2（Gauss 噪声）和 l_1（脉冲噪声）投影问题，PADMM-TGV 和 PADMM-TV 在单次执

行时比 FTVD-v4 要更耗时。但是，如同灰度图像去模糊，实际应用中，FTVD-v4 可能因为冗长的参数选择过程而比 PADMM 更加耗时。图 5-6 和图 5-7 通过两个例子进一步展示了在 Gauss 噪声和脉冲噪声条件下，TGV 算法结果相比于 TV 算法结果的优势。由图 5-6 和图 5-7 可以发现，在 PADMM-TV 和 FTVD-v4 的复原结果中，有明显的阶梯效应出现在了皮筏和辣椒的表面上，相比之下，在 PADMM-TGV 的复原图像中基本上观测不到阶梯现象的存在。

表 5-4 RGB 图像去模糊实验中不同算法在 PSNR（dB）、SSIM、CPU 耗时（s）和迭代步数方面的比较

Gauss 噪声															
模糊	图像	退化图像		PADMM-TGV				PADMM-TV				FTVD-v4			
		PSNR	SSIM	PSNR	SSIM	时间	步数	PSNR	SSIM	时间	步数	PSNR	SSIM	时间	步数
1	Peppers	20.51	0.6351	**28.00**	**0.8125**	38.40	86	27.82	0.8082	22.79	**77**	27.73	0.8076	**15.38**	95
	Kodim14	20.69	0.4246	**25.12**	**0.6410**	53.94	**79**	25.08	0.6391	35.65	**79**	25.04	0.6377	**24.37**	98
2	Peppers	18.17	0.5610	**25.83**	**0.7691**	61.53	138	25.82	0.7657	28.34	**96**	25.79	0.7653	**16.77**	103
	Kodim14	19.75	0.3882	**23.50**	**0.5512**	135.07	197	23.45	0.5506	66.51	146	23.43	0.5493	**24.20**	**97**
脉冲噪声															
模糊	图像	退化图像		PADMM-TGV				PADMM-TV				FTVD-v4			
		PSNR	SSIM	PSNR	SSIM	时间	步数	PSNR	SSIM	时间	步数	PSNR	SSIM	时间	步数
1	Peppers	8.36	0.0231	**30.36**	**0.8652**	87.56	154	29.96	0.8582	58.03	140	29.93	0.8550	**37.89**	**138**
	Kodim14	7.94	0.0161	**27.15**	**0.7717**	174.29	198	26.94	0.7588	124.76	**194**	26.77	0.7462	**86.39**	200
2	Peppers	6.38	0.0127	**25.65**	**0.7747**	107.12	185	25.51	0.7679	75.89	177	25.49	0.7652	**41.28**	**150**
	Kodim14	5.97	0.0096	**22.83**	**0.5279**	186.76	209	22.80	0.5262	130.46	197	22.81	0.5263	**82.74**	**193**

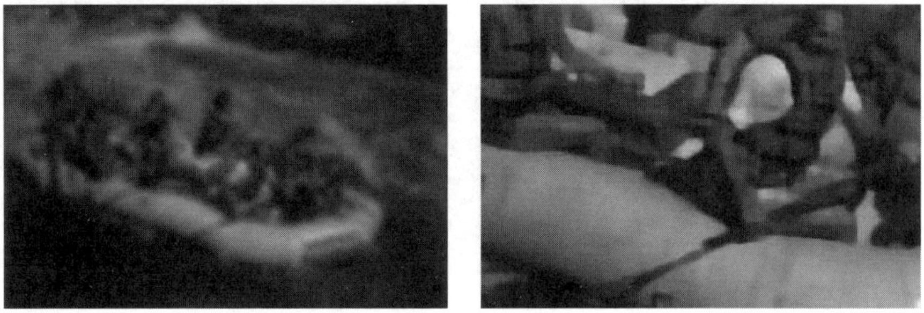

图 5-6

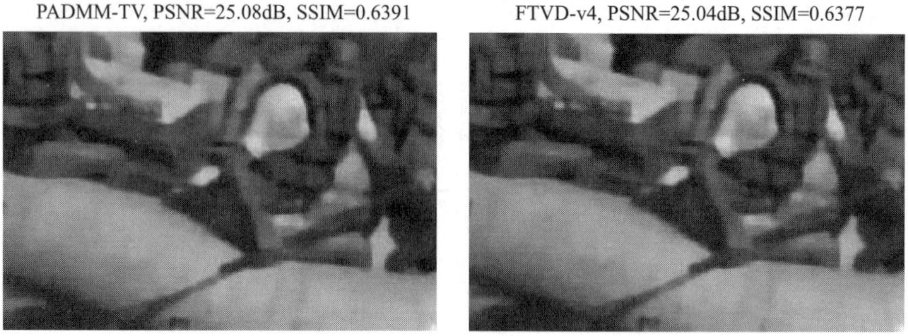

图 5-6 模糊 1 和 $\sigma=2$ 的 Gauss 噪声条件下，不同算法的 Kodim14 复原图像

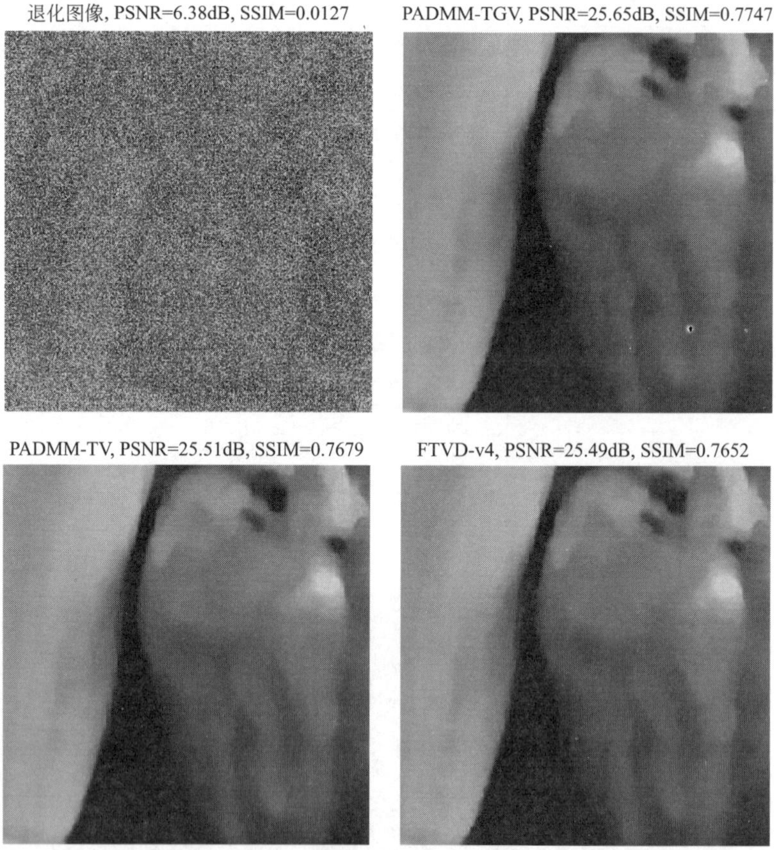

图 5-7 模糊 2 和 80%的脉冲噪声条件下，不同算法的 peppers 复原图像

5.5.3 MRI 重建实验

本小节展示了 PADMM 算法在磁共振图像（MRI）重建中的应用潜力，MRI 重建是压缩感知技术的一个非常著名的应用实例。MRI 是一种缓慢的医学图像获取过程，将压缩采样（compressive sampling）技术应用于 MRI 可显著降低成像扫描时间，进而大幅削减医疗开支。压缩采样技术能够成功应用于 MRI 得益于两点[200]：①医学图像通常在某个变换域是可以进行稀疏编码的；②MRI 扫描系统通常获取的是编码采样信号，而非直接的点像素。与图像反卷积类似，MRI 重建更多地采用非线性方法，这是因为线性方法的重建结果中通常带有大量伪迹，会严重干扰后续的临床病灶诊断[200]。

在该实验中，PADMM 与边缘引导压缩感知重建方法[201]（edge guided compressed sensing reconstruction method，edge-CS）以及基于 TV 的分裂增广 Lagrange 收缩算法 C-SALSA[15] 进行了比较。作为原始图像的 foot 图有着清晰的边缘特征和丰富的软组织结构。这里的背景问题是从 50 条二维 Fourier 辐射观测线（采样比为 10.64%）中复原出 foot 图像，观测数据的信噪比 SNR 为 40dB。

图 5-8 给出了不同算法所重建的 foot 图像的局部放大部分。可以看到，第一，PADMM-TV 能够取得比 edge-CS 和 C-SALSA 更高的 PSNR 和 SSIM，当然，这三者的重建结果是相近的，且均含有明显的阶梯效应。第二，PADMM-TGV 可以有效抑制存在于 TV 算法中的阶梯效应，但是，它同样无法重建出原始图像中大量存在的纹理细节。第三，相比于其他算法，PADMM-TGVS 可以获得最高 PSNR 和 SSIM，更可贵的是，它能够重建出骨骼上的倾斜纹理以及骨骼与软组织之间的细微变化部分。

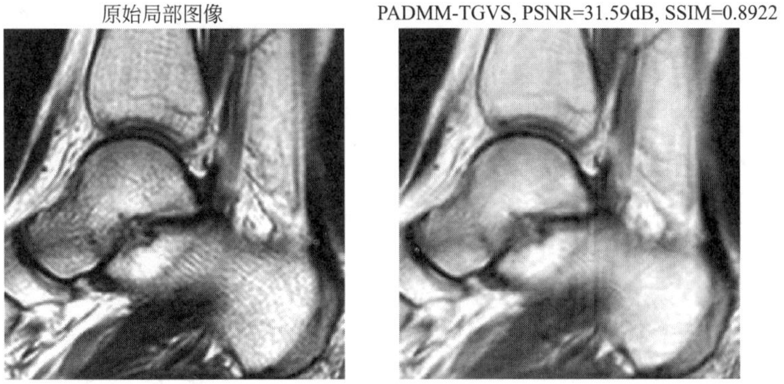

图 5-8

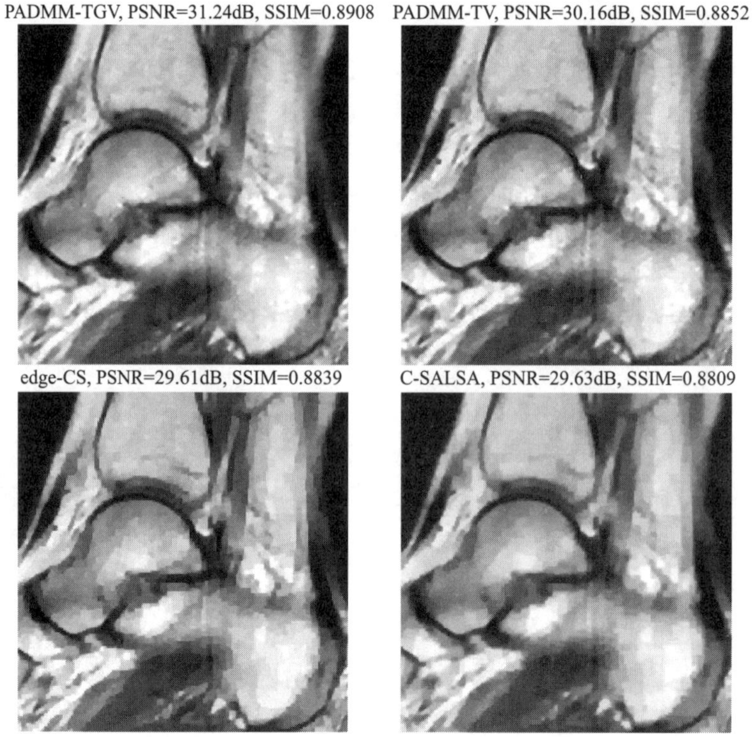

图 5-8　频域采样辐射线数目为 50 时不同算法的 foot 图像重建结果

第6章

并行原始-对偶分裂方法及其在复合正则化图像复原中的应用

6.1 概述

由第 3 章的分析可知，图像复原等反问题的求解通常是严重病态的线性逆问题，且其求解往往会涉及线性算子（矩阵）求逆环节。第 4 章和第 5 章所采用的 ADMM 算法在图像复原中均需进行线性算子的求逆。然而，该求逆过程可能存在以下隐患：在某些情况下，线性算子（矩阵）的求逆可能无法实现或求逆过程非常复杂。事实上，第 5 章中的多通道图像去模糊实验就遭遇了类似问题。在多通道图像去模糊中，因为通道间模糊的存在，模糊矩阵 $\boldsymbol{K}$ 通常无法像灰度图像去模糊中的那样通过 FFT 实现完全对角化，这会显著增加矩阵求逆的运算开支，而通道间模糊也使得大多数基于 Morozov 偏差原理的自适应图像复原算法无法推广至多通道的图像处理中。消除矩阵求逆环节是进一步提升算子分裂算法执行效率的关键问题之一，也是提高图像大数据并行处理效率的一种可行途径。第 1 章所提到的线性 ADMM（LADMM）方法和线性分裂 Bregman 方法为该问题提供了较好的解决思路，通过将关于原始变量的二次项做 Taylor 级数展开，这两种等价的方法可以消除关于原始变量的线性算子求逆运算。

第 5 章所提出的 PADMM 算法可以通过 Moreau 分解消去辅助变量，从而得到更为简洁、更利于并行实现的原始-对偶形式，那么，是否可以直接通过最小化函数的 Lagrange 函数导出有用的原始-对偶算法呢？2013 年，Condat 提出了一种用以求解图像线性逆问题的原始-对偶分裂方法，该方法可以通过寻找最小化函数 Lagrange 函数的鞍点，同时求解原始问题和对偶问题，并通过“全分裂”策略消除了广泛存在于病态线性逆问题中的线性求逆运算。然而，不足的是，在 Condat 的原始-对偶算法中，所有函数项均被等同看待，而在实际应用中，不同的函数项可能代表不同的物理意义。

采用原始-对偶分裂手段导出具有高度并行性的图像反问题求解算法是当前学术界的一个研究热点。此外，原始-对偶分裂方法与其他分裂方法之间的联系，也是值得深入探讨的问题。

围绕上述问题，本章在 Condat 原始-对偶算法的基础上提出了一种新颖的并行原始-对偶分裂（parallel primal-dual splitting，PPDS）方法[207]。与 Condat 算法不同的是，为增强算法的灵活性和加快算法的实际收敛速率，在所提算法中，所有的线性算子均被施加了一个正的权重。PP-

DS方法通过“全分裂”对目标函数进行了细化分解，使得在每一步迭代中，仅涉及临近算子和前向的线性算子，且其结构是高度并行的。所提算法消除了线性逆运算，因此，它可以自然地适用于不同的图像边界条件，如循环边界条件或是对称边界条件。本章利用极大单调算子和非扩张算子理论而非更常使用的变分不等式，证明了所提算法的收敛性，并分析了其 $o(1/k)$ 收敛速率，这也使得收敛性分析的过程更加简洁明了。证明了 PPDS 算法是并行线性交替方向乘子法（PLADMM）的松弛推广形式，并将其推广到了带有 Lipschitz 连续梯度项的优化问题中。进一步，本章将 PPDS 算法应用到了 TGV/剪切波复合正则化的图像复原问题的求解中。最后，通过多个建立在不同数据库上的图像复原实验对本章的理论和方法进行了验证。

本章结构安排如下：6.2 节建立了具有特定性质的一般性图像反问题优化函数模型，并给出了求解该模型的并行原始-对偶分裂方法的鞍点条件、导出过程及两种等价形式。6.3 节给出了所提算法的收敛性证明和收敛速率分析。6.4 节阐述了 PPDS 与 PLADMM 的关系，并进一步推广了 PPDS 算法。6.5 节则详述了 PPDS 算法在广义全变差/剪切波复合正则化图像复原中的应用策略。6.6 节给出了相关的对比实验结果。

6.2 并行原始-对偶分裂方法

6.2.1 可临近分裂的图像复原目标函数的一般性描述

如同第 5 章，本章所考虑的复合正则化子仍为多个正则化子的线性组合。记由 Hilbert 空间 X 映射到$\mathbb{R}\cup\{+\infty\}$ 的所有正常的凸下半连续函数为 $\Gamma_0\{X\}$，本章所建立的图像反问题最小化目标函数模型为：

$$\min_{\boldsymbol{x}\in X}\ g(\boldsymbol{x})+\sum_{h=1}^{H}f_h(\boldsymbol{L}_h\boldsymbol{x}) \tag{6-1}$$

其中 $g\in\Gamma_0\{X\}$，$f_h\in\Gamma_0\{V_h\}$。在其临近算子存在闭合形式或是可以方便求解的意义下，g 和 f_h 是足够“简单”的。与第 5 章不同，这里要求了 g 的“可临近性”。$\boldsymbol{L}_h(X\rightarrow V_h)$ 为线性有界算子，其 Hilbert 伴随算子记为 $\boldsymbol{L}_h^*$，其内积诱导的范数记为 $\|\boldsymbol{L}_h\|=\sup\{\|\boldsymbol{L}_h\boldsymbol{x}\|_2:\|\boldsymbol{x}\|_2=1\}<+\infty$。此外，假设问题式(6-1) 的最优解是存在的。如同式(5-1)，通

过定义集合的示性函数，模型式(6-1) 可以统一描述约束或无约束的图像反问题，如图像去模糊、修补、压缩感知和分割等。关于实际图像反问题应用中所存在的困难，在第 5 章已有论述，这里不再赘述。在此后的论述中，若不加特殊说明，假定所讨论的 Hilbert 空间均是有限维的，该条件对于实际应用和计算是足够宽松的。

6.2.2 目标函数最优化的变分条件

借助最小化函数式(6-1) 中求和项的 Fenchel 共轭可以得到其 Lagrange 问题：

$$\min_{\boldsymbol{x}\in X}\max_{\boldsymbol{v}_1\in V_1,\cdots,\boldsymbol{v}_H\in V_H} g(\boldsymbol{x})-\sum_{h=1}^{H}\left(f_h^*(\boldsymbol{v}_h)-\langle \boldsymbol{L}_h\boldsymbol{x},\boldsymbol{v}_h\rangle\right) \tag{6-2}$$

其中，f_h^* 为 f_h 的 Fenchel 共轭函数。所提算法被称之为“原始-对偶”，是因为它可通过寻找 Lagrange 函数式(6-2) 的鞍点同时求解原始问题式(6-1) 及其对偶问题：

$$\max_{\boldsymbol{v}_1\in V_1,\cdots,\boldsymbol{v}_H\in V_H} -\left(g^*\left(-\sum_{h=1}^{H}\boldsymbol{L}_h^*\boldsymbol{v}_h\right)+\sum_{h=1}^{H}f_h^*(\boldsymbol{v}_h)\right) \tag{6-3}$$

即，若 $(\boldsymbol{x}^*,\ \boldsymbol{v}_1^*,\ \cdots,\ \boldsymbol{v}_H^*)$ 为 Lagrange 函数式(6-2) 的鞍点，则 $\boldsymbol{x}^*$ 为原始问题式(6-1) 的解且 $(\boldsymbol{v}_1^*,\ \cdots,\ \boldsymbol{v}_H^*)$ 为对偶问题式(6-3) 的解。

根据经典的 Karush-Kuhn-Tucker (KKT) 定理，Lagrange 函数式(6-2) 的鞍点满足如下变分条件：

$$\begin{pmatrix}\boldsymbol{0}\\\boldsymbol{0}\\\vdots\\\boldsymbol{0}\end{pmatrix}\in\begin{pmatrix}\partial g(\boldsymbol{x}^*)+\sum_{h=1}^{H}\boldsymbol{L}_h^*\boldsymbol{v}_h^*\\-\boldsymbol{L}_1\boldsymbol{x}^*+\partial f_1^*(\boldsymbol{v}_1^*)\\\vdots\\-\boldsymbol{L}_H\boldsymbol{x}^*+\partial f_H^*(\boldsymbol{v}_H^*)\end{pmatrix} \tag{6-4}$$

Condat 利用 Lagrange 函数式(6-2) 和变分条件式(6-4) 构造了其原始-对偶算法。在本章中，为区别对待每一项 f_h^*，考虑如下等价的加权 Lagrange 函数：

$$\min_{\boldsymbol{x}\in X}\max_{\frac{\boldsymbol{v}_1}{\sqrt{\beta_1}}\in V_1,\cdots,\frac{\boldsymbol{v}_H}{\sqrt{\beta_H}}\in V_H} g(\boldsymbol{x})-\sum_{h=1}^{H}\left(\overline{f}_h^*\left(\frac{\boldsymbol{v}_h}{\sqrt{\beta_h}}\right)-\langle\sqrt{\beta_h}\boldsymbol{L}_h\boldsymbol{x},\frac{\boldsymbol{v}_h}{\sqrt{\beta_h}}\rangle\right) \tag{6-5}$$

其中 $\overline{f}_h^*(\boldsymbol{v}_h/\sqrt{\beta_h})=f_h^*(\boldsymbol{v}_h)$，$h=1$，…，$H$，根据 KKT 定理，其对应的变分条件应为：

$$\begin{pmatrix}\mathbf{0}\\\mathbf{0}\\\vdots\\\mathbf{0}\end{pmatrix}\in\begin{pmatrix}\partial g(\boldsymbol{x}^*)+\sum_{h=1}^{H}\sqrt{\beta_h}\boldsymbol{L}_h^*\dfrac{\boldsymbol{v}_h^*}{\sqrt{\beta_h}}\\-\sqrt{\beta_1}\boldsymbol{L}_1\boldsymbol{x}^*+\partial\overline{f}_1^*\left(\dfrac{\boldsymbol{v}_1^*}{\sqrt{\beta_1}}\right)\\\vdots\\-\sqrt{\beta_H}\boldsymbol{L}_H\boldsymbol{x}^*+\partial\overline{f}_H^*\left(\dfrac{\boldsymbol{v}_H^*}{\sqrt{\beta_H}}\right)\end{pmatrix}\tag{6-6}$$

6.2.3 算法导出

为简化后续的推导过程，记：

$$\boldsymbol{v}=\left(\frac{\boldsymbol{v}_1}{\sqrt{\beta_1}},\cdots,\frac{\boldsymbol{v}_H}{\sqrt{\beta_H}}\right)\in V\triangleq V_1\times\cdots\times V_H\tag{6-7}$$

定义

$$f^*(\boldsymbol{v})\triangleq\sum_{h=1}^{H}f_h^*(\boldsymbol{v}_h)=\sum_{h=1}^{H}\overline{f}_h^*\left(\frac{\boldsymbol{v}_h}{\sqrt{\beta_h}}\right)\left(\overline{f}_h^*\left(\frac{\boldsymbol{v}_h}{\sqrt{\beta_h}}\right)=f_h^*(\boldsymbol{v}_h)\right)\tag{6-8}$$

定义线性算子 $\boldsymbol{L}$：$X\rightarrow V$ 为

$$\boldsymbol{L}\boldsymbol{x}\triangleq(\sqrt{\beta_1}\boldsymbol{L}_1\boldsymbol{x},\cdots,\sqrt{\beta_H}\boldsymbol{L}_H\boldsymbol{x})\in V\tag{6-9}$$

记 $\boldsymbol{L}$ 的伴随算子为 $\boldsymbol{L}^*$。根据以上标记和定义，容易验证下述性质成立：

$$\boldsymbol{L}^*\boldsymbol{v}=\sum_{h=1}^{H}\sqrt{\beta_h}\boldsymbol{L}_h^*\frac{\boldsymbol{v}_h}{\sqrt{\beta_h}}=\sum_{h=1}^{H}\boldsymbol{L}_h^*\boldsymbol{v}_h\in X\tag{6-10}$$

$$\|\boldsymbol{L}^*\boldsymbol{L}\|=\beta_h\left\|\sum_{h=1}^{H}\boldsymbol{L}_h^*\boldsymbol{L}_h\right\|\leqslant\beta_h\sum_{h=1}^{H}\|\boldsymbol{L}_h^*\boldsymbol{L}_h\|\tag{6-11}$$

借助以上标记和性质可以将最优化条件式(6-6) 转化为：

$$\begin{pmatrix}\mathbf{0}\\\mathbf{0}\end{pmatrix}\in\begin{pmatrix}\partial g(\boldsymbol{x}^*)+\boldsymbol{L}^*\boldsymbol{v}^*\\-\boldsymbol{L}\boldsymbol{x}^*+\partial f^*(\boldsymbol{v}^*)\end{pmatrix}\tag{6-12}$$

定义算子：

$$\boldsymbol{M}:(\boldsymbol{x},\boldsymbol{v})\rightarrow(\partial g(\boldsymbol{x})+\boldsymbol{L}^*\boldsymbol{v},-\boldsymbol{L}\boldsymbol{x}+\partial f^*(\boldsymbol{v}))\tag{6-13}$$

并记 $\boldsymbol{y}=(\boldsymbol{x},\ \boldsymbol{v})\in Y\triangleq X\times V$。根据文献 [5] 的定理 20.40、引理 16.24、命题 20.22 和命题 20.23，算子 $(\boldsymbol{x},\ \boldsymbol{v})\rightarrow(\partial g(\boldsymbol{x}),\ \partial f^*(\boldsymbol{v}))$ 是

极大单调的。同理，根据文献［5］的例子 20.30，算子 $(\boldsymbol{x}, \boldsymbol{v}) \to (\boldsymbol{L}^* \boldsymbol{v}, -\boldsymbol{L}\boldsymbol{x})$ 也是极大单调的。因此，由文献［5］的引理 25.4 可知，算子 $\boldsymbol{M}$ 是极大单调的，即 $\langle \boldsymbol{M}\boldsymbol{y}-\boldsymbol{M}\boldsymbol{y}', \boldsymbol{y}-\boldsymbol{y}'\rangle \geqslant 0$，$\forall \boldsymbol{y}, \boldsymbol{y}' \in Y$ 始终成立。

变分条件式(6-12) 表明，Lagrange 函数式(6-2) 的鞍点同时是极大单调算子 $\boldsymbol{M}$ 的零点，反之亦然。另一方面，$\boldsymbol{M}$ 的零点则等同于其非扩张的单值预解算子 $(\boldsymbol{I}+\boldsymbol{M})^{-1}$ 的不动点。因此，$\boldsymbol{M}$ 的零点可通过松弛不动点迭代。

$$\begin{cases} \tilde{\boldsymbol{y}}^{k+1} = (\boldsymbol{I}+\boldsymbol{M})^{-1} \boldsymbol{y}^k \\ \boldsymbol{y}^{k+1} = \rho^k \tilde{\boldsymbol{y}}^{k+1} + (1-\rho^k) \boldsymbol{y}^k \end{cases} \tag{6-14}$$

求得[5]。将上述迭代规则的第一个等式展开可得：

$$\begin{pmatrix} \boldsymbol{0} \\ \boldsymbol{0} \end{pmatrix} \in \begin{pmatrix} \partial g(\tilde{\boldsymbol{x}}^{k+1}) + \boldsymbol{L}^* \tilde{\boldsymbol{v}}^{k+1} \\ -\boldsymbol{L}\tilde{\boldsymbol{x}}^{k+1} + \partial f^*(\tilde{\boldsymbol{v}}^{k+1}) \end{pmatrix} + \begin{pmatrix} \tilde{\boldsymbol{x}}^{k+1} - \boldsymbol{x}^k \\ \tilde{\boldsymbol{v}}^{k+1} - \boldsymbol{v}^k \end{pmatrix} \tag{6-15}$$

容易发现，式(6-15) 的求解是十分困难的，因为 $\tilde{\boldsymbol{x}}^{k+1}$ 的更新和 $\tilde{\boldsymbol{v}}^{k+1}$ 更新是耦合在一起的。为解耦这两个变量的更新，引入有界的非负定自共轭算子 $\boldsymbol{R}$，将 (6-15) 重塑为：

$$\begin{pmatrix} \boldsymbol{0} \\ \boldsymbol{0} \end{pmatrix} \in \underbrace{\begin{pmatrix} \partial g(\tilde{\boldsymbol{x}}^{k+1}) + \boldsymbol{L}^* \tilde{\boldsymbol{v}}^{k+1} \\ -\boldsymbol{L}\tilde{\boldsymbol{x}}^{k+1} + \partial f^*(\tilde{\boldsymbol{v}}^{k+1}) \end{pmatrix}}_{\boldsymbol{M}\tilde{\boldsymbol{y}}^{k+1}} + \underbrace{\begin{pmatrix} \frac{1}{t}\boldsymbol{I} & \boldsymbol{L}^* \\ \boldsymbol{L} & \boldsymbol{I} \end{pmatrix}}_{\boldsymbol{R}} \underbrace{\begin{pmatrix} \tilde{\boldsymbol{x}}^{k+1} - \boldsymbol{x}^k \\ \tilde{\boldsymbol{v}}^{k+1} - \boldsymbol{v}^k \end{pmatrix}}_{\tilde{\boldsymbol{y}}^{k+1} - \boldsymbol{y}^k} \tag{6-16}$$

式(6-16) 中的 $\boldsymbol{R}$ 可以通过待定系数法求得。将式(6-16) 展开，并加一松弛步骤可以得到如下求解式(6-12) 的迭代规则：

$$\begin{cases} \tilde{\boldsymbol{v}}^{k+1} = \mathrm{prox}_{f^*}(\boldsymbol{L}\boldsymbol{x}^k + \boldsymbol{v}^k) \\ \tilde{\boldsymbol{x}}^{k+1} = \mathrm{prox}_{tg}(\boldsymbol{x}^k - t\boldsymbol{L}^*(2\tilde{\boldsymbol{v}}^{k+1} - \boldsymbol{v}^k)) \\ (\boldsymbol{x}^{k+1}, \boldsymbol{v}^{k+1}) = \rho^k(\tilde{\boldsymbol{x}}^{k+1}, \tilde{\boldsymbol{v}}^{k+1}) + (1-\rho^k)(\boldsymbol{x}^k, \boldsymbol{v}^k) \end{cases} \tag{6-17}$$

由

$$\begin{aligned} \frac{\tilde{\boldsymbol{v}}_h^{k+1}}{\sqrt{\beta_h}} &= \mathrm{prox}_{\overline{f}_h^*}\left(\sqrt{\beta_h}\boldsymbol{L}_h\boldsymbol{x}^k + \frac{\boldsymbol{v}_h^k}{\sqrt{\beta_h}}\right) = \underset{\frac{\boldsymbol{v}_h}{\sqrt{\beta_h}}}{\mathrm{argmin}} \overline{f}_h^*\left(\frac{\boldsymbol{v}_h}{\sqrt{\beta_h}}\right) + \\ &\quad \frac{1}{2}\left\| \frac{\boldsymbol{v}_h}{\sqrt{\beta_h}} - \left(\sqrt{\beta_h}\boldsymbol{L}_h\boldsymbol{x}^k + \frac{\boldsymbol{v}_h^k}{\sqrt{\beta_h}}\right)\right\|_2^2 \\ &= \frac{1}{\sqrt{\beta_h}} \underset{\boldsymbol{v}_h}{\mathrm{argmin}} f_h^*(\boldsymbol{v}_h) + \frac{1}{2\beta_h}\|\boldsymbol{v}_h - (\beta_h\boldsymbol{L}_h\boldsymbol{x}^k + \boldsymbol{v}_h^k)\|_2^2 \end{aligned} \tag{6-18}$$

可知

$$\tilde{\boldsymbol{v}}_h^{k+1} = \mathrm{prox}_{\beta_h f_h^*}(\beta_h\boldsymbol{L}_h\boldsymbol{x}^k + \boldsymbol{v}_h^k) \tag{6-19}$$

故式(6-17)等价于：

$$\begin{cases} \widetilde{\boldsymbol{v}}_h^{k+1} = \text{prox}_{\beta_h f_h^*}(\beta_h \boldsymbol{L}_h \boldsymbol{x}^k + \boldsymbol{v}_h^k), h=1,\cdots,H \\ \widetilde{\boldsymbol{x}}^{k+1} = \text{prox}_{tg}\left(\boldsymbol{x}^k - t\sum_{h=1}^{H} \boldsymbol{L}_h^*(2\widetilde{\boldsymbol{v}}_h^{k+1} - \boldsymbol{v}_h^k)\right) \\ \boldsymbol{v}_h^{k+1} = \rho^k \widetilde{\boldsymbol{v}}_h^{k+1} + (1-\rho^k)\boldsymbol{v}_h^k, h=1,\cdots,H \\ \boldsymbol{x}^{k+1} = \rho^k \widetilde{\boldsymbol{x}}^{k+1} + (1-\rho^k)\boldsymbol{x}^k \end{cases} \tag{6-20}$$

算法6-1给出了总结上述讨论的并行原始-对偶分裂（PPDS）算法。

算法 6-1　并行原始-对偶分裂算法（PPDS1）

步骤 1： 初始化 $\boldsymbol{x}^0=\boldsymbol{0}$，$\boldsymbol{v}_h^0=\boldsymbol{0}$，$\beta_h>0$，$h=1$，…，$H$，$k=0$，$0<t\leqslant\left(1/\sum_{h=1}^{H}\beta_h\|\boldsymbol{L}_h^*\boldsymbol{L}_h\|\right)$；

步骤 2： 判断是否满足终止条件，若否，则执行以下步骤；

步骤 3： $\widetilde{\boldsymbol{v}}_h^{k+1}=\text{prox}_{\beta_h f_h^*}(\beta_h\boldsymbol{L}_h\boldsymbol{x}^k+\boldsymbol{v}_h^k)$，$h=1$，…，$H$；

步骤 4： $\widetilde{\boldsymbol{x}}^{k+1}=\text{prox}_{tg}\left(\boldsymbol{x}^k-t\sum_{h=1}^{H}\boldsymbol{L}_h^*(2\widetilde{\boldsymbol{v}}_h^{k+1}-\boldsymbol{v}_h^k)\right)$；

步骤 5： $\boldsymbol{v}_h^{k+1}=\rho^k\widetilde{\boldsymbol{v}}_h^{k+1}+(1-\rho^k)\boldsymbol{v}_h^k$，$h=1$，…，$H$；

步骤 6： $\boldsymbol{x}^{k+1}=\rho^k\widetilde{\boldsymbol{x}}^{k+1}+(1-\rho^k)\boldsymbol{x}^k$；

步骤 7： $k=k+1$；

步骤 8： 结束循环并输出 $\boldsymbol{x}^{k+1}$。

若式(6-16)中引入的不是 $\boldsymbol{R}$，而是如下线性算子

$$\boldsymbol{R}' = \begin{pmatrix} \frac{1}{t}\boldsymbol{I} & -\boldsymbol{L}^* \\ -\boldsymbol{L} & \boldsymbol{I} \end{pmatrix} \tag{6-21}$$

则 $\widetilde{\boldsymbol{x}}^{k+1}$ 将在 $\widetilde{\boldsymbol{v}}^{k+1}$ 之前得到更新，由此可以得到如下等价的PPDS算法。

算法 6-2　等价的并行原始-对偶分裂算法（PPDS2）

步骤 1： 初始化 $\boldsymbol{x}^0=\boldsymbol{0}$，$\boldsymbol{v}_h^0=\boldsymbol{0}$，$\beta_h>0$，$h=1$，…，$H$，$k=0$，$0<t\leqslant(1/\sum_{h=1}^{H}\beta_h\|\boldsymbol{L}_h^*\boldsymbol{L}_h\|)$；

步骤 2： 判断是否满足终止条件，若否，则执行以下步骤；

步骤 3： $\widetilde{\boldsymbol{x}}^{k+1}=\text{prox}_{tg}(\boldsymbol{x}^k-t\sum_{h=1}^{H}\boldsymbol{L}_h^*\boldsymbol{v}_h^k)$；

步骤 4： $\widetilde{\boldsymbol{v}}_h^{k+1}=\text{prox}_{\beta_h f_h^*}(\beta_h\boldsymbol{L}_h(2\widetilde{\boldsymbol{x}}^{k+1}-\boldsymbol{x}^k)+\boldsymbol{v}_h^k)$，$h=1$，…，$H$；

步骤 5： $\boldsymbol{x}^{k+1}=\rho^k\widetilde{\boldsymbol{x}}^{k+1}+(1-\rho^k)\boldsymbol{x}^k$；

步骤 6： $\boldsymbol{v}_h^{k+1}=\rho^k\widetilde{\boldsymbol{v}}_h^{k+1}+(1-\rho^k)\boldsymbol{v}_h^k$，$h=1$，…，$H$；

步骤 7： $k=k+1$；

步骤 8： 结束循环并输出 $\boldsymbol{x}^{k+1}$。

两算法中关于 t 的条件源自于线性算子 $\boldsymbol{R}$ 和 $\boldsymbol{R}'$ 的非负定性，关于该条件的导出，在下一小节的收敛性讨论中有着详细的阐述。从算法 6-1 和算法 6-2 可以看到，所提 PPDS 方法有着高度并行的结构，其对偶变量的更新是独立并行的，因此，该算法适用于分布式计算。

6.3 收敛性分析

本节将证明由 PPDS 算法所产生的始于任意点的序列收敛到 Lagrange 函数式(6-2) 的鞍点，且算法具有 $o(1/k)$ 的收敛速率。

6.3.1 收敛性证明

下述引理 6-1 源自于文献［5］中的定理 6-14 及其证明。定理 6-1 的证明则受到文献［149］中收敛性分析的启发。

引理 6-1[5] 设 W 为有限维 Hilbert 空间 H 中的非空闭凸集；令 $\boldsymbol{T}: W\rightarrow W$ 为非扩张算子，即 $\|\boldsymbol{Tw}-\boldsymbol{Tw}'\|\leqslant\|\boldsymbol{w}-\boldsymbol{w}'\|$，$\forall \boldsymbol{w}, \boldsymbol{w}'\in W$，且有 $\mathrm{Fix}\boldsymbol{T}\neq\varnothing$（即 $\boldsymbol{T}$ 存在不动点）；令 $\{\mu^k\}_{k\in\mathbb{N}}$ 为（0，1］中的有界序列，令 $\tau^k=\mu^k(1-\mu^k)$，且有 $\sum_{k\in\mathbb{N}}\tau^k=+\infty$；令 $\boldsymbol{w}^0\in W$，且有：

$$\boldsymbol{w}^{k+1}=(1-\mu^k)\boldsymbol{w}^k+\mu^k\boldsymbol{Tw}^k \tag{6-22}$$

则 $\forall \boldsymbol{w}^*\in\mathrm{Fix}\boldsymbol{T}$，下述几点成立：

① $\{\|\boldsymbol{w}^k-\boldsymbol{w}^*\|^2\}$ 是单调非增的；

② $\{\|\boldsymbol{Tw}^k-\boldsymbol{w}^k\|^2\}$ 是单调非增的且收敛到 0；

③ $\{\tau^k\|\boldsymbol{Tw}^k-\boldsymbol{w}^k\|^2\}$ 是可加的且有 $\sum_{i=0}^{\infty}\tau^i\|\boldsymbol{Tw}^i-\boldsymbol{w}^i\|^2\leqslant\|\boldsymbol{w}^0-\boldsymbol{w}^*\|^2$；

④ $\{\boldsymbol{w}^k\}$ 收敛到 $\mathrm{Fix}\boldsymbol{T}$ 中的一点。

引理 6-2[203] 令 $\{a^k\}$、$\{b^k\}$ 和 $\{c^k\}$ 为非负数列，若有 $c^k<1$、$a^{k+1}\leqslant c^ka^k+b^k$、$\sum_{k\in\mathbb{N}}(1-c^k)=+\infty$ 和 $b^k/(1-c^k)\rightarrow 0$ 成立，则必有 $a^k\rightarrow 0$。

定理 6-1 令 $\{\boldsymbol{x}^k;\boldsymbol{v}_1^k,\cdots,\boldsymbol{v}_H^k\}$ 为 PPDS 算法所产生的序列，且满足以下两条件：① $t>0$、$\beta_h>0$，$h=1,\cdots,H$ 和 $t\sum_{h=1}^{H}\beta_h\|\boldsymbol{L}_h^*\boldsymbol{L}_h\|\leqslant 1$ 成立；② 对于某一 $\varepsilon>0$，$\rho^k\in[\varepsilon, 2-\varepsilon]$ 和 $\sum_{k\in\mathbb{N}}\rho^k(2-\rho^k)=+\infty$ 成立。则 $\{\boldsymbol{x}^k;\boldsymbol{v}_1^k,\cdots,\boldsymbol{v}_H^k\}$ 收敛到问题式(6-2) 的鞍点，特别地，$\{\boldsymbol{x}^k\}$ 收敛到问题式(6-1) 的一个解。

证明 令 $\boldsymbol{P}$ 为投影到 $\boldsymbol{R}$（或 $\boldsymbol{R}'$）的值域 ran$\boldsymbol{R}$（或 ran$\boldsymbol{R}'$）的正交投影算子。因 $\boldsymbol{R}$ 的半正定性，$\boldsymbol{P}$ 是半正定自共轭的，且 $\boldsymbol{I}-\boldsymbol{P}$ 为投影到 $\boldsymbol{R}$ 的零域 zer$\boldsymbol{R}=$（ran$\boldsymbol{R}$）$^{\perp}$上的正交投影算子。容易验证，$\boldsymbol{Q}\triangleq\boldsymbol{R}+\boldsymbol{I}-\boldsymbol{P}$ 为正定算子，因此，可以通过 $\langle \boldsymbol{y},\boldsymbol{y}\rangle_{Q}=\langle \boldsymbol{y},\boldsymbol{Q}\boldsymbol{y}\rangle$ 定义内积 $\langle\cdot,\cdot\rangle_{Q}$，通过 $\|\boldsymbol{y}\|_{Q}=\sqrt{\langle \boldsymbol{y},\boldsymbol{Q}\boldsymbol{y}\rangle}$ 定义范数 $\|\cdot\|_{Q}$。由于 $\boldsymbol{Q}$ 的正定性，内积 $\langle\cdot,\cdot\rangle_{Q}$ 和范数 $\|\cdot\|_{Q}$ 分别等价于 Hilbert 空间中的内积 $\langle\cdot,\cdot\rangle$ 和范数 $\|\cdot\|$。

定义：

$$\boldsymbol{T}:\boldsymbol{y}^{k}\rightarrow\tilde{\boldsymbol{y}}^{k+1}\tag{6-23}$$

容易验证 $\boldsymbol{R}\circ\boldsymbol{P}=\boldsymbol{R}$、$\boldsymbol{P}\circ\boldsymbol{R}=\boldsymbol{R}$ 和 $\boldsymbol{T}\circ\boldsymbol{P}=\boldsymbol{T}$ 成立，且有：

$$\boldsymbol{P}\boldsymbol{y}^{k+1}=(1-\rho^{k})\boldsymbol{P}\boldsymbol{y}^{k}+\rho^{k}\boldsymbol{P}(\boldsymbol{T}\boldsymbol{y}^{k})\tag{6-24}$$

接下来证明复合算子 $\boldsymbol{P}\circ\boldsymbol{T}$ 为固定非扩张的。由 $\boldsymbol{T}$ 的定义和式(6-16)可知：

$$\boldsymbol{0}\in\boldsymbol{M}(\boldsymbol{T}\boldsymbol{y})+\boldsymbol{R}(\boldsymbol{T}\boldsymbol{y})-\boldsymbol{R}\boldsymbol{y}\quad\forall\,\boldsymbol{y}\in Y\tag{6-25}$$

即（$\boldsymbol{T}\boldsymbol{y}$，$\boldsymbol{R}\boldsymbol{y}-\boldsymbol{R}(\boldsymbol{T}\boldsymbol{y})$）属于算子 $\boldsymbol{M}$ 的图像 gra$\boldsymbol{M}$。因 $\boldsymbol{M}$ 为极大单调的，故有 $\forall\,\boldsymbol{y}$，$\boldsymbol{y}'\in Y$，下式成立：

$$\begin{aligned}&0\leqslant\langle\boldsymbol{T}\boldsymbol{y}-\boldsymbol{T}\boldsymbol{y}',\boldsymbol{R}\boldsymbol{y}-\boldsymbol{R}(\boldsymbol{T}\boldsymbol{y})-\boldsymbol{R}\boldsymbol{y}'+\boldsymbol{R}(\boldsymbol{T}\boldsymbol{y}')\rangle\\&\overset{\boldsymbol{P}\circ\boldsymbol{R}=\boldsymbol{R}}{=}\langle\boldsymbol{P}(\boldsymbol{T}\boldsymbol{y})-\boldsymbol{P}(\boldsymbol{T}\boldsymbol{y}'),\boldsymbol{R}\boldsymbol{y}-\boldsymbol{R}(\boldsymbol{T}\boldsymbol{y})-\boldsymbol{R}\boldsymbol{y}'+\boldsymbol{R}(\boldsymbol{T}\boldsymbol{y}')\rangle\\&=\langle\boldsymbol{P}(\boldsymbol{T}\boldsymbol{y})-\boldsymbol{P}(\boldsymbol{T}\boldsymbol{y}'),\boldsymbol{R}\boldsymbol{y}-\boldsymbol{R}\boldsymbol{y}'-\boldsymbol{R}\boldsymbol{P}(\boldsymbol{T}\boldsymbol{y})+\boldsymbol{R}\boldsymbol{P}(\boldsymbol{T}\boldsymbol{y}')\rangle\\&=\langle\boldsymbol{P}(\boldsymbol{T}\boldsymbol{y})-\boldsymbol{P}(\boldsymbol{T}\boldsymbol{y}'),\boldsymbol{y}-\boldsymbol{y}'\rangle_{Q}-\|\boldsymbol{P}(\boldsymbol{T}\boldsymbol{y})-\boldsymbol{P}(\boldsymbol{T}\boldsymbol{y}')\|_{Q}^{2}\end{aligned}\tag{6-26}$$

因此，由文献［5］的命题 5.2（ⅳ）知，复合算子 $\boldsymbol{P}\circ\boldsymbol{T}$ 为固定非扩张的。

接下来建立极大单调算子 $\boldsymbol{M}$ 的零点与 $\boldsymbol{P}\circ\boldsymbol{T}$ 不动点之间的联系。令 $\boldsymbol{y}^{*}\in$ zer$\boldsymbol{M}\neq\varnothing$，则（$\boldsymbol{T}\boldsymbol{y}^{*}$，$\boldsymbol{R}\boldsymbol{y}^{*}-\boldsymbol{R}(\boldsymbol{T}\boldsymbol{y}^{*})$）和（$\boldsymbol{y}^{*}$，$\boldsymbol{0}$）均属于 gra$\boldsymbol{M}$。根据 $\boldsymbol{M}$ 的单调性，有：

$$0\leqslant\langle\boldsymbol{T}\boldsymbol{y}^{*}-\boldsymbol{y}^{*},\boldsymbol{R}\boldsymbol{y}^{*}-\boldsymbol{R}(\boldsymbol{T}\boldsymbol{y}^{*})\rangle\tag{6-27}$$

另一方面，因 $\boldsymbol{R}$ 是非负定的，有

$$0\leqslant\langle\boldsymbol{T}\boldsymbol{y}^{*}-\boldsymbol{y}^{*},\boldsymbol{R}(\boldsymbol{T}\boldsymbol{y}^{*})-\boldsymbol{R}\boldsymbol{y}^{*}\rangle\tag{6-28}$$

联立式(6-27) 和式(6-28)，得

$$\langle\boldsymbol{T}\boldsymbol{y}^{*}-\boldsymbol{y}^{*},\boldsymbol{R}(\boldsymbol{T}\boldsymbol{y}^{*}-\boldsymbol{y}^{*})\rangle=0\tag{6-29}$$

和

$$\boldsymbol{R}(\boldsymbol{T}\boldsymbol{y}^{*}-\boldsymbol{y}^{*})=\boldsymbol{0}\tag{6-30}$$

即 $(\boldsymbol{T}\boldsymbol{y}^{*}-\boldsymbol{y}^{*})\in$ zer$\boldsymbol{R}$。该结论与 $\boldsymbol{P}$ 的定义共同表明 $\boldsymbol{P}(\boldsymbol{T}\boldsymbol{y}^{*}-\boldsymbol{y}^{*})=\boldsymbol{0}$ 成立。因为 $\boldsymbol{T}\circ\boldsymbol{P}=\boldsymbol{T}$，故：

$$\boldsymbol{P}(\boldsymbol{T}(\boldsymbol{P}\boldsymbol{y}^*))=\boldsymbol{P}(\boldsymbol{T}\boldsymbol{y}^*)=\boldsymbol{P}\boldsymbol{y}^* \tag{6-31}$$

即 $\boldsymbol{P}\boldsymbol{y}^*\in \mathrm{Fix}\boldsymbol{P}\circ\boldsymbol{T}$ 成立。

相反，若假设 $\boldsymbol{z}^*\in \mathrm{Fix}\boldsymbol{P}\circ\boldsymbol{T}$，则有：

$$\boldsymbol{z}^*=\boldsymbol{P}(\boldsymbol{T}\boldsymbol{z}^*)\Rightarrow \boldsymbol{R}\boldsymbol{z}^*=\boldsymbol{R}\boldsymbol{P}(\boldsymbol{T}\boldsymbol{z}^*)\Rightarrow \boldsymbol{R}\boldsymbol{z}^*=\boldsymbol{R}(\boldsymbol{T}\boldsymbol{z}^*)\overset{(5.25)}{\Rightarrow}\boldsymbol{T}\boldsymbol{z}^*\in \mathrm{zer}\boldsymbol{M} \tag{6-32}$$

迭代规则式(6-17) 可以转化为：

$$\boldsymbol{P}\boldsymbol{y}^{k+1}=\left(1-\frac{\rho^k}{2}\right)\boldsymbol{P}\boldsymbol{y}^k+\frac{\rho^k}{2}(2\boldsymbol{P}\circ\boldsymbol{T}-\boldsymbol{I})(\boldsymbol{P}\boldsymbol{y}^k) \tag{6-33}$$

因 $\boldsymbol{P}\circ\boldsymbol{T}$ 为固定非扩张的，根据文献［5］命题 5.2（ⅲ）可知，$2\boldsymbol{P}\circ\boldsymbol{T}-\boldsymbol{I}$ 为非扩张的。根据引理 6-1 第 4 个结论可知，$\{\boldsymbol{P}\boldsymbol{y}^k\}$ 收敛到某个 $\boldsymbol{z}^*\in \mathrm{Fix}\boldsymbol{P}\circ\boldsymbol{T}$。

根据临近算子的连续性可知，算子 $\boldsymbol{T}$ 为连续的，因此，根据 $\tilde{\boldsymbol{y}}^{k+1}=\boldsymbol{T}\boldsymbol{y}^k=\boldsymbol{T}(\boldsymbol{P}\boldsymbol{y}^k)$，有 $\tilde{\boldsymbol{y}}^{k+1}$ 收敛到 $\boldsymbol{T}\boldsymbol{z}^*\in \mathrm{zer}\boldsymbol{M}$。此外，有：

$$\|\boldsymbol{y}^{k+1}-\boldsymbol{T}\boldsymbol{z}^*\|\leqslant\rho^k\|\tilde{\boldsymbol{y}}^{k+1}-\boldsymbol{T}\boldsymbol{z}^*\|+|1-\rho^k|\,\|\boldsymbol{y}^k-\boldsymbol{T}\boldsymbol{z}^*\|\quad \forall k\in\mathbb{N} \tag{6-34}$$

令 $a^k=\|\boldsymbol{y}^k-\boldsymbol{T}\boldsymbol{z}^*\|$、$b^k=\rho^k\|\tilde{\boldsymbol{y}}^{k+1}-\boldsymbol{T}\boldsymbol{z}^*\|$ 和 $c^k=|1-\rho^k|$，则有 $b^k\to 0$。根据定理 6-1 中的第二个假设条件，有 $\sum_{k\in\mathbb{N}}(1-c^k)=+\infty$，故有 $b^k/(1-c^k)\to 0$。因此，根据引理 6-2，有 $a^k\to 0$ 和 $\{\boldsymbol{y}^{k+1}\}$ 收敛到某个 $\boldsymbol{T}\boldsymbol{z}^*\in \mathrm{zer}\boldsymbol{M}$，即 Lagrange 函数式(6-5) 的某个鞍点。根据式(6-2) 和式(6-5) 的等价性，$\{\boldsymbol{x}^k;\ \boldsymbol{v}_1^k,\ \cdots,\ \boldsymbol{v}_H^k\}$ 收敛到式(6-2) 的某个鞍点，特别地，$\{\boldsymbol{x}^k\}$ 收敛到问题式(6-1) 的一个解。定理 6-1 得证。

6.3.2 收敛速率分析

本小节给出了所提 PPDS 算法的 $O(1/k)$ 收敛速率，该收敛速率要强于上一章所讲的 $o(1/k)$ 收敛速率。

定理 6-2　令 $\boldsymbol{y}=(\boldsymbol{x},\ \boldsymbol{v}_1/\sqrt{\beta_1},\ \cdots,\ \boldsymbol{v}_H/\sqrt{\beta_H})=(\boldsymbol{x},\ \boldsymbol{v})\in X\times V$，$\{\boldsymbol{x}^k;\ \boldsymbol{v}_1^k,\ \cdots,\ \boldsymbol{v}_H^k\}$ 为 PPDS 算法在定理 6-1 条件下所产生的序列；令 $\boldsymbol{P}$ 为投影到 $\boldsymbol{R}$（或 $\boldsymbol{R}'$）的值域 $\mathrm{ran}\boldsymbol{R}$（或 $\mathrm{ran}\boldsymbol{R}'$）的正交自共轭投影算子；记：

$$\underline{\tau}=\inf\frac{\rho^k}{2}\left(1-\frac{\rho^k}{2}\right)>0 \tag{6-35}$$

和

$$\|\boldsymbol{y}^{k+1}-\boldsymbol{y}^k\|_{\boldsymbol{P}}^2=\langle\boldsymbol{y}^{k+1}-\boldsymbol{y}^k,\boldsymbol{P}(\boldsymbol{y}^{k+1}-\boldsymbol{y}^k)\rangle \tag{6-36}$$

则有下述两点成立

①

$$\|\boldsymbol{y}^{k+1}-\boldsymbol{y}^k\|_{\boldsymbol{P}}^2\leqslant\frac{\frac{1}{\underline{\tau}}\left(\frac{\rho^k}{2}\right)^2\|\boldsymbol{y}^0-\boldsymbol{y}^*\|_{\boldsymbol{P}}^2}{k+1} \tag{6-37}$$

② $\|\boldsymbol{y}^{k+1}-\boldsymbol{y}^k\|_{\boldsymbol{P}}^2=o(1/k)$ 成立，即$\|\boldsymbol{y}^{k+1}-\boldsymbol{y}^k\|_{\boldsymbol{P}}^2$ 为 $1/k$ 的高阶无穷小。

证明 令

$$\mathrm{e}^k=\|(2\boldsymbol{P}\circ\boldsymbol{T}-\boldsymbol{I})(\boldsymbol{P}\boldsymbol{y}^k)-\boldsymbol{P}\boldsymbol{y}^k\|_2^2 \tag{6-38}$$

和

$$\tau^k=\frac{\rho^k}{2}\left(1-\frac{\rho^k}{2}\right) \tag{6-39}$$

定义 $\hat{\tau}_k=\sum_{i=0}^{k}\tau^i$ 。根据引理 6-1 第 2 和第 3 个结论，$\{e^k\}$ 是单调非增的，且有 $\sum_{i=0}^{+\infty}\tau^i\mathrm{e}^i\leqslant\|\boldsymbol{P}\boldsymbol{y}^0-\boldsymbol{P}\boldsymbol{y}^*\|_2^2\leqslant+\infty$ 。故有：

$$\hat{\tau}_k\mathrm{e}^k=\mathrm{e}^k\sum_{i=0}^{k}\tau^i\leqslant\sum_{i=0}^{k}\tau^i\mathrm{e}^i\leqslant\sum_{i=0}^{+\infty}\tau^i\mathrm{e}^i \tag{6-40}$$

和

$$\mathrm{e}^k\leqslant\frac{\|\boldsymbol{P}\boldsymbol{y}^0-\boldsymbol{P}\boldsymbol{y}^*\|_2^2}{\hat{\tau}_k} \tag{6-41}$$

因此：

$$\|\boldsymbol{y}^{k+1}-\boldsymbol{y}^k\|_{\boldsymbol{P}}^2=\|\boldsymbol{P}\boldsymbol{y}^{k+1}-\boldsymbol{P}\boldsymbol{y}^k\|_2^2=\left(\frac{\rho^k}{2}\right)^2\|(2\boldsymbol{P}\circ\boldsymbol{T}-\boldsymbol{I})(\boldsymbol{P}\boldsymbol{y}^k)-\boldsymbol{P}\boldsymbol{y}^k\|_2^2\leqslant$$

$$\left(\frac{\rho^k}{2}\right)^2\frac{\|\boldsymbol{P}\boldsymbol{y}^0-\boldsymbol{P}\boldsymbol{y}^*\|_2^2}{\hat{\tau}_k}\leqslant\frac{\frac{1}{\underline{\tau}}\left(\frac{\rho^k}{2}\right)^2\|\boldsymbol{y}^0-\boldsymbol{y}^*\|_{\boldsymbol{P}}^2}{k+1} \tag{6-42}$$

另一方面，因为：

$$(\hat{\tau}_{2k}-\hat{\tau}_k)\mathrm{e}^{2k}\leqslant\tau^{2k}\mathrm{e}^{2k}+\cdots+\tau^{k+1}\mathrm{e}^{k+1}=\sum_{i=k+1}^{2k}\tau^i\mathrm{e}^i \tag{6-43}$$

故有：

$$(\hat{\tau}_k-\hat{\tau}_{\lceil k/2\rceil})\mathrm{e}^k\leqslant\sum_{i=(k+1)/2}^{k}\tau^i\mathrm{e}^i\xrightarrow{k\to+\infty}0 \tag{6-44}$$

其中，$\lceil k/2\rceil$为对 $k/2$ 向上取整。不等式(6-44) 表明：

$$\mathrm{e}^k=o\left(\frac{1}{\hat{\tau}_k-\hat{\tau}_{\lceil k/2\rceil}}\right) \tag{6-45}$$

另一方面，有：

$$\hat{\tau}_k-\hat{\tau}_{\lceil k/2\rceil}\geqslant\underline{\tau}(k-\lceil k/2\rceil)\geqslant\underline{\tau}\,\frac{k-1}{2} \tag{6-46}$$

式(6-45) 和式(6-46) 表明：

$$\|y^{k+1}-y^{k}\|_{P}^{2}=\left(\frac{\rho^{k}}{2}\right)^{2}e^{k}=o(1/k) \tag{6-47}$$

定理 6-2 得证。

6.4 关于原始-对偶分裂方法的进一步讨论与推广

本节进一步探讨了 PPDS 方法与线性 ADMM 算法的关系，并将其推广到了带有 Lipschitz 可导项的情形。

6.4.1 与并行线性交替方向乘子法的关系

首先导出求解问题式(6-1) 的并行线性交替方向乘子法 (PLADMM)。式(6-1) 的增广 Lagrange 函数为：

$$\begin{aligned}L_{A}(\boldsymbol{x},\boldsymbol{a}_{1},\cdots,\boldsymbol{a}_{H};\boldsymbol{v}_{1},\cdots,\boldsymbol{v}_{H})=g(\boldsymbol{x})+\sum_{h=1}^{H}(f_{h}(\boldsymbol{a}_{h})+\\ \langle\boldsymbol{v}_{h},\boldsymbol{L}_{h}\boldsymbol{x}-\boldsymbol{a}_{h}\rangle+\frac{\beta_{h}}{2}\|\boldsymbol{L}_{h}\boldsymbol{x}-\boldsymbol{a}_{h}\|_{2}^{2})\end{aligned} \tag{6-48}$$

由第 5 章相关理论知，求解式(6-48) 鞍点的 PADMM 迭代规则为：

$$\begin{cases}\boldsymbol{a}_{h}^{k+1}=\operatorname{prox}_{f_{h}/\beta_{h}}\left(\boldsymbol{L}_{h}\boldsymbol{x}^{k}+\dfrac{\boldsymbol{v}_{h}^{k}}{\beta_{h}}\right)h=1,\cdots,H\\ \boldsymbol{v}_{h}^{k+1}=\boldsymbol{v}_{h}^{k}+\beta_{h}(\boldsymbol{L}_{h}\boldsymbol{x}^{k}-\boldsymbol{a}_{h}^{k+1})h=1,\cdots,H\\ \boldsymbol{x}^{k+1}=\underset{\boldsymbol{x}}{\operatorname{argmin}}\ g(\boldsymbol{x})+\displaystyle\sum_{h=1}^{H}\frac{\beta_{h}}{2}\left\|\boldsymbol{L}_{h}\boldsymbol{x}-\boldsymbol{a}_{h}^{k+1}+\frac{\boldsymbol{v}_{h}^{k+1}}{\beta_{h}}\right\|_{2}^{2}\end{cases} \tag{6-49}$$

将上式第三个等式中的二次项在 $\boldsymbol{x}^{k}$ 附近做 Taylor 级数展开，并取前两项，则：

$$\begin{aligned}\boldsymbol{x}^{k+1}&=\underset{\boldsymbol{x}}{\operatorname{argmin}}\ g(\boldsymbol{x})+\\&\langle\boldsymbol{x}-\boldsymbol{x}^{k},\sum_{h=1}^{H}\beta_{h}\boldsymbol{L}_{h}^{*}\left(\boldsymbol{L}_{h}\boldsymbol{x}^{k}-\boldsymbol{a}_{h}^{k+1}+\frac{\boldsymbol{v}_{h}^{k+1}}{\beta_{h}}\right)\rangle+\frac{1}{2t}\|\boldsymbol{x}-\boldsymbol{x}^{k}\|_{2}^{2}\\&=\underset{\boldsymbol{x}}{\operatorname{argmin}}\ g(\boldsymbol{x})+\frac{1}{2t}\left\|\boldsymbol{x}-\boldsymbol{x}^{k}+t\sum_{h=1}^{H}\beta_{h}\boldsymbol{L}_{h}^{*}\left(\boldsymbol{L}_{h}\boldsymbol{x}^{k}-\boldsymbol{a}_{h}^{k+1}+\frac{\boldsymbol{v}_{h}^{k+1}}{\beta_{h}}\right)\right\|_{2}^{2}\\&=\operatorname{prox}_{tg}\left(\boldsymbol{x}^{k}-t\sum_{h=1}^{H}\beta_{h}\boldsymbol{L}_{h}^{*}\left(\boldsymbol{L}_{h}\boldsymbol{x}^{k}-\boldsymbol{a}_{h}^{k+1}+\frac{\boldsymbol{v}_{h}^{k+1}}{\beta_{h}}\right)\right)\end{aligned} \tag{6-50}$$

故可得 PLADMM 迭代规则：

$$\begin{cases} a_h^{k+1}=\text{prox}_{f_h/\beta_h}\left(L_h x^k+\dfrac{v_h^k}{\beta_h}\right)h=1,\cdots,H \\ v_h^{k+1}=v_h^k+\beta_h(L_h x^k-a_h^{k+1})h=1,\cdots,H \\ x^{k+1}=\text{prox}_{tg}\left(x^k-t\sum\limits_{h=1}^{H}\beta_h L_h^*\left(L_h x^k-a_h^{k+1}+\dfrac{v_h^{k+1}}{\beta_h}\right)\right) \end{cases} \tag{6-51}$$

将 $v_h^k+\beta_h L_h x^k$ 看作整体，对式(6-51）前两步应用 Moreau 分解，得：

$$\begin{cases} v_h^{k+1}=\text{prox}_{\beta_h f_h^*}(\beta_h L_h x^k+v_h^k)h=1,\cdots,H \\ x^{k+1}=\text{prox}_{tg}\left(x^k-t\sum\limits_{h}^{H}L_h^*(2v_h^{k+1}-v_h^k)\right) \end{cases} \tag{6-52}$$

由此可知，PLADMM 算法为 $\rho^k\equiv 1$ 时的 PPDS 算法。故 PPDS 可以看作 PLADMM 的松弛推广形式。PLADMM 的收敛性同样以 $0<t\leqslant(1/\sum_{h=1}^{H}\beta_h\|L_h^* L_h\|)$ 为条件。

6.4.2 并行原始-对偶分裂方法的进一步推广

本小节考虑如下一般性优化问题：

$$\min_{x\in X} p(x)+g(x)+\sum_{h=1}^{H}f_h(L_h x) \tag{6-53}$$

问题式(6-53）在问题式(6-1）的基础上，增加了凸可微函数 $p(x)$，其梯度∇p 具有 γ-Lipschitz 连续性，即存在某个 γ 使得：

$$\|\nabla p(x)-\nabla p(x')\|\leqslant\gamma\|x-x'\|\ \forall\, x,x'\in X \tag{6-54}$$

问题式(6-53）所对应的 Lagrange 函数为：

$$\min_{x\in X}\max_{v_1\in V_1,\cdots,v_H\in V_H} p(x)+g(x)-\sum_{h=1}^{H}(f_h^*(v_h)-\langle L_h x,v_h\rangle) \tag{6-55}$$

其等价的加权 Lagrange 函数为：

$$\begin{aligned}\min_{x\in X}\max_{\frac{v_1}{\sqrt{\beta_1}}\in V_1,\cdots,\frac{v_H}{\sqrt{\beta_H}}\in V_H} & p(x)+g(x) \\ & -\sum_{h=1}^{H}\left(\overline{f}_h^*\left(\frac{v_h}{\sqrt{\beta_h}}\right)-\left\langle\sqrt{\beta_h}L_h x,\frac{v_h}{\sqrt{\beta_h}}\right\rangle\right)\end{aligned} \tag{6-56}$$

根据 KKT 定理，其对应的变分条件应为：

$$\begin{pmatrix}\mathbf{0}\\ \mathbf{0}\\ \vdots\\ \mathbf{0}\end{pmatrix}\in\begin{pmatrix}\nabla p(\boldsymbol{x}^{*})+\partial g(\boldsymbol{x}^{*})+\sum_{h=1}^{H}\sqrt{\beta_h}\boldsymbol{L}_h^{*}\dfrac{\boldsymbol{v}_h^{*}}{\sqrt{\beta_h}}\\ -\sqrt{\beta_1}\boldsymbol{L}_1\boldsymbol{x}^{*}+\partial\overline{f}_1^{*}\left(\dfrac{\boldsymbol{v}_1^{*}}{\sqrt{\beta_1}}\right)\\ \vdots\\ -\sqrt{\beta_H}\boldsymbol{L}_H\boldsymbol{x}^{*}+\partial\overline{f}_H^{*}\left(\dfrac{\boldsymbol{v}_H^{*}}{\sqrt{\beta_H}}\right)\end{pmatrix} \tag{6-57}$$

（1）推广的原始-对偶分裂方法

采用与 6.3.3 节同样的简化标记方法，并引入相同的加权矩阵，可以得到如下等式：

$$-\underbrace{\begin{pmatrix}\nabla p(\boldsymbol{x}^k)\\ \mathbf{0}\end{pmatrix}}_{\boldsymbol{B}\boldsymbol{y}^k}\in\underbrace{\begin{pmatrix}\partial g(\tilde{\boldsymbol{x}}^{k+1})+\boldsymbol{L}^{*}\tilde{\boldsymbol{v}}^{k+1}\\ -\boldsymbol{L}\tilde{\boldsymbol{x}}^{k+1}+\partial f^{*}(\tilde{\boldsymbol{v}}^{k+1})\end{pmatrix}}_{\boldsymbol{M}\tilde{\boldsymbol{y}}^{k+1}}+\underbrace{\begin{pmatrix}\frac{1}{t}\boldsymbol{I} & \boldsymbol{L}^{*}\\ \boldsymbol{L} & \boldsymbol{I}\end{pmatrix}}_{\boldsymbol{R}}\underbrace{\begin{pmatrix}\tilde{\boldsymbol{x}}^{k+1}-\boldsymbol{x}^k\\ \tilde{\boldsymbol{v}}^{k+1}-\boldsymbol{v}^k\end{pmatrix}}_{\tilde{\boldsymbol{y}}^{k+1}-\boldsymbol{y}^k} \tag{6-58}$$

将式(6-58) 展开，并加一松弛步骤可以得到如下求解（6-53）的迭代规则：

$$\begin{cases}\tilde{\boldsymbol{v}}^{k+1}=\mathrm{prox}_{f^{*}}(\boldsymbol{L}\boldsymbol{x}^k+\boldsymbol{v}^k)\\ \tilde{\boldsymbol{x}}^{k+1}=\mathrm{prox}_{tg}(\boldsymbol{x}^k-\nabla p(\boldsymbol{x}^k)-t\boldsymbol{L}^{*}(2\tilde{\boldsymbol{v}}^{k+1}-\boldsymbol{v}^k))\\ (\boldsymbol{x}^{k+1},\boldsymbol{v}^{k+1})=\rho^k(\tilde{\boldsymbol{x}}^{k+1},\tilde{\boldsymbol{v}}^{k+1})+(1-\rho^k)(\boldsymbol{x}^k,\boldsymbol{v}^k)\end{cases} \tag{6-59}$$

进一步展开可得

$$\begin{cases}\tilde{\boldsymbol{v}}_h^{k+1}=\mathrm{prox}_{\beta_h f_h^{*}}(\beta_h\boldsymbol{L}_h\boldsymbol{x}^k+\boldsymbol{v}_h^k),h=1,\cdots,H\\ \tilde{\boldsymbol{x}}^{k+1}=\mathrm{prox}_{tg}(\boldsymbol{x}^k-\nabla p(\boldsymbol{x}^k)-t\sum_{h=1}^{H}\boldsymbol{L}_h^{*}(2\tilde{\boldsymbol{v}}_h^{k+1}-\boldsymbol{v}_h^k))\\ \boldsymbol{v}_h^{k+1}=\rho^k\tilde{\boldsymbol{v}}_h^{k+1}+(1-\rho^k)\boldsymbol{v}_h^k,h=1,\cdots,H\\ \boldsymbol{x}^{k+1}=\rho^k\tilde{\boldsymbol{x}}^{k+1}+(1-\rho^k)\boldsymbol{x}^k\end{cases} \tag{6-60}$$

算法 6.3 推广的并行原始-对偶分裂算法（PPDS3）

步骤 1： 设置 $k=0$，$\boldsymbol{x}^0=\mathbf{0}$，$\boldsymbol{v}_h^0=\mathbf{0}$，$\beta_h>0$，$h=1$，$\cdots$，$H$ 和$(1/t)-\sum_{h=1}^{H}\beta_h\|\boldsymbol{L}_h^{*}\boldsymbol{L}_h\|\geqslant(\gamma/2)$；

步骤 2： 判断是否满足终止条件，若否，则执行以下步骤；

步骤 3： $\tilde{\boldsymbol{v}}_h^{k+1}=\mathrm{prox}_{\beta_h f_h^{*}}(\beta_h\boldsymbol{L}_h\boldsymbol{x}^k+\boldsymbol{v}_h^k)$，$h=1$，$\cdots$，$H$；

步骤 4： $\tilde{\boldsymbol{x}}^{k+1}=\mathrm{prox}_{tg}(\boldsymbol{x}^k-\nabla p(\boldsymbol{x}^k)-t\sum_{h=1}^{H}\boldsymbol{L}_h^{*}(2\tilde{\boldsymbol{v}}_h^{k+1}-\boldsymbol{v}_h^k))$；

步骤 5：$\boldsymbol{v}_h^{k+1}=\rho^k\widetilde{\boldsymbol{v}}_h^{k+1}+(1-\rho^k)\boldsymbol{v}_h^k$，$h=1$，…，$H$；

步骤 6：$\boldsymbol{x}^{k+1}=\rho^k\widetilde{\boldsymbol{x}}^{k+1}+(1-\rho^k)\boldsymbol{x}^k$；

步骤 7：$k=k+1$；

步骤 8：结束循环并输出 $\boldsymbol{x}^{k+1}$。

若式(6-57) 中引入的不是$\boldsymbol{R}$，而是$\boldsymbol{R}'$，则 $\widetilde{\boldsymbol{x}}^{k+1}$ 将在 $\widetilde{\boldsymbol{v}}^{k+1}$ 之前得到更新，由此可以得到算法 6-4 中等价的推广 PPDS 算法。

算法 6-4　等价的推广并行原始-对偶分裂算法（PPDS3）

步骤 1：设置 $k=0$，$\boldsymbol{x}^0=\boldsymbol{0}$，$\boldsymbol{v}_h^0=\boldsymbol{0}$，$\beta_h>0$，$h=1,\cdots,H$ 和 $(1/t)-\sum_{h=1}^{H}\beta_h\|\boldsymbol{L}_h^*\boldsymbol{L}_h\|\geqslant(\gamma/2)$；

步骤 2：判断是否满足终止条件，若否，则执行以下步骤；

步骤 3：$\widetilde{\boldsymbol{x}}^{k+1}=\mathrm{prox}_{tg}(\boldsymbol{x}^k-\nabla p(\boldsymbol{x}^k)-t\sum_{h=1}^{H}\boldsymbol{L}_h^*\boldsymbol{v}_h^k)$；

步骤 4：$\widetilde{\boldsymbol{v}}_h^{k+1}=\mathrm{prox}_{\beta_h f_h^*}(\beta_h\boldsymbol{L}_h(2\widetilde{\boldsymbol{x}}^{k+1}-\boldsymbol{x}^k)+\boldsymbol{v}_h^k)$，$h=1,\cdots,H$；

步骤 5：$\boldsymbol{x}^{k+1}=\rho^k\widetilde{\boldsymbol{x}}^{k+1}+(1-\rho^k)\boldsymbol{x}^k$；

步骤 6：$\boldsymbol{v}_h^{k+1}=\rho^k\widetilde{\boldsymbol{v}}_h^{k+1}+(1-\rho^k)\boldsymbol{v}_h^k$，$h=1$，…，$H$；

步骤 7：$k=k+1$；

步骤 8：结束循环并输出 $\boldsymbol{x}^{k+1}$。

（2）算法原理与收敛性分析

尽管加入 Lipschitz 可导项的 PPDS 算法 6-3（6-4）与算法 6-1 在结构上非常相似，但其导出的基本依据却有很大差异。事实上，推广的 PPDS 算法 6-3（6-4）可以看作前向-后向分裂算法的一种特殊形式，而 PPDS 算法 6-1（6-2）则可看作临近迭代算法的一种特殊形式。下述定理确立了推广 PPDS 算法的收敛性，并给出了其收敛性条件。

引理 6-3　令 $\boldsymbol{M}_1$：$H\rightarrow 2^H$ 为极大单调算子，令 $\boldsymbol{M}_2$：$H\rightarrow H$ 为 κ-余强制（cocoercive，即 $\kappa\boldsymbol{M}_2$ 为固定非扩张算子）映射，令 $\tau\in(0,2\kappa]$，且定义 $\delta\triangleq 2-(\tau/2\kappa)$。此外，令 $\rho^k\in(0,\delta)$ 且有 $\sum_{k\in\mathbb{N}}\rho^k(2-\rho^k)=+\infty$。假设 $\mathrm{zer}(\boldsymbol{M}_1+\boldsymbol{M}_2)\neq\varnothing$，令：

$$\boldsymbol{w}^{k+1}=\rho^k(1+\partial\boldsymbol{M}_1)^{-1}(\boldsymbol{w}^k-\tau\boldsymbol{M}_2\boldsymbol{w}^k)+(1-\rho^k)\boldsymbol{w}^k \tag{6-61}$$

定理 6-3　令 $\{\boldsymbol{x}^k;\ \boldsymbol{v}_1^k,\ \cdots,\ \boldsymbol{v}_H^k\}$ 为推广 PPDS 算法 6-3（6-4）所产生的序列，令 $t>0$，$\beta_h>0$，$h=1,\cdots,H$，若以下两条件成立：

①

$$\frac{1}{t}-\sum_{h=1}^{H}\beta_h\|\boldsymbol{L}_h^*\boldsymbol{L}_h\|\geqslant\frac{\gamma}{2} \tag{6-62}$$

② $\forall n\in\mathbb{N}$，$\rho^k\in(0,\delta)$，其中：

$$\delta \triangleq 2-\frac{\gamma}{2}\left(\frac{1}{t}-\sum_{h=1}^{H}\beta_h\|\boldsymbol{L}_h^*\boldsymbol{L}_h\|\right)^{-1}\in(1,2) \tag{6-63}$$

且有 $\sum_{k\in\mathbb{N}}\rho^k(2-\rho^k)=+\infty$ 。

则 $\{\boldsymbol{x}^k;\ \boldsymbol{v}_1^k,\ \cdots,\ \boldsymbol{v}_H^k\}$ 收敛到问题式(6-55) 的鞍点，特别地，$\{\boldsymbol{x}^k\}$ 收敛到问题式(6-53) 的一个解。

证明 根据条件①可知，$\boldsymbol{R}$ 为可逆算子，记其逆算子为 $\boldsymbol{R}^{-1}$，则等式(6-57) 等价于：

$$\widetilde{\boldsymbol{y}}^{k+1}=(\boldsymbol{I}+\boldsymbol{R}^{-1}\circ\boldsymbol{M})\circ(\boldsymbol{I}-\boldsymbol{R}^{-1}\circ\boldsymbol{B})\boldsymbol{y}^k \tag{6-64}$$

如同前述，$\boldsymbol{M}$ 为极大单调算子，故根据 $\boldsymbol{R}^{-1}$ 的单射性可知，$\boldsymbol{R}^{-1}\circ\boldsymbol{M}$ 在内积 $\langle\cdot,\ \cdot\rangle_{\boldsymbol{R}}$ 诱导的 Hilbert 空间 $Y_{\boldsymbol{R}}$ 中是单调的。根据待定系数法可以求得 $\boldsymbol{R}^{-1}$ 为：

$$\boldsymbol{R}^{-1}=\begin{pmatrix}\left(\frac{\boldsymbol{I}}{t}-\boldsymbol{L}^*\boldsymbol{L}\right)^{-1} & -t\boldsymbol{L}^*(\boldsymbol{I}-t\boldsymbol{L}\boldsymbol{L}^*)^{-1}\\ -\boldsymbol{L}\left(\frac{\boldsymbol{I}}{t}-\boldsymbol{L}^*\boldsymbol{L}\right)^{-1} & (\boldsymbol{I}-t\boldsymbol{L}\boldsymbol{L}^*)^{-1}\end{pmatrix} \tag{6-65}$$

下面证明 $\boldsymbol{R}^{-1}\circ\boldsymbol{B}$ 的余强制性。对于任意 $\boldsymbol{y}=(\boldsymbol{x},\ \boldsymbol{v})$ 和 $\boldsymbol{y}'=(\boldsymbol{x}',\ \boldsymbol{v}')$，有：

$$\|\boldsymbol{R}^{-1}\circ\boldsymbol{B}(\boldsymbol{y})-\boldsymbol{R}^{-1}\circ\boldsymbol{B}(\boldsymbol{y}')\|_{\boldsymbol{R}}^2=\langle\boldsymbol{R}^{-1}\circ\boldsymbol{B}(\boldsymbol{y})-\boldsymbol{R}^{-1}\circ\boldsymbol{B}(\boldsymbol{y}'),\boldsymbol{B}(\boldsymbol{y})-\boldsymbol{B}(\boldsymbol{y}')\rangle$$

$$=\left\langle\left(\frac{\boldsymbol{I}}{t}-\boldsymbol{L}^*\boldsymbol{L}\right)^{-1}(\nabla p(\boldsymbol{x})-\nabla p(\boldsymbol{x}')),\nabla p(\boldsymbol{x})-\nabla p(\boldsymbol{x}')\right\rangle\leqslant$$

$$\left(\frac{\boldsymbol{I}}{t}-\|\boldsymbol{L}^*\boldsymbol{L}\|\right)^{-1}\|\nabla p(\boldsymbol{x})-\nabla p(\boldsymbol{x}')\|_2^2$$

$$\leqslant\gamma^2\left(\frac{1}{t}-\|\boldsymbol{L}^*\boldsymbol{L}\|\right)^{-1}\|\boldsymbol{x}-\boldsymbol{x}'\|_2^2\overset{\kappa=\frac{\frac{1}{t}-\|\boldsymbol{L}^*\boldsymbol{L}\|}{\gamma}}{=}\frac{\gamma}{\kappa}\|\boldsymbol{x}-\boldsymbol{x}'\|_2^2 \tag{6-66}$$

定义线性算子 $\boldsymbol{Q}$：$(\boldsymbol{x},\ \boldsymbol{v})\rightarrow(\boldsymbol{x},\ \boldsymbol{0})$，则：

$$\boldsymbol{R}-\kappa\boldsymbol{Q}=\begin{pmatrix}\frac{\boldsymbol{I}}{t} & \boldsymbol{L}^*\\ \boldsymbol{L} & \boldsymbol{I}\end{pmatrix}-\kappa\begin{pmatrix}\boldsymbol{I} & \boldsymbol{0}\\ \boldsymbol{0} & \boldsymbol{0}\end{pmatrix}=\begin{pmatrix}\|\boldsymbol{L}^*\boldsymbol{L}\|\boldsymbol{I} & \boldsymbol{L}^*\\ \boldsymbol{L} & \boldsymbol{I}\end{pmatrix} \tag{6-67}$$

容易验证，$\boldsymbol{R}-\kappa\boldsymbol{Q}$ 是半正定的，故有：

$$\gamma\kappa\|\boldsymbol{x}-\boldsymbol{x}'\|_2^2=\langle\boldsymbol{y}-\boldsymbol{y}',\gamma\kappa\boldsymbol{Q}(\boldsymbol{y}-\boldsymbol{y}')\rangle\leqslant\langle\boldsymbol{y}-\boldsymbol{y}',\boldsymbol{R}(\boldsymbol{y}-\boldsymbol{y}')\rangle=\|\boldsymbol{y}-\boldsymbol{y}'\|_{\boldsymbol{R}}^2 \tag{6-68}$$

联立式(6-66) 和式(6-68) 可得：

$$\kappa\|\boldsymbol{R}^{-1}\circ\boldsymbol{B}(\boldsymbol{y})-\boldsymbol{R}^{-1}\circ\boldsymbol{B}(\boldsymbol{y}')\|_{\boldsymbol{R}}^2\leqslant\|\boldsymbol{y}-\boldsymbol{y}'\|_{\boldsymbol{R}}^2 \tag{6-69}$$

故 $\kappa\boldsymbol{R}^{-1}\circ\boldsymbol{B}$ 在 $Y_{\boldsymbol{R}}$ 中是非扩张的。定义函数 q：$(\boldsymbol{x},\ \boldsymbol{v})\rightarrow p(\boldsymbol{x})$，则

在 $Y_{\boldsymbol{R}}$ 中有 $\nabla q = \boldsymbol{R}^{-1} \circ \boldsymbol{B}$，因此，根据文献［5］的推论 18.16，$\kappa \boldsymbol{R}^{-1} \circ \boldsymbol{B}$ 在 $Y_{\boldsymbol{R}}$ 中为固定非扩张的，即 $\boldsymbol{R}^{-1} \circ \boldsymbol{B}$ 为 κ-余强制的。

根据定理 6-3 条件①可知 $\kappa \geqslant 1/2$，故根据引理 6-3，可设置 $\tau = 1$ 和 $\delta = 2 - (\tau / 2\kappa)$，即式(6-63) 成立。根据引理 6-3，$\boldsymbol{y}^k$ 收敛到 $\mathrm{zer}(\boldsymbol{R}^{-1} \circ \boldsymbol{M} + \boldsymbol{R}^{-1} \circ \boldsymbol{B}) = \mathrm{zer}(\boldsymbol{M} + \boldsymbol{B})$，即收敛到变分条件式(6-57) 的解或是 Lagrange 函数式(6-56) 的鞍点。根据式(6-55) 与式(6-56) 的等价性，$\{\boldsymbol{x}^k;\ \boldsymbol{v}_1^k,\ \cdots,\ \boldsymbol{v}_H^k\}$ 收敛到问题式(6-55) 的鞍点，特别地，$\{\boldsymbol{x}^k\}$ 收敛到问题式(6-53) 的一个解。定理 6-3 得证。

由上述讨论可知，算法 6-3（6-4）可以看作一种特殊形式的前向-后向分裂方法。若设置 $p(\boldsymbol{x}) = 0$，则可发现，算法 6-1（6-2）则可视为一种特殊形式的临近迭代算法。

6.5 PPDS 在广义全变差/剪切波复合正则化图像复原中的应用

本节考虑如下正则化图像反问题：

$$
(\boldsymbol{u}^*, \boldsymbol{p}^*) = \underset{\boldsymbol{u},\boldsymbol{p}}{\operatorname{argmin}} \alpha_1 \| \nabla \boldsymbol{u} - \boldsymbol{p} \|_1 + \alpha_2 \| \varepsilon \boldsymbol{p} \|_1 + \alpha_3 \sum_{r=1}^{N} \| \mathrm{SH}_r(\boldsymbol{u}) \|_1
$$

$$
\text{s.t.} \quad \begin{cases} \boldsymbol{u} \in \Omega \triangleq \{\boldsymbol{u} : \boldsymbol{0} \leqslant \boldsymbol{u} \leqslant \boldsymbol{255}\} \\ \boldsymbol{u} \in \Psi \triangleq \{\boldsymbol{u} : \| \boldsymbol{K}\boldsymbol{u} - \boldsymbol{f} \|_2^2 \leqslant c\} \text{或} \{\boldsymbol{u} : \| \boldsymbol{K}\boldsymbol{u} - \boldsymbol{f} \|_1 \leqslant c\} \end{cases} \tag{6-70}
$$

上述模型与第 5 章模型的区别在于为图像像素施加了区间约束，当图像中的像素值大量取边界值时，这可以显著提高图像复原结果的质量。

为将 PPDS 运用到式(6-70) 的求解中，根据算法 6-1，对变量和算子做如下分配：$\boldsymbol{x} = (\boldsymbol{u},\ \boldsymbol{p})$、$g(\boldsymbol{x}) = \iota_{\Omega}(\boldsymbol{u})$、$f_1(\boldsymbol{L}_1 \boldsymbol{x}) = \alpha_1 \| \nabla \boldsymbol{u} - \boldsymbol{p} \|_1$、$f_2(\boldsymbol{L}_2 \boldsymbol{x}) = \alpha_2 \| \varepsilon \boldsymbol{p} \|_1$、$f_3(\boldsymbol{L}_{3,r} \boldsymbol{x}) = \alpha_3 \| \boldsymbol{S}_r \boldsymbol{u} \|_1$ 和 $f_4(\boldsymbol{L}_4 \boldsymbol{x}) = \iota_{\Psi}(\boldsymbol{u})$。此外，记 $\hat{\boldsymbol{v}}_h^{k+1} = 2\boldsymbol{v}_h^{k+1} - \boldsymbol{v}_h^k$。

根据算法 6-1（PPDS1），可以得到如下用于广义全变差/剪切波正则化反问题求解的 PPDS 算法。

算法 6-5　用于广义全变差/剪切波正则化的并行原始-对偶分裂算法(PPDS-TGVS)

步骤 1：设置 $k = 0$，$\boldsymbol{x}^0 = \boldsymbol{0}$，$\boldsymbol{v}_h^0 = \boldsymbol{0}$，$\beta_h > 0$，$h = 1, \cdots, 4$ 和 $0 < t \leqslant (1 / \sum_{h=1}^{4} \beta_h \| \boldsymbol{L}_h^* \boldsymbol{L}_h \|)$；

步骤 2：判断是否满足终止条件，若否，则执行以下步骤；

步骤 3：**for** $i=1,\cdots,m$；$j=1,\cdots,n$；$l=1,\cdots,o$；

步骤 4：$\tilde{\boldsymbol{v}}_{1,i,j,l}^{k+1}=P_{B_{\alpha_1}}(\beta_1((\nabla\boldsymbol{u}^k)_{i,j,l}-\boldsymbol{p}_{i,j,l}^k)+\boldsymbol{v}_{1,i,j,l}^k)$；

步骤 5：$\tilde{\boldsymbol{v}}_{2,i,j,l}^{k+1}=P_{B_{\alpha_2}}(\beta_2(\varepsilon\boldsymbol{p}^k)_{i,j,l}+\boldsymbol{v}_{2,i,j,l}^k)$；

步骤 6：$\tilde{\boldsymbol{v}}_{3,r,i,j,l}^{k+1}=P_{B_{\alpha_3}}(\beta_3(\boldsymbol{S}_r\boldsymbol{u}^k)_{i,j,l}+v_{3,r,i,j,l}^k)r=1,\cdots,N$；

步骤 7：结束 **for** 循环；

步骤 8：若噪声为 Gauss 噪声，则执行下一步；

步骤 9：$\tilde{\boldsymbol{v}}_4^{k+1}=\beta_4 S_{\sqrt{c}}\left(\frac{\boldsymbol{v}_4^k}{\beta_4}+\boldsymbol{K}\boldsymbol{u}^k-\boldsymbol{f}\right)$；

步骤 10：若噪声为脉冲噪声，则执行以下步骤；

步骤 11：$\tilde{\boldsymbol{v}}_4^{k+1}=\beta_4\left(\left(\frac{\boldsymbol{v}_4^k}{\beta_4}+\boldsymbol{K}\boldsymbol{u}^k-\boldsymbol{f}\right)-P_c\left(\frac{\boldsymbol{v}_4^k}{\beta_4}+\boldsymbol{K}\boldsymbol{u}^k-\boldsymbol{f}\right)\right)$；

步骤 12：$\tilde{\boldsymbol{u}}^{k+1}=P_\Omega(\boldsymbol{u}^k-t(\nabla^*\hat{\boldsymbol{v}}_1^{k+1}+\sum_{r=1}^{N}\boldsymbol{S}_r^*\hat{\boldsymbol{v}}_{3,r}^{k+1}+\boldsymbol{K}^*\hat{\tilde{\boldsymbol{v}}}_4^{k+1}))$；

步骤 13：$\boldsymbol{p}_1^{k+1}=\boldsymbol{p}_1^k-t(-\tilde{\boldsymbol{v}}_{1,1}^{k+1}+\nabla_1^*\hat{\boldsymbol{v}}_{2,1}^{k+1}+\nabla_2^*\hat{\boldsymbol{v}}_{2,3}^{k+1})$；

步骤 14：$\boldsymbol{p}_2^{k+1}=\boldsymbol{p}_2^k-t(-\hat{\boldsymbol{v}}_{1,2}^{k+1}+\nabla_1^*\hat{\boldsymbol{v}}_{2,3}^{k+1}+\nabla_2^*\hat{\boldsymbol{v}}_{2,2}^{k+1})$；

步骤 15：$(\boldsymbol{u}^{k+1},\ \boldsymbol{p}^{k+1})=\rho(\tilde{\boldsymbol{u}}^{k+1},\ \tilde{\boldsymbol{p}}^{k+1})+(1-\rho)(\boldsymbol{u}^k,\ \boldsymbol{p}^k)$；

步骤 16：$\boldsymbol{v}_h^{k+1}=\rho\tilde{\boldsymbol{v}}_h^{k+1}+(1-\rho)\boldsymbol{v}_h^k \quad h=1,\cdots,H$；

步骤 17：$k=k+1$；

步骤 18：结束循环并输出 $\boldsymbol{u}^{k+1}$。

P_Ω 为将像素值投影到区间约束 Ω 上的投影算子，其求解方法在第 5 章中已有详细说明。算法 6-5 的结构是高度并行的，且其每一个子步骤均有封闭解。关于 $\boldsymbol{v}_1$、$\boldsymbol{v}_2$、$\boldsymbol{v}_3$ 和 $\boldsymbol{v}_4$ 的子问题是相互独立的，可并行实现，关于 $\boldsymbol{u}$、$\boldsymbol{p}_1$ 和 $\boldsymbol{p}_2$ 的子问题具有类似的性质。此外，关于 $\boldsymbol{v}_1$、$\boldsymbol{v}_2$ 和 $\boldsymbol{v}_3$ 的子问题又可逐像素进行（像素间独立）。因此，算法 6-5 可以通过 GPU 等并行运算设备实现加速。算法 6-5 中，非下采样的剪切波变换耗时最重，因此对于一幅 $m\times n$ 的图像，其整体计算复杂度为 $mn\lg mn$。

在许多反问题中，数据获取过程通常伴随着某些数据成分的丢失，如图像模糊会导致高频图像信息的衰减，这类过程通常会使 $\|\boldsymbol{K}^*\boldsymbol{K}\|\leqslant 1$[37]，在本章中，即为该种情况。此外，还有

$$\|\nabla\boldsymbol{u}\|_2^2=\sum_{i,j}((u_{i,j}-u_{i-1,j})^2+(u_{i,j}-u_{i,j-1})^2)\leqslant \sum_{i,j}(u_{i-1,j}^2+2u_{i,j}^2+u_{i,j-1}^2)\leqslant 8\|\boldsymbol{u}\|_2^2 \tag{6-71}$$

与

$$\|\varepsilon\boldsymbol{p}\|_2^2=\sum_{i,j}\Big[(p_{i,j,1}-p_{i-1,j,1})^2+\frac{1}{2}(p_{i,j,1}-p_{i,j-1,1}+p_{i,j,2}-p_{i-1,j,2})^2+$$

$$(p_{i,j,2}-p_{i,j-1,2})^2\Big] \leqslant \sum_{i,j}\big[2(p_{i,j,1}^2+p_{i-1,j,1}^2)+$$
$$2(p_{i,j,1}^2+p_{i,j-1,1}^2+p_{i,j,2}^2+p_{i-1,j,2}^2)+2(p_{i,j,2}^2+p_{i,j-1,2}^2)\big]$$
$$=\sum_{i,j}2\big[(p_{i,j,1}^2+p_{i,j,2}^2)+(p_{i,j,1}^2+p_{i,j,2}^2)+$$
$$(p_{i-1,j,1}^2+p_{i-1,j,2}^2)+(p_{i,j-1,1}^2+p_{i,j-1,2}^2)\big]\leqslant 8\|\boldsymbol{p}\|_2^2 \tag{6-72}$$

成立。因此，按照算子分配方案，有：

$$\sum_{h=1}^{4}\beta_h\|\boldsymbol{L}_h^*\boldsymbol{L}_h\|=\beta_1\|\nabla^T\nabla\|+\beta_2\|\varepsilon^T\varepsilon\|+\beta_3\sum_{r=1}^{N}\|\boldsymbol{S}_r^*\boldsymbol{S}_r\|+ \tag{6-73}$$
$$\beta_4\|\boldsymbol{K}^*\boldsymbol{K}\|\leqslant 8\beta_1+8\beta_2+N\beta_3+\beta_4$$

故在本章中设置

$$t=\frac{1}{8\beta_1+8\beta_2+N\beta_3+\beta_4} \tag{6-74}$$

通过设置 $\alpha_3=0$，模型式(6-70) 仅含有$\mathrm{TGV}_{\boldsymbol{\alpha}}^2$ 作为正则化子，此时，记算法 6-5 为 PPDS-TGV；更进一步地，若 $\alpha_2=0$ 和 $\boldsymbol{p}=\boldsymbol{0}$ 同时成立，算法 6-5 则退化为仅包含 TV 正则项的 PPDS-TV。在实验表格中，对各个比较指标的最好结果进行了粗体显式。

需要强调的是，PPDS 算法在 PADMM 算法的基础上消除了线性算子的逆运算，这使得 PPDS 算法在多通道图像处理中更具潜力。在多通道图像处理中，退化算子（矩阵）$\boldsymbol{K}$ 往往有着更为复杂的形式。例如，在多通道图像去模糊中，因为通道间模糊的存在，模糊矩阵 $\boldsymbol{K}$ 可能无法通过 FFT 完全实现对角化，这会显著增加矩阵求逆的运算开支。

6.6 实验结果

本节设置了以下四个图像反问题实验来验证所提 PPDS 算法的有效性：①Gauss/脉冲噪声下的灰度/彩色图像去模糊；②对不完整图像数据进行修补；③由部分 Fourier 观测数据重建 MR 图像；④像素区间约束有效性检测实验。退化图像和复原图像的质量通过峰值信噪比（PSNR）和结构相似度指数（SSIM）两项指标进行定量评价。为更好地展示 PPDS 的单步执行效率，以下实验的算法停止准则更多地被设置为固定的迭代步数。

在本章的图像去模糊/修补实验中，若图像为灰度图像，则设置$(\alpha_1, \alpha_2, \alpha_3)=(1, 3, 0.1)$，若图像为 RGB 图像，则设置$(\alpha_1, \alpha_2, \alpha_3)=(2, 9, 0.05)$；对于 MRI 重建问题，设置$(\alpha_1, \alpha_2, \alpha_3)=(1, 3,$

10)。设置剪切波变换层数为 2，即总的子带数为 13。在所有实验中，令 PPDS 算法中 $\rho^k \equiv 1.9$。其余参数设置与第 5 章实验相同。

6.6.1 图像去模糊实验

为测试 PPDS 算法（算法 6-5）对于灰度/多通道图像反卷积的适用性，本小节以 Lansel 图像数据库[204] 和 Kodak 图像数据库❶为背景，设置了多个图像去模糊实验。Lansel 图像数据库包含 12 幅大小为 512×512 的灰度图像，而 Kodak 图像数据库包含 24 幅高分辨率的 RGB 图像，其大小均为 768×512 或 512×768。多个算法参与了与 PPDS 算法的比较，包括：第 5 章的并行交替方向乘子法（PADMM）以及基于 TV 的 Wen-Chan 和 C-SALSA。这四种算法均为自适应算法，避免了正则化参数 λ 的人工选取。PPDS 和 PADMM 均可完成 Gauss/脉冲噪声下的图像去模糊任务，而 Wen-Chan 和 C-SALSA 只能处理 Gauss 噪声下的灰度图像。与 PPDS 不同的是，PADMM、Wen-Chan 和 C-SALSA 三种算法均含有矩阵求逆过程，而后两者更是含有嵌套迭代结构。

（1）灰度图像去模糊

表 6-1 给出了灰度图像去模糊实验的背景问题，针对 Gauss 噪声和脉冲噪声，各设置了三个问题。所有算法的停机准则为迭代步数达到 150。

表 6-1 灰度图像去模糊实验设置细节

模糊核	图像	Gauss 噪声	脉冲噪声
A(9)	Barbara, boat, couple, Elaine	$\sigma=2$	50%
G(9,3)	Goldhill, Lena, man, mandrill	$\sigma=\sqrt{8}$	60%
M(30,30)	peppers, plane, Stream, Zelda	$\sigma=4$	70%

表 6-2 和表 6-3 分别给出了 Gauss 噪声和脉冲噪声下各算法所得到的 PSNR、SSIM 和 CPU 时间。从表 6-2 和表 6-3 可以观察到以下几点现象。第一，PPDS 可以得到与 PADMM 相近但稍高的 PSNR 和 SSIM，其原因是 PPDS 引入了图像像素值的区间约束。特别地，PPDS-TGVS 获得了最好的结果。第二，正则化模型越复杂，则复原图像质量越高，但耗时也更长。需要指出的是，在某些情况下 TGV 算法的 PSNR 相比于 TV 算法的 PSNR 并无明显优势，但更高的 SSIM 和更好的视觉效果（图 6-1 和图 6-2）却仍支持这一论断。第三，PPDS 的单步执行效率要高于 PADMM，后者在每步迭代中引入了形如 $\left(\sum_{h=1}^{H}\boldsymbol{L}_h^*\boldsymbol{L}_h\right)^{-1}$ 的线性求逆运

❶ http://r0k.us/graphics/kodak/.

算。当正则化模型中包含剪切波变换时，PPDS 的效率优势会被弱化，这是因为非下采样的剪切波变换消耗了大部分的运算时间。在脉冲噪声下，PPDS 相比于 PADMM 的效率优势同样并不显著，其原因在于两算法都涉及了耗时的 l_1 投影问题。第四，尽管引入图像函数二阶导数的 PPDS-TGV 有着比 C-SALSA 和 Wen-Chan 更为复杂的正则化模型，但得益于更简洁的算法结构，其单步执行效率却高于 C-SALSA，且与 Wen-Chan 的效率相当。

表 6-2 Gauss 噪声条件下的灰度图像去模糊实验结果

方法	Barbara (22.45,0.5691)			Boat (23.30,0.5428)			Couple (23.19,0.5060)			Elaine (27.30,0.6572)		
	PSNR	SSIM	CPU (s)	PSNR	SSIM	CPU (s)	PSNR	SSIM	CPU (s)	PSNR	SSIM	CPU (s)
PPDS-TGVS	**24.44**	**0.6992**	59.61	**28.85**	**0.7802**	59.89	**28.65**	**0.7916**	59.92	**31.43**	**0.7419**	60.02
PPDS-TGV	24.35	0.6930	10.07	28.57	0.7723	10.11	28.41	0.7821	9.96	31.28	0.7374	10.00
PPDS-TV	24.32	0.6865	**5.97**	28.49	0.7689	**5.99**	28.37	0.7800	**5.91**	31.16	0.7319	**5.98**
PADMM-TGVS	24.42	0.6988	64.14	28.76	0.7782	63.61	28.58	0.7890	63.31	31.39	0.7408	63.81
PADMM-TGV	24.34	0.6919	14.94	28.59	0.7721	14.53	28.37	0.7820	14.55	31.24	0.7343	15.08
PADMM-TV	24.34	0.6875	7.97	28.53	0.7690	7.81	28.32	0.7795	7.84	31.11	0.7296	7.93
Wen-Chan	24.20	0.6843	9.65	28.31	0.7631	9.56	28.25	0.7759	9.57	31.05	0.7265	9.61
C-SALSA	24.22	0.6854	22.22	28.48	0.7659	21.90	28.32	0.7793	21.85	31.06	0.7272	21.91
方法	Goldhill (25.80,0.5992)			Lena (26.69,0.7214)			Man (25.29,0.6263)			Mandrill (20.85,0.3704)		
	PSNR	SSIM	CPU (s)	PSNR	SSIM	CPU (s)	PSNR	SSIM	CPU (s)	PSNR	SSIM	CPU (s)
PPDS-TGVS	**28.58**	**0.7237**	59.26	**30.40**	0.8362	59.82	**28.22**	**0.7620**	60.00	**22.03**	**0.5139**	59.87
PPDS-TGV	28.39	0.7168	9.97	30.15	0.8301	9.99	28.06	0.7550	10.07	21.96	0.5097	10.01
PPDS-TV	28.32	0.7125	**5.91**	29.93	0.8198	**5.93**	28.02	0.7495	**5.92**	21.92	0.5053	**5.92**
PADMM-TGVS	28.54	0.7229	63.48	30.36	**0.8368**	63.40	28.17	0.7612	63.42	22.02	0.5120	63.37
PADMM-TGV	28.37	0.7164	14.55	30.13	0.8302	14.58	28.02	0.7537	14.58	21.95	0.5063	14.58
PADMM-TV	28.33	0.7127	7.84	29.99	0.8210	7.85	27.96	0.7495	7.85	21.93	0.5044	7.85
Wen-Chan	28.17	0.7007	9.54	29.73	0.8135	9.48	27.92	0.7471	9.51	21.83	0.5026	9.57
C-SALSA	28.26	0.7109	21.96	29.76	0.8154	21.99	27.97	0.7508	21.99	21.81	0.5020	22.01
方法	Peppers (24.88,0.6618)			Plane (23.02,0.6381)			Stream (21.11,0.4249)			Zelda (28.00,0.7006)		
	PSNR	SSIM	CPU (s)	PSNR	SSIM	CPU (s)	PSNR	SSIM	CPU (s)	PSNR	SSIM	CPU (s)
PPDS-TGVS	**30.40**	**0.8393**	59.96	**28.00**	**0.8588**	59.89	**24.56**	**0.6590**	60.29	**32.32**	**0.8561**	59.98
PPDS-TGV	30.33	0.8369	9.98	27.93	0.8557	10.02	24.50	0.6549	10.06	32.23	0.8527	9.99
PPDS-TV	30.15	0.8331	**5.94**	27.89	0.8549	**5.92**	24.48	0.6527	**5.98**	31.56	0.8328	**5.93**
PADMM-TGVS	30.36	0.8382	63.32	27.98	0.8584	63.31	24.52	0.6585	64.11	32.23	0.8560	63.36
PADMM-TGV	30.29	0.8371	14.57	27.96	0.8570	14.57	24.51	0.6551	14.67	32.21	0.8525	14.58
PADMM-TV	30.12	0.8325	7.85	27.86	0.8556	7.85	24.49	0.6531	7.90	31.58	0.8336	7.85
Wen-Chan	29.41	0.8295	9.58	27.83	0.8546	9.70	24.53	0.6498	9.61	31.45	0.8274	9.48
C-SALSA	29.80	0.8305	21.99	27.85	0.8547	22.00	24.46	0.6441	22.13	31.52	0.8358	21.99

表 6-3 脉冲噪声条件下的灰度图像去模糊实验结果

方法	Barbara (8.99,0.0163)			Boat (9.15,0.0140)			Couple (9.36,0.0158)			Elaine (8.87,0.0140)		
	PSNR	SSIM	CPU (s)	PSNR	SSIM	CPU (s)	PSNR	SSIM	CPU (s)	PSNR	SSIM	CPU (s)
PPDS-TGVS	**24.45**	**0.7284**	68.22	**29.59**	**0.8230**	70.01	**29.33**	**0.8359**	68.64	**32.27**	**0.7740**	69.86
PPDS-TGV	24.29	0.7207	16.66	29.10	0.8130	16.22	28.87	0.8242	16.17	31.98	0.7682	16.26
PPDS-TV	24.26	0.7163	**12.03**	29.04	0.8112	**12.13**	28.83	0.8228	**11.99**	31.88	0.7658	**11.89**
PADMM-TGVS	24.41	0.7256	73.40	29.44	0.8184	74.84	29.16	0.8294	73.64	32.25	0.7710	73.98
PADMM-TGV	24.26	0.7203	20.08	29.12	0.8119	20.37	28.82	0.8207	20.18	31.96	0.7677	20.39
PADMM-TV	24.24	0.7156	12.77	29.05	0.8099	12.94	28.80	0.8199	12.81	31.90	0.7661	12.90

方法	Goldhill (8.20,0.0115)			Lena (8.50,0.0137)			Man (8.73,0.0140)			Mandrill (9.05,0.0142)		
	PSNR	SSIM	CPU (s)	PSNR	SSIM	CPU (s)	PSNR	SSIM	CPU (s)	PSNR	SSIM	CPU (s)
PPDS-TGVS	**28.89**	**0.7490**	68.22	**30.77**	**0.8534**	69.78	**28.63**	**0.7869**	69.41	**21.84**	**0.5173**	69.13
PPDS-TGV	28.62	0.7430	16.27	30.22	0.8435	16.23	28.44	0.7810	16.32	21.72	0.5143	16.49
PPDS-TV	28.56	0.7407	**12.02**	30.16	0.8405	**11.94**	28.39	0.7790	**12.14**	21.71	0.5122	**12.12**
PADMM-TGVS	28.58	0.7433	74.07	30.66	0.8512	73.74	28.54	0.7829	74.86	21.77	0.5113	74.14
PADMM-TGV	28.22	0.7392	21.06	30.20	0.8431	20.64	28.39	0.7789	20.39	21.54	0.5081	20.58
PADMM-TV	28.20	0.7383	13.32	30.15	0.8402	13.10	28.37	0.7768	12.93	21.56	0.5066	13.15

方法	Peppers (7.96,0.0098)			Plane (7.52,0.0115)			Stream (6.90,0.0096)			Zelda (10.01,0.0127)		
	PSNR	SSIM	CPU (s)	PSNR	SSIM	CPU (s)	PSNR	SSIM	CPU (s)	PSNR	SSIM	CPU (s)
PPDS-TGVS	**27.11**	**0.7948**	68.91	**24.37**	**0.7819**	69.62	**21.56**	**0.4801**	70.24	**30.19**	**0.8279**	70.13
PPDS-TGV	26.69	0.7882	17.18	24.08	0.7783	16.47	21.35	0.4702	16.92	29.83	0.8219	16.84
PPDS-TV	26.76	0.7840	**12.49**	24.17	0.7751	**12.31**	21.27	0.4680	**12.67**	29.64	0.8003	**12.52**
PADMM-TGVS	26.88	0.7871	74.24	24.29	0.7812	72.36	21.37	0.4787	76.05	30.01	0.8252	74.71
PADMM-TGV	26.62	0.7868	21.36	24.05	0.7778	20.02	21.24	0.4689	21.33	29.80	0.8214	20.83
PADMM-TV	26.69	0.7824	13.72	24.22	0.7756	13.04	21.18	0.4665	13.81	29.64	0.8001	13.47

图 6-1 和图 6-2 分别展示了不同算法 Gauss 噪声下的 boat 复原图像和脉冲噪声下的 Lena 复原图像。从这些复原图像可以看到，TGV 模型在不同噪声下，均可有效抑制 TV 算法结果中的阶梯效应（如图 6-1 中 PPDS-TV、PADMM-TV、Wen-Chan 和 C-SALSA 算法复原图像中船的表面，图 6-2 中 PPDS-TV 和 PADMM-TV 算法复原图像中 Lena 的脸部）。相比于 TGV 模型，TGV/剪切波复合模型则可以更清晰更整洁地保存图像中的边缘，其原因是剪切波变换可以更好表示图像中的各向异性特征，如边缘和曲线。

原始图像
退化图像, PSNR=23.30dB, SSIM=0.5428
PPDS-TGVS, PSNR=28.85dB, SSIM=0.7802
PPDS-TGV, PSNR=28.57dB, SSIM=0.7723
PPDS-TV, PSNR=28.49dB, SSIM=0.7689
PADMM-TGVS, PSNR=28.76dB, SSIM=0.7782

图 6-1

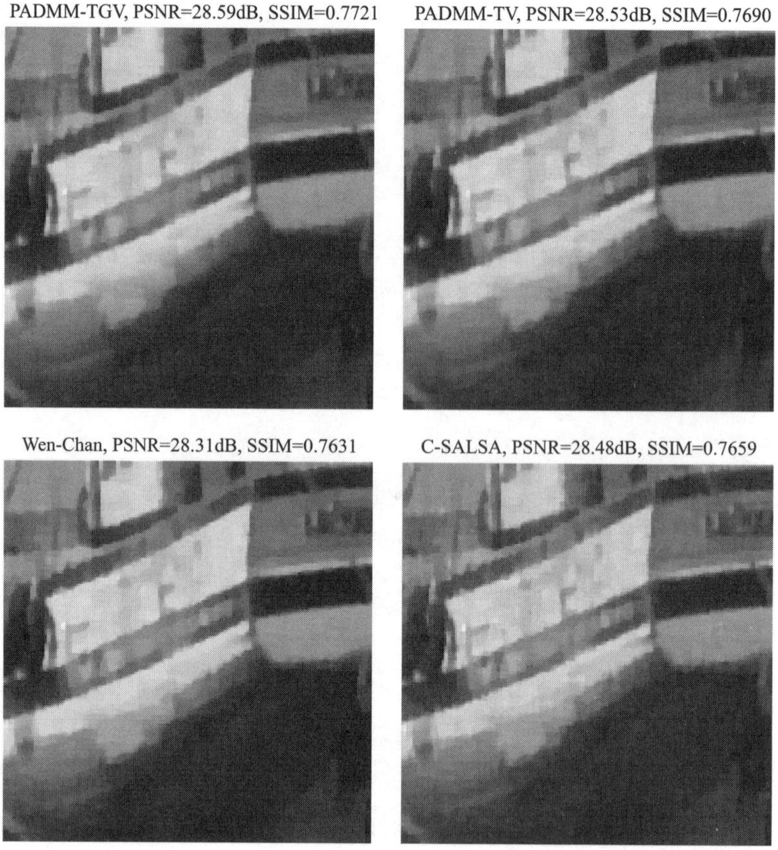

图 6-1 A (9) 模糊和 $\sigma = 2$ 的 Gauss 噪声条件下，不同算法的 boat 复原图像

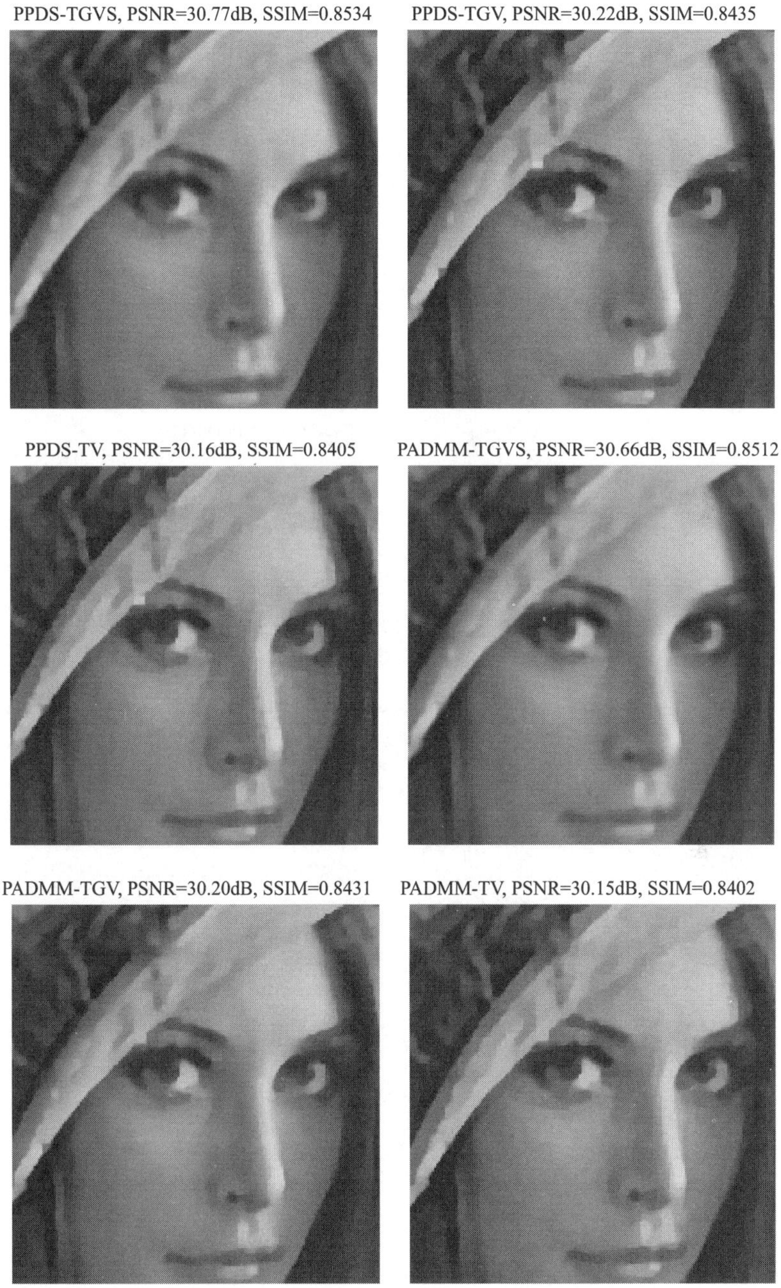

图 6-2　G (9, 3) 模糊和 60%的脉冲噪声条件下，不同算法的 Lena 复原图像

图 6-3(a) 和 (b) 通过 PSNR 相对于 CPU 时间的变化曲线，进一步展示了上述两个背景问题下各个算法的收敛过程。首先，图 6-3(a) 说明 PPDS-TV 和 PADMM-TV 在收敛速度和 PSNR 两个方面比同样基于 TV 的 Wen-Chan 和 C-SALSA 更具优势。其次，尽管 PPDS 由于采用了线性化手段而可能在开始阶段落后于 PADMM，依靠着更高的单步执行效率，它比 PADMM 更早步入收敛。

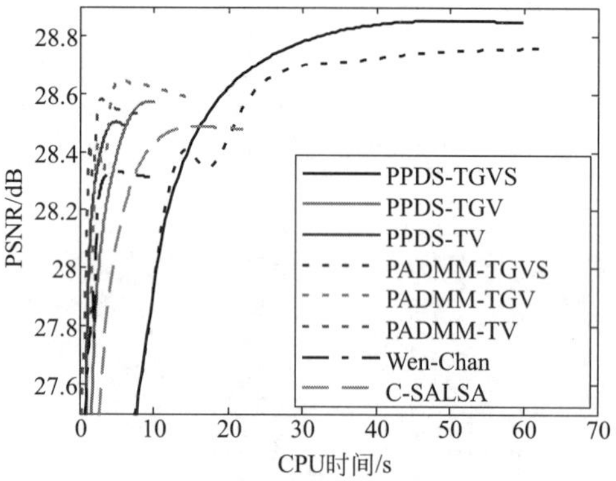

(a) boat图像PSNR相对于时间的变化曲线

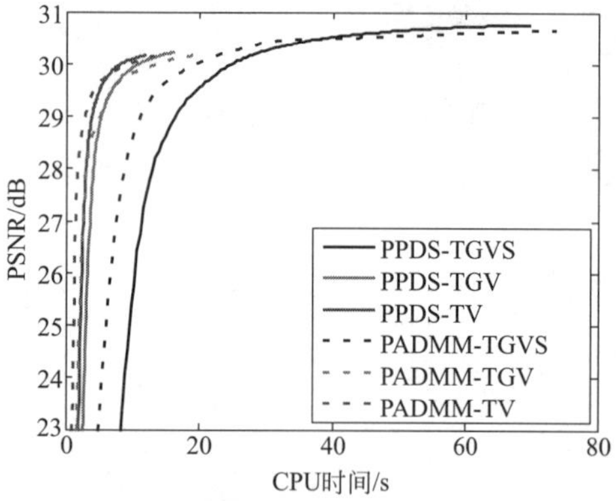

(b) Lena图像PSNR相对于时间的变化曲线

图 6-3 Gauss 噪声条件下 boat 和脉冲噪声条件下 Lena 复原实验 PSNR 相对于时间的变化曲线

(2) 多通道图像去模糊

对于多通道图像去模糊，各个算法的停止准则为迭代步数达到 300。表 6-4 给出了背景问题的详细描述。其中三个通道间模糊由以下方式产生：

① 产生 9 个模糊核：{A(13)，A(15)，A(17)，G(11，9)，G(21，11)，G(31，13)，M(21，45)，M(41，90)，M(61，135)}；

② 将上述 9 个模糊核分配到 {K_{11}，K_{12}，K_{13}；K_{21}，K_{22}，K_{23}；K_{31}，K_{32}，K_{33}}，其中 K_{ii} 为通道内模糊而其余为通道间模糊；

③ 将上述模糊核乘以权重 {0.8，0.1，0.1；0.2，0.6，0.2；0.15，0.15，0.7}（模糊 1），{0.6，0.2，0.2；0.15，0.7，0.15；0.1，0.1，0.8}（模糊 2）和 {0.7，0.15，0.15；0.1，0.8，0.1；0.2，0.2，0.6}（模糊 3）得到最终的模糊核。

表 6-4　RGB 图像去模糊实验设置细节

模糊类型	图像	Gauss 噪声	脉冲噪声
1	Kodim1～Kodim8	$\sigma=2$	50%
2	Kodim9～Kodim16	$\sigma=4$	60%
3	Kodim17～Kodim24	$\sigma=6$	70%

表 6-5 和表 6-6 分别给出了两种噪声条件下 PPDS-TGV、PPDS-TV、PADMM-TGV 和 PADMM-TV 的实验结果。相比于 TGV 模型，TGV/剪切波复合正则化模型在 RGB 图像的去模糊中并不具有优势，反而耗时更长，因此，未将其结果列入表中。表 6-5 和表 6-6 表明，在 PSNR 和 SSIM 定量比较方面，TGV 模型比 TV 模型更有优势。图 6-4（Gauss 噪声）和图 6-5（脉冲噪声）则进一步形象地说明了基于 TGV 的复原结果相比于基于 TV 的复原结果的视觉优势。在基于 TV 模型的复原结果中，女孩的脸部和飞机的腹部出现了明显的阶梯效应，相比之下，基于 TGV 模型的复原结果则几乎不含有阶梯效应。此外，PPDS 在 PSNR 和 SSIM 两方面要稍优于 PADMM。

表 6-5　Gauss 噪声条件下的 RGB 图像去模糊实验结果

图像	退化图像		PPDS-TGV			PPDS-TV			PADMM-TGV			PADMM-TV		
	PSNR	SSIM	PSNR	SSIM	CPU (s)	PSNR	SSIM	CPU (s)	PSNR	SSIM	CPU (s)	PSNR	SSIM	CPU (s)
1	19.25	0.3037	**23.34**	**0.5863**	140.13	23.22	0.5841	**96.82**	23.32	0.5857	206.14	23.21	0.5835	134.48
2	20.89	0.6636	**29.14**	**0.7630**	139.93	29.08	0.7591	**96.58**	**29.14**	0.7622	206.34	29.09	0.7602	134.32
3	22.81	0.7306	**29.83**	**0.8329**	139.67	29.81	0.8310	**96.59**	29.82	0.8326	206.27	29.81	0.8304	134.41
4	21.95	0.6381	**28.64**	**0.7575**	137.93	28.54	0.7516	**94.14**	28.63	0.7567	201.36	28.56	0.7522	131.65
5	18.01	0.3282	**22.60**	**0.6258**	139.04	22.48	0.6171	**96.68**	22.52	0.6191	206.94	22.46	0.6163	134.14
6	20.87	0.4533	**24.63**	**0.6254**	139.23	24.61	0.6238	**96.78**	24.62	**0.6256**	206.45	24.60	0.6233	134.36
7	21.18	0.6022	**27.36**	**0.8401**	139.13	27.24	0.8351	**96.54**	27.33	0.8389	206.75	27.21	0.8341	134.11
8	16.25	0.2956	**21.63**	**0.6820**	140.31	21.49	0.6728	**96.64**	21.51	0.6724	206.41	21.45	0.6712	134.35

续表

图像	退化图像		PPDS-TGV			PPDS-TV			PADMM-TGV			PADMM-TV		
	PSNR	SSIM	PSNR	SSIM	CPU（s）	PSNR	SSIM	CPU（s）	PSNR	SSIM	CPU（s）	PSNR	SSIM	CPU（s）
9	22.24	0.6287	**27.58**	**0.7953**	137.62	27.52	0.7939	**94.17**	27.53	0.7943	201.80	27.46	0.7932	131.89
10	22.89	0.6054	27.12	0.7600	136.96	27.01	0.7540	**94.13**	**27.14**	**0.7603**	201.82	27.01	0.7544	131.61
11	21.20	0.4865	**25.15**	**0.6492**	140.01	25.11	0.6466	**96.83**	25.13	0.6485	207.39	25.11	0.6463	134.12
12	22.38	0.6382	**28.41**	**0.7613**	140.15	28.35	0.7608	**96.64**	28.36	0.7611	207.39	28.31	0.7603	134.30
13	18.00	0.2357	**20.55**	**0.4090**	141.70	20.53	0.4074	**96.63**	20.54	0.4084	206.96	20.52	0.4076	134.21
14	19.67	0.4102	**24.02**	**0.5859**	140.11	23.97	0.5807	**96.71**	**24.02**	0.5845	206.79	23.99	0.5811	134.18
15	20.26	0.6387	**27.80**	**0.7788**	137.54	27.76	0.7770	**96.77**	27.78	0.7779	206.82	27.72	0.7764	134.37
16	24.20	0.5488	**27.12**	**0.6631**	140.62	27.10	0.6593	**96.70**	27.10	0.6616	206.95	27.08	0.6587	134.17
17	22.49	0.5429	26.48	0.7401	137.13	**26.51**	0.7385	**94.23**	26.50	**0.7403**	203.49	26.49	0.7377	132.19
18	20.21	0.3869	**23.35**	**0.5684**	138.57	23.28	0.5666	**94.12**	**23.35**	0.5679	202.43	23.26	0.5659	131.72
19	20.09	0.4657	24.01	**0.6767**	137.96	24.00	0.6749	**94.21**	**24.02**	0.6765	202.31	23.99	0.6749	131.87
20	20.41	0.6354	**26.50**	**0.8039**	140.19	26.38	0.8018	**96.69**	26.48	0.8036	206.37	26.37	0.8013	134.28
21	20.22	0.4830	**23.83**	**0.6842**	139.95	23.78	0.6827	**96.84**	23.81	0.6837	206.62	23.77	0.6822	134.16
22	21.34	0.4670	25.42	**0.6404**	139.24	25.38	0.6388	**96.77**	**25.43**	0.6400	206.65	25.37	0.6383	134.18
23	20.19	0.6691	**27.73**	**0.8528**	140.28	27.61	0.8446	**96.80**	**27.73**	0.8524	206.41	27.56	0.8436	134.21
24	19.44	0.4098	**22.60**	**0.6200**	140.64	22.57	0.6189	**96.58**	22.58	0.6193	206.89	22.54	0.6183	134.25

表 6-6　脉冲噪声条件下的 RGB 图像去模糊实验结果

图像	退化图像		PPDS-TGV			PPDS-TV			PADMM-TGV			PADMM-TV		
	PSNR	SSIM	PSNR	SSIM	CPU（s）	PSNR	SSIM	CPU（s）	PSNR	SSIM	CPU（s）	PSNR	SSIM	CPU（s）
1	8.30	0.0183	**25.16**	**0.7273**	198.84	25.10	0.7215	**156.42**	25.14	0.7263	268.79	25.08	0.7211	196.45
2	7.68	0.0164	31.43	0.8464	195.45	31.31	0.8426	**152.63**	**31.44**	**0.8466**	269.77	31.29	0.8418	193.18
3	8.21	0.0176	**32.18**	**0.8896**	201.37	32.00	0.8863	**152.23**	32.15	0.8889	262.66	31.96	0.8857	192.44
4	8.17	0.0181	**30.94**	**0.8376**	203.00	30.88	0.8362	**150.57**	30.90	0.8367	268.28	30.85	0.8346	191.22
5	7.72	0.0189	**24.25**	**0.7560**	203.79	24.17	0.7506	**155.26**	24.20	0.7540	267.33	24.11	0.7479	195.81
6	8.04	0.0160	**26.18**	**0.7539**	197.96	26.11	0.7475	**154.88**	26.14	0.7526	271.59	26.04	0.7443	194.82
7	8.36	0.0192	**30.91**	**0.9219**	197.80	30.77	0.9195	**153.61**	30.87	0.9208	266.02	30.71	0.9192	193.61
8	7.77	0.0201	**22.90**	**0.7743**	197.57	22.82	0.7713	**155.73**	22.83	0.7727	267.93	22.76	0.7701	195.96
9	7.80	0.0147	**30.09**	**0.8614**	198.05	30.03	0.8591	**153.33**	30.06	0.8609	273.65	30.02	0.8594	192.29
10	7.79	0.0149	29.49	0.8532	216.66	29.47	0.8523	**153.73**	29.50	0.8534	277.88	29.45	0.8525	192.99
11	7.37	0.0133	**26.79**	**0.7533**	210.43	26.78	0.7521	**156.55**	26.79	0.7530	273.59	26.77	0.7517	195.88
12	7.44	0.0143	**30.76**	**0.8349**	198.67	30.71	0.8316	**155.56**	30.75	0.8340	269.34	30.68	0.8309	194.81
13	7.20	0.0131	**21.39**	0.5380	203.83	21.33	0.5365	**158.42**	21.38	0.5383	278.40	21.31	0.5360	197.56
14	7.18	0.0137	**25.82**	**0.7130**	205.93	25.75	0.7107	**156.75**	25.80	0.7125	272.90	25.72	0.7098	197.19
15	6.55	0.0123	**29.77**	**0.8410**	194.50	29.72	0.8394	**153.86**	29.74	0.8407	268.84	29.70	0.8392	194.26
16	7.58	0.0149	**28.59**	**0.7569**	206.52	28.55	0.7549	**156.89**	28.57	0.7561	272.03	28.54	0.7543	195.98

续表

图像	退化图像		PPDS-TGV			PPDS-TV			PADMM-TGV			PADMM-TV		
	PSNR	SSIM	PSNR	SSIM	CPU (s)	PSNR	SSIM	CPU (s)	PSNR	SSIM	CPU (s)	PSNR	SSIM	CPU (s)
17	6.39	0.0105	**27.95**	**0.8073**	198.15	27.84	0.8007	**155.22**	27.91	0.8062	263.36	27.82	0.8000	195.01
18	6.30	0.0101	**23.99**	**0.6488**	197.43	23.98	0.6459	**155.86**	23.96	0.6475	265.44	23.95	0.6410	195.09
19	6.87	0.0115	**24.37**	**0.7216**	198.33	24.30	0.7202	**156.41**	24.35	0.7208	264.40	24.31	0.7189	194.91
20	5.48	0.0103	**27.62**	**0.8442**	200.14	27.58	0.8414	**158.54**	27.58	0.8424	264.96	27.51	0.8386	196.26
21	6.96	0.0123	**24.52**	**0.7366**	201.25	24.49	0.7347	**159.95**	24.50	0.7360	270.24	24.46	0.7324	198.47
22	6.89	0.0112	**26.38**	**0.7083**	200.94	26.32	0.7044	**159.05**	26.33	0.7074	268.05	26.29	0.7018	197.81
23	6.57	0.0112	**28.81**	**0.8881**	199.06	28.61	0.8835	**157.10**	28.74	0.8843	267.14	28.52	0.8811	196.13
24	6.67	0.0117	**23.17**	**0.6938**	201.45	23.13	0.6880	**159.43**	23.12	0.6917	269.70	23.09	0.6832	198.45

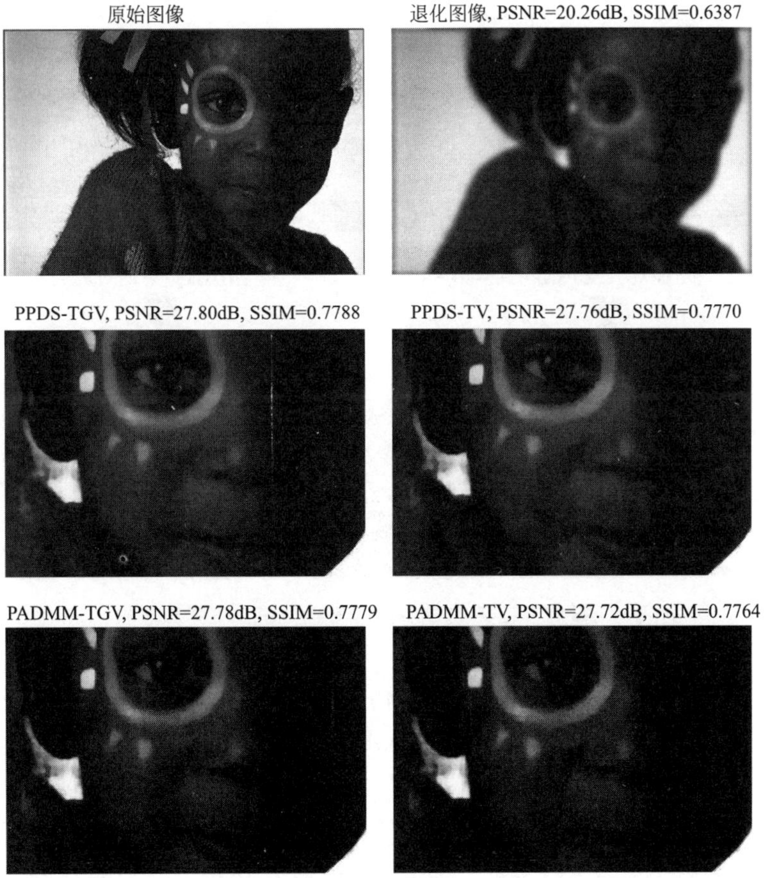

图 6-4　模糊 2 和 $\sigma=4$ 的 Gauss 噪声条件下，不同算法的 Kodim15 复原图像

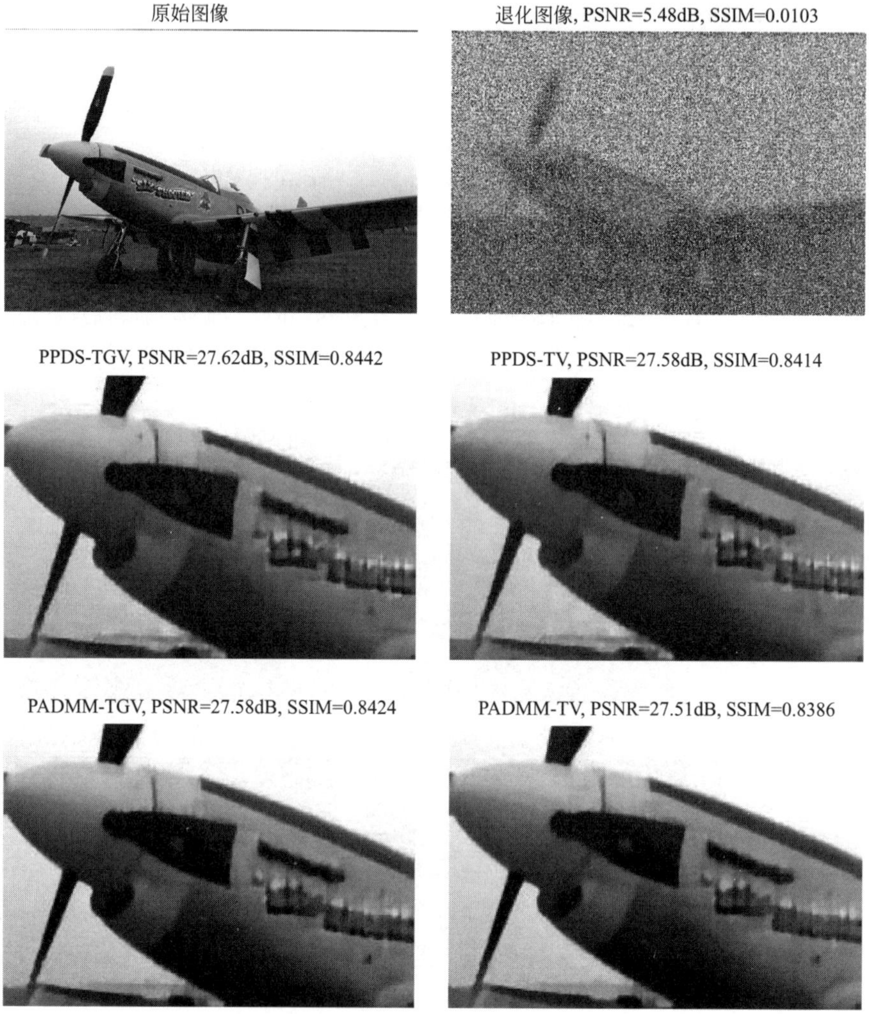

图 6-5　模糊 3 和 70%的脉冲噪声条件下，不同算法的 Kodim20 复原图像

表 6-5 和表 6-6 还说明 PPDS 的速度比 PADMM 更快，且 PPDS 的单步执行效率要显著优于 PADMM 的单步执行效率，其原因是两方面的。一方面，如同灰度图像去模糊，PPDS 不需要引入矩阵的求逆运算；另一方面，当面对矩阵求逆运算时，PADMM 需要引入一 Gauss 消去过程来实现原始变量的更新，这进一步加剧了 PADMM 的运算负担。图 6-6 表明，尽管可能在开始阶段处于落后位置，PPDS 能比 PADMM 更快地步入收敛。

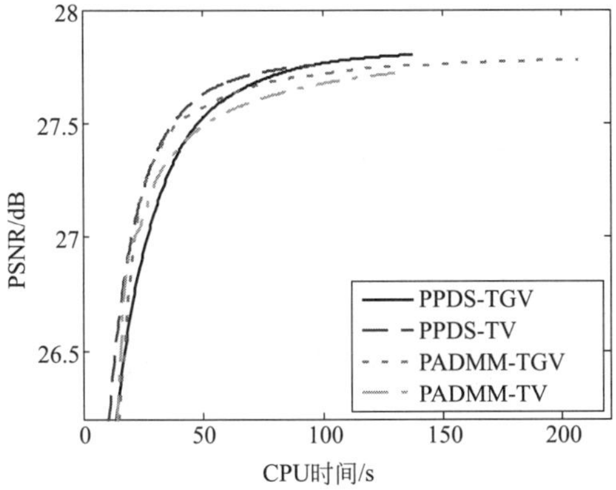

(a) Kodim15PSNR相对于时间的变化曲线

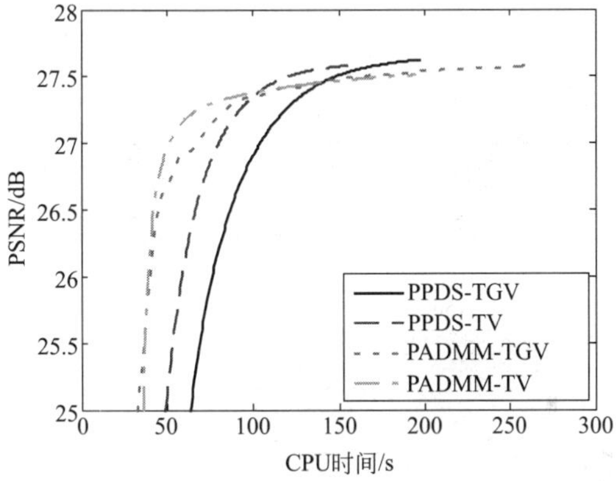

(b) Kodim20PSNR相对于时间的变化曲线

图 6-6 Gauss 噪声条件下 Kodim15 和脉冲噪声条件下 Kodim20 复原实验 PSNR 相对于时间的变化曲线

（3）PPDS 与 Condat 算法以及 PLADMM 算法的比较

PPDS 方法可以视为 PLADMM 和 Condat 原始-对偶方法的推广，为进一步体现 PPDS 相比于这两种方法的优越性，图 6-7 给出了模糊 1 和 Gauss 噪声条件下，PPDS-TGV、PLADMM-TGV 和 Condat-TGV 三种方法 Kodim05 的复原图像。三种方法的迭代步数均为 300。PLADMM-TGV 和 Condat-TGV 算法的参数设置使得复原结果为最优。从图 6-7 可以发现，PPDS-TGV 的结果比其他结果更为清晰，且 PPDS-TGV 的收敛速度要明显快于 PLADMM-TGV 和 Condat-TGV。

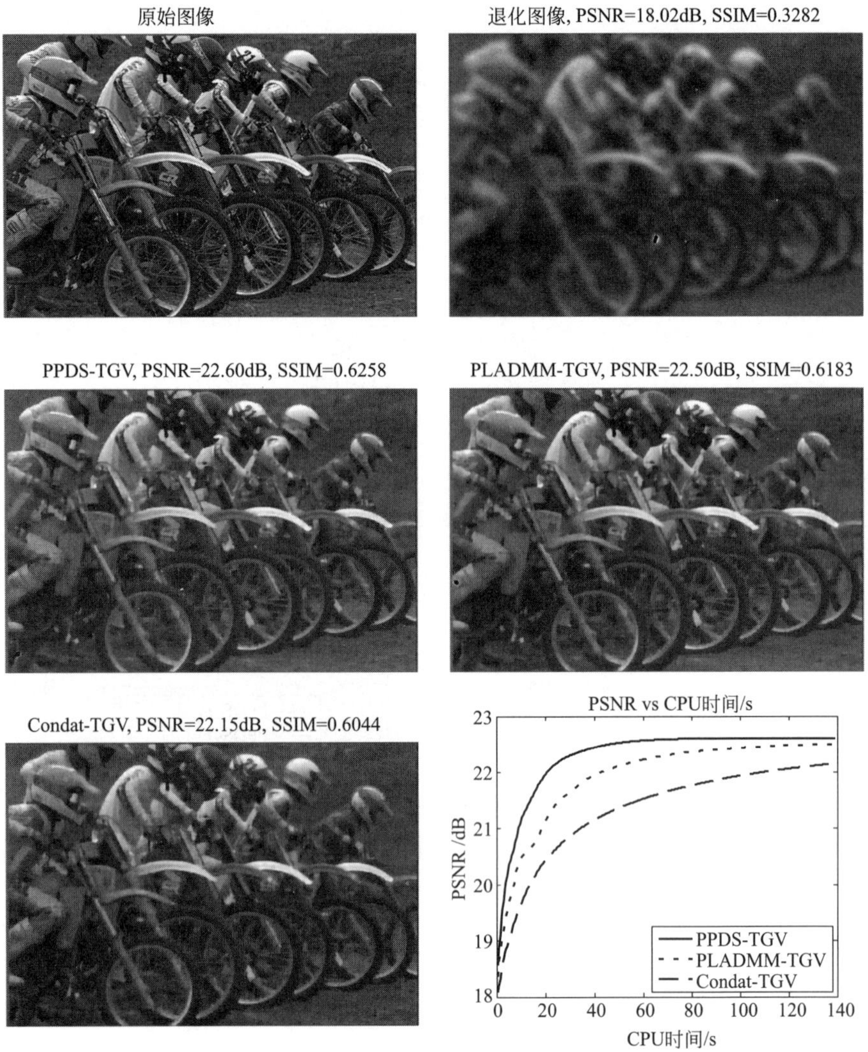

图 6-7 PPDS、 PLADMM 和 Condat 方法的 Kodim05
复原图像及 PSNR 随 CPU 时间变化的曲线

6.6.2 图像修补实验

本小节通过两个实验说明 PPDS 在灰度/RGB 图像修补中的应用潜力。参与比较的方法有 PPDS-TGVS、PPDS-TGV、PPDS-TV 和 C-SALSA（仅用于灰度图像）。Barbara 和 Kodim23 被选作原始图像，它们均含有丰富的细节信息。Barbara 和 Kodim23 被设置丢失 0%，10%，…，70%的像素，随后分别被加以 $\sigma=10$（Barbara）和 $\sigma=20$（Kodim23）的 Gauss 噪声。像素丢失率为 0%时，修补问题退化为单纯的去噪问题。灰度图像修补和 RGB 图像修补时算法的总迭代步数分别设置为 100 和 150。

图 6-8(a) 和 (b) 分别绘制了像素缺失比例变化时 Barbara 图像对应的 PSNR 和 SSIM，而图 6-8(c) 和 (d) 分别绘制了 Kodim23 图像对应的 PSNR 和 SSIM。由图 6-8(a)～(d) 可以观察到，第一，相比于 TGV 模型和 TV 模型，TGV/剪切波复合模型展现出了一贯的优越性。当像素丢失率上升时，这种优势会减弱。特别地，当丢失率达到 70%时，三种模型的 PSNR 和 SSIM 已相当接近。第二，在灰度图像修补中（Barbara），TGV/剪切波复合模型相比于 TGV 模型的优势，比在 RGB 图像修补中（Kodim23）的更明显。第三，PPDS 在 PSNR 和 SSIM 两方面明显优于 C-SALSA。

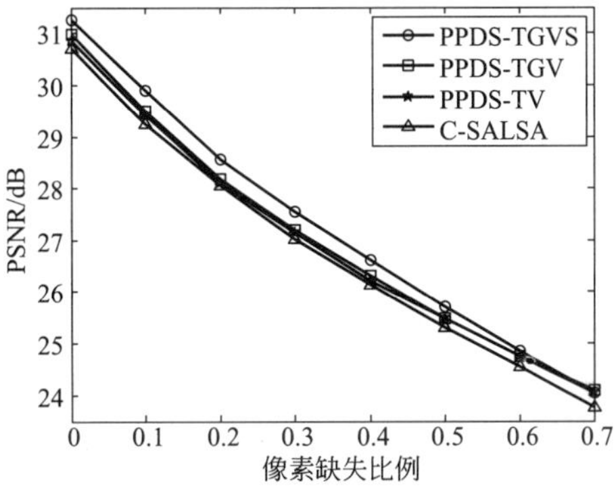

(a) Barbara PSNR随像素缺失比例的变化曲线

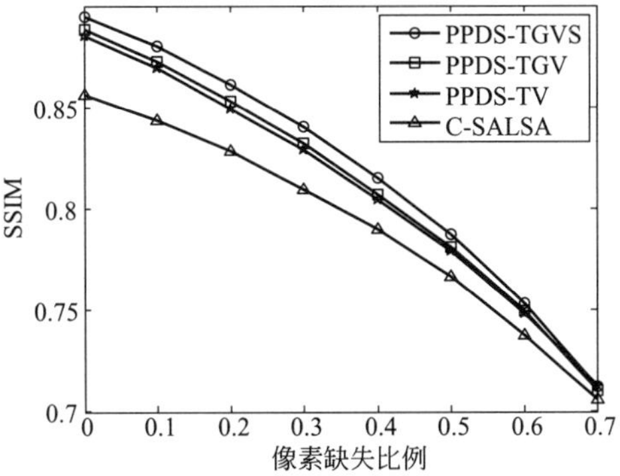

(b) Barbara SSIM随像素缺失比例的变化曲线

图 6-8

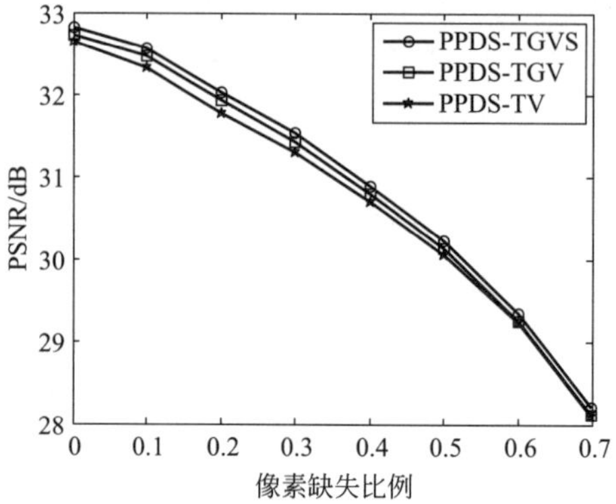

(c) Kodim23 PSNR随像素缺失比例的变化曲线

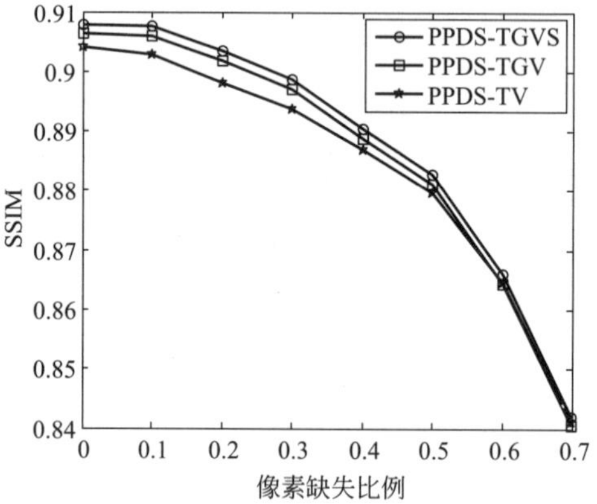

(d) Kodim23 SSIM随像素缺失比例的变化曲线

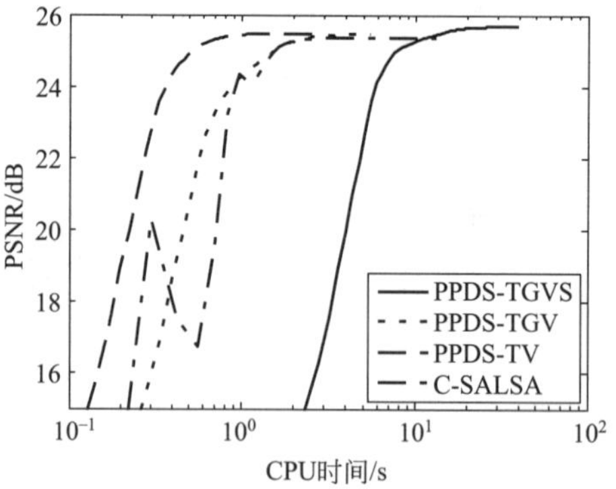

(e) Barbara PSNR曲线（像素缺失50%，σ=10）

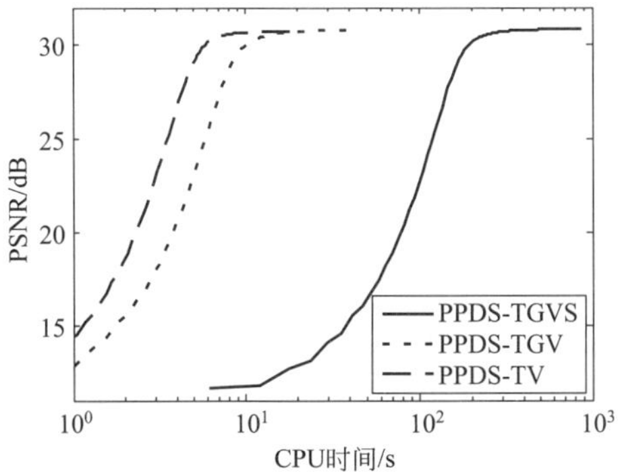

(f) Kodim23 PSNR曲线(像素缺失40%，σ=20)

图 6-8 Barbara 和 Kodim23 图像 PSNR 与 SSIM 随像素缺失比例的变化曲线，以及像素缺失 50%，σ = 10Gauss 噪声条件下 Barbara 图像 PSNR，和像素缺失 40%，σ = 20Gauss 噪声条件下 Kodim23 图像 PSNR，相对于时间的变化曲线

图 6-9 给出了四种方法在 Barbara 图像像素缺失比例为 50%时的复原图像和对应的误差图像（为增强视觉效果，将原始误差图像仿射投影到［0，255］区间上），而图 6-10 则给出了三种方法在 Kodim23 图像像素缺失比例为 40%时的复原图像和对应的局部放大图像。一方面，PPDS-TGV 能够很好地抑制普遍存在于 PPDS-TV 和 C-SALSA（其结果中仍含有一些噪点）结果中的阶梯效应。另一方面，相比于 PPDS-TGV，PPDS-TGVS 能够更好地复原图像中的纹理细节信息（如图 6-9 中 Barbara 的衣服和图 6-10 中的局部放大图像）。图 6-8(e) 和 (f) 分别给出了上述两问题背景下，各方法所对应的 PSNR 相对于 CPU 时间的变化曲线。可以发现，PPDS-TGVS 比其他算法更为耗时；尽管正则化模型更为复杂，PPDS-TGV 能比基于 TV 的 C-SALSA 更快步入收敛。

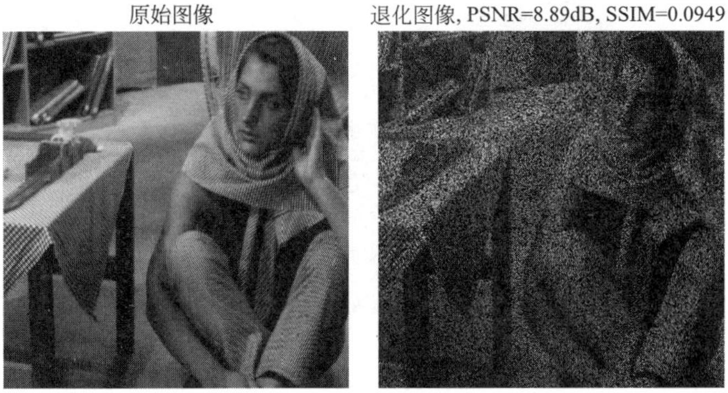

图 6-9

PPDS-TGVS, PSNR=25.70dB, SSIM=0.7874

PPDS-TGVS误差图像

PPDS-TGV, PSNR=25.48dB, SSIM=0.7812

PPDS-TGV误差图像

PPDS-TV, PSNR=25.47dB, SSIM=0.7789

PPDS-TV误差图像

图 6-9 像素缺失 50%，σ = 10Gauss 噪声条件下，
不同算法 Barbara 复原图像及误差图像

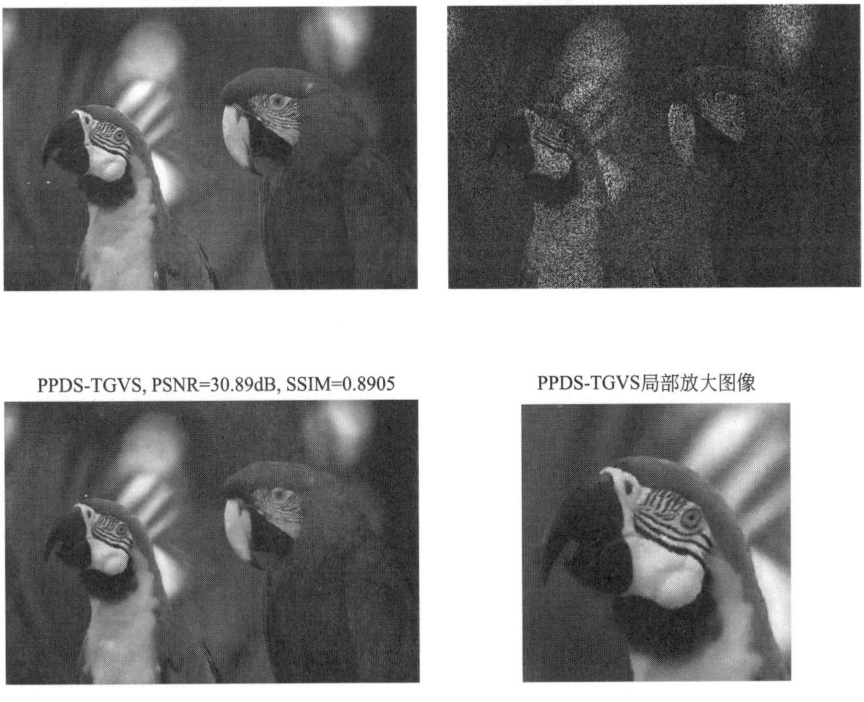

图 6-10

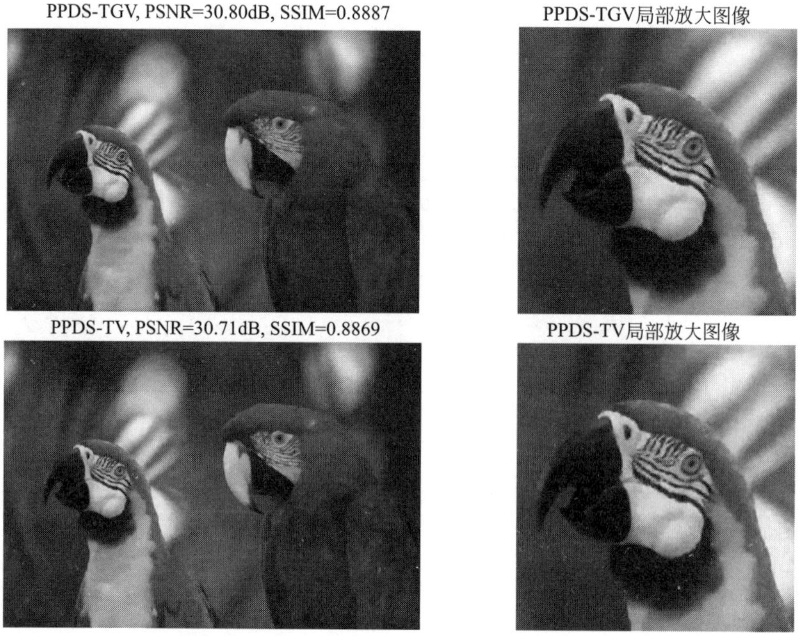

图 6-10 像素缺失 40%，$\sigma=20$ Gauss 噪声条件下，
不同算法 Kodim23 复原图像及局部放大图像

6.6.3 图像压缩感知实验

本小节考察 PPDS 对于压缩感知问题——MRI 重建的适用性。该实验引入的比较算法有边缘引导压缩感知重建方法[201]（edge-CS）和基于 TV 的 C-SALSA 算法。所采用的原始图像为第 4 章 MRI 实验中的 foot 图。在本实验中，Fourier 数据的采样率被设置为 4.57%、6.45%、8.79%、10.64%、12.92%、14.74%、16.94%、18.73% 和 20.87%（频域辐射采样线数目分别为 20，30，…，100）。观测数据中的 Gauss 噪声方差保持不变，它使得采样率为 10.64%（频域辐射采样线数目为 50）时数据信噪比为 40dB。所有算法的迭代步数为 300。

图 6-11(a) 和（b）给出了 PSNR 和 SSIM 相对于频域采样率的变化曲线。图 6-11(c) 绘制了采样率为 6.45%时（频域采样掩膜辐射线数目为 30），PSNR 相对于时间的变化曲线。可以看到，首先，在不同的采样率下，PPDS（包括 PPDS-TV）在 PSNR 和 SSIM 两方面始终优于 edge-CS 和 C-SALSA。关于该现象，一个合理的解释是像素值的区间约束对

于 MRI 重建质量的提升起着至关重要的作用，这是因为 MRI 原始图像通常有着大量像素值位于给定动态区域的边缘（如 foot 图像中背景部分像素值均为 0）。如图 6-12 所示，PPDS-TV 重建出的脚部和黑色背景之间的边缘并不比 edge-CS 结果中的差。第二，edge-CS 方法在采样率较低时更有效，但当频域采样掩膜的辐射线数目大于 50 时，该方法并不能提升甚至可能降低重建质量。第三，PPDS-TGV 可以有效地消除存在于 TV 方法中的阶梯效应，但它却不能很好地重建出大量存在于原始图像中的纹理细节。相比之下，PPDS-TGVS 以很低的采样率成功地重建出了脚部的一些纹理特征，这得益于剪切波变换可以在频域更好地描述图像细节特征。最后，图 6-11(c) 表明，PPDS-TV 的 PSNR 要比 edge-CS 和 C-SALSA 的 PSNR 上升得更快，且能更早地步入收敛。事实上，edge-CS 采用了 C/MATLAB 混合编程来进行加速。

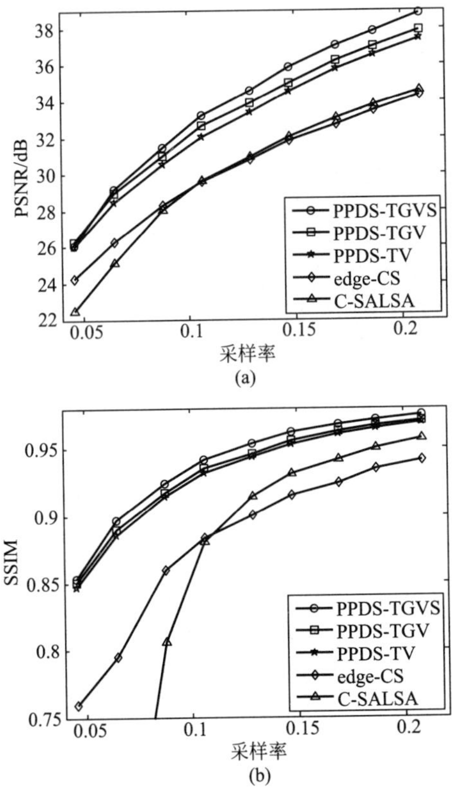

图 6-11

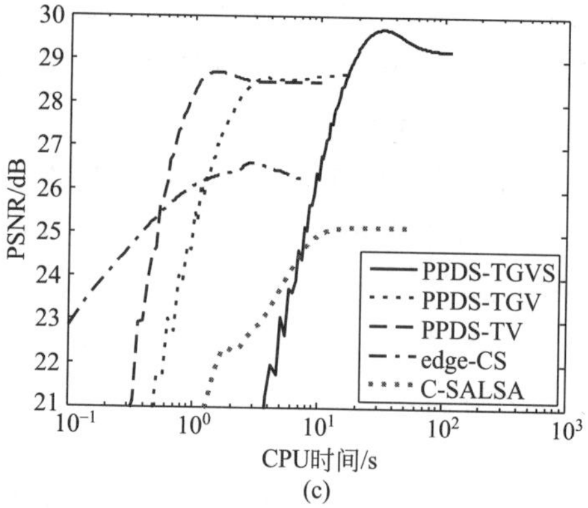

(c)

图 6-11　foot 重建图像 PSNR 和 SSIM 相对于频域采样率的变化曲线，以及频域采样率为 6.45%，信噪比为 42dB 时， PSNR 相对于时间的变化曲线

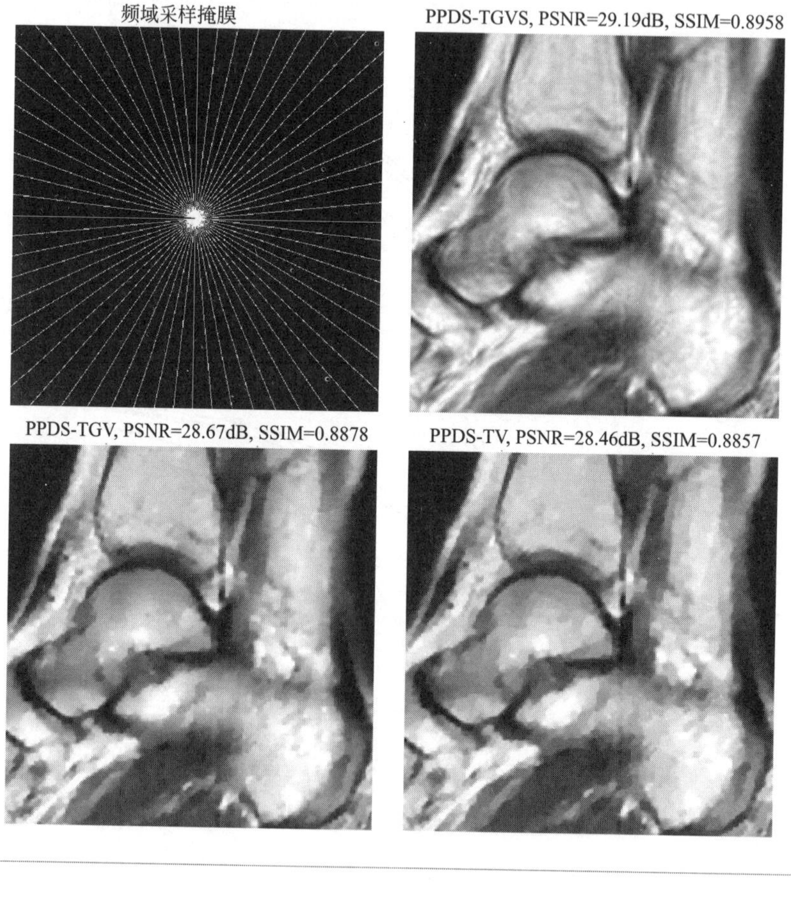

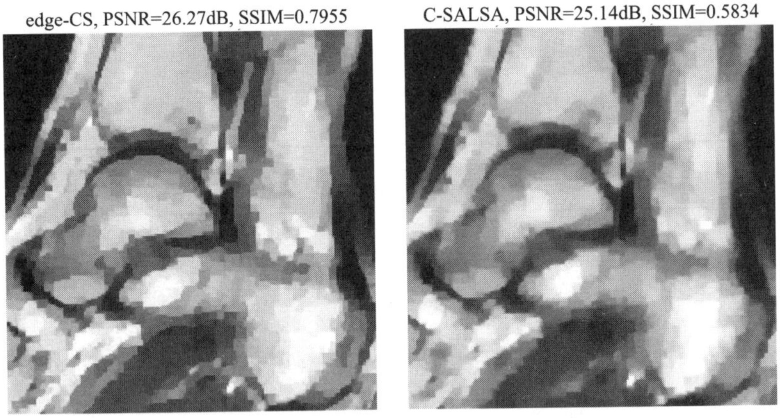

图 6-12 频域采样率为 6.45%（掩膜辐射线为 30），信噪比为 42dB 时，不同算法的 foot 重建图像

6.6.4 像素区间约束有效性实验

本小节通过将 PPDS-TV 与其他四种算法做比较来说明区间约束在特定情况下（图像像素值大量取区间约束的边界值，区间约束为 [0，255]）的有效性，以及 PPDS 算法相比于其他算法的优越性。四种参与比较的算法分别是 Chan-Tao-Yuan[29]、区间约束乘性迭代算法[28]（box-constrained multiplicative iterative algorithm，BCMI）、APEBCADMM-TV[205]（第 4 章中的 APE-BCADMM 算法）和 APEADMM-TV（第 4 章中的 APE-ADMM）。其中前三种与 PPDS-TV 均采用了像素值的区间约束，所有五种方法均可以处理 Gauss 噪声和脉冲噪声，此外，BCMI 还可处理 Poisson 噪声。

图 6-13 所示的三幅测试图像参与了后续的比较实验。Text、Satellite 和 Fingerprint 图像中，取边界值（0 或 255）的像素比例分别是 100%、89.81%和 28.87%。表 6-7 给出了背景问题的设计情况，所有算法的停止准则是 $\|\boldsymbol{u}^{k+1}-\boldsymbol{u}^{k}\|_2/\|\boldsymbol{u}^{k}\|_2\leqslant 10^{-4}$ 或迭代步数达到 2000。表 6-8 和表 6-9 分别给出了 Gauss 噪声和脉冲噪声条件下不同算法的 PSNR、SSIM、迭代步数和 CPU 时间。图 6-14 和图 6-15 则分别给出了 G(9，3) 模糊和标准差为 3.5 的 Gauss 噪声条件下 satellite，以及 A(9) 模糊和 50%脉冲噪声下 text 的复原图像。

表 6-7　图像去模糊实验设置细节

模糊核	图像	Gauss 噪声	脉冲噪声
A(9)	text	$\sigma=4$	50%
G(9,3)	satellite	$\sigma=3.5$	45%
M(15,30)	fingerprint	$\sigma=3$	40%

表 6-8　Gauss 噪声条件下的实验结果

图像	方法	PSNR/dB	SSIM	步数	耗时/s
Text 13.69dB 0.4645	PPDS-TV	21.96	**0.7541**	364	2.37
	Chan-Tao-Yuan	21.64	0.7524	**206**	**1.41**
	BCMI	**22.03**	0.7443	1562	9.82
	APEBCADMM-TV	21.65	0.7534	313	2.96
	APEADMM-TV	20.20	0.7219	251	2.19
Satellite 23.84dB 0.6343	PPDS-TV	**27.40**	**0.7474**	298	1.98
	Chan-Tao-Yuan	27.35	0.7471	**211**	**1.47**
	BCMI	27.35	0.7397	458	2.85
	APEBCADMM-TV	27.38	0.7470	293	2.78
	APEADMM-TV	27.01	0.7353	296	2.61
Fingerprint 14.74dB 0.3355	PPDS-TV	**23.36**	0.8642	179	1.15
	Chan-Tao-Yuan	**23.36**	**0.8658**	175	1.23
	BCMI	21.21	0.8527	1157	8.36
	APEBCADMM-TV	23.32	0.8635	125	1.19
	APEADMM-TV	22.78	0.8208	**110**	**0.98**

表 6-9　脉冲噪声条件下的实验结果

图像	方法	PSNR/dB	SSIM	步数	耗时/s
Text 7.27dB 0.0014	PPDS-TV	**24.74**	**0.9842**	589	7.50
	Chan-Tao-Yuan	24.05	0.9812	872	7.02
	BCMI	19.40	0.9277	2000	15.37
	APEBCADMM-TV	24.48	0.9840	674	9.17
	APEADMM-TV	19.75	0.9233	**280**	**3.78**
Satellite 7.43dB 0.0109	PPDS-TV	**30.07**	**0.9649**	565	6.89
	Chan-Tao-Yuan	29.45	0.9625	871	7.12
	BCMI	28.41	0.9471	2000	15.36
	APEBCADMM-TV	29.79	0.9632	**293**	8.04
	APEADMM-TV	29.36	0.9545	414	**5.19**
Fingerprint 8.23dB 0.0390	PPDS-TV	20.67	0.8605	271	3.79
	Chan-Tao-Yuan	**20.97**	**0.8626**	319	**2.82**
	BCMI	20.35	0.8446	2000	17.29
	APEBCADMM-TV	20.66	0.8594	423	6.32
	APEADMM-TV	20.29	0.8377	**256**	3.69

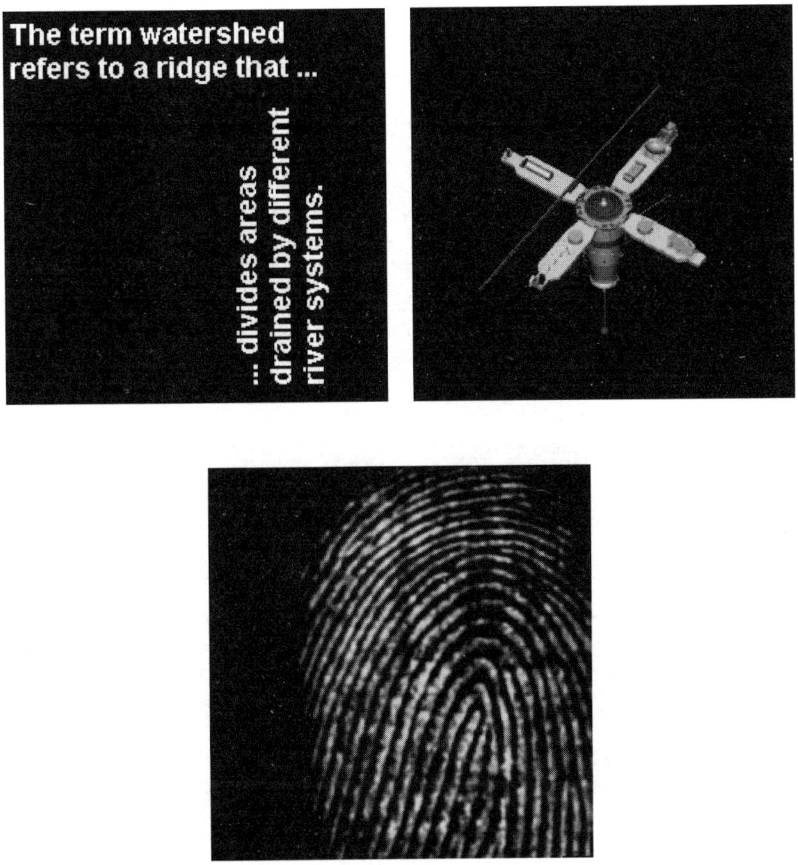

图 6-13 测试图像： text、 satellite 和 fingerprint，尺寸均为 256 × 256

从实验结果看，第一，当图像的大量像素值取给定动态范围的边界值时，像素值的区间约束对于提升复原图像的质量至关重要。事实上，像素取边界值的比例越高，这种效果就越明显。在采用区间约束的情况下，BCMI 未能取得很好的复原效果，其原因是其收敛速率明显慢于其他算法，尤其是在脉冲噪声条件下。第二，总体而言，区间约束可能会降低算法的收敛速率（比较 APEBCADMM-TV 和 APEADMM-TV 的迭代步数及耗时）。第三，PPDS-TV 可以在 PSNR、SSIM 和收敛速率等方面与其他优秀算法相匹敌，且根据此前的论述，PPDS 在求解图像反问题时并不需要进行矩阵求逆，故其推广性更好。

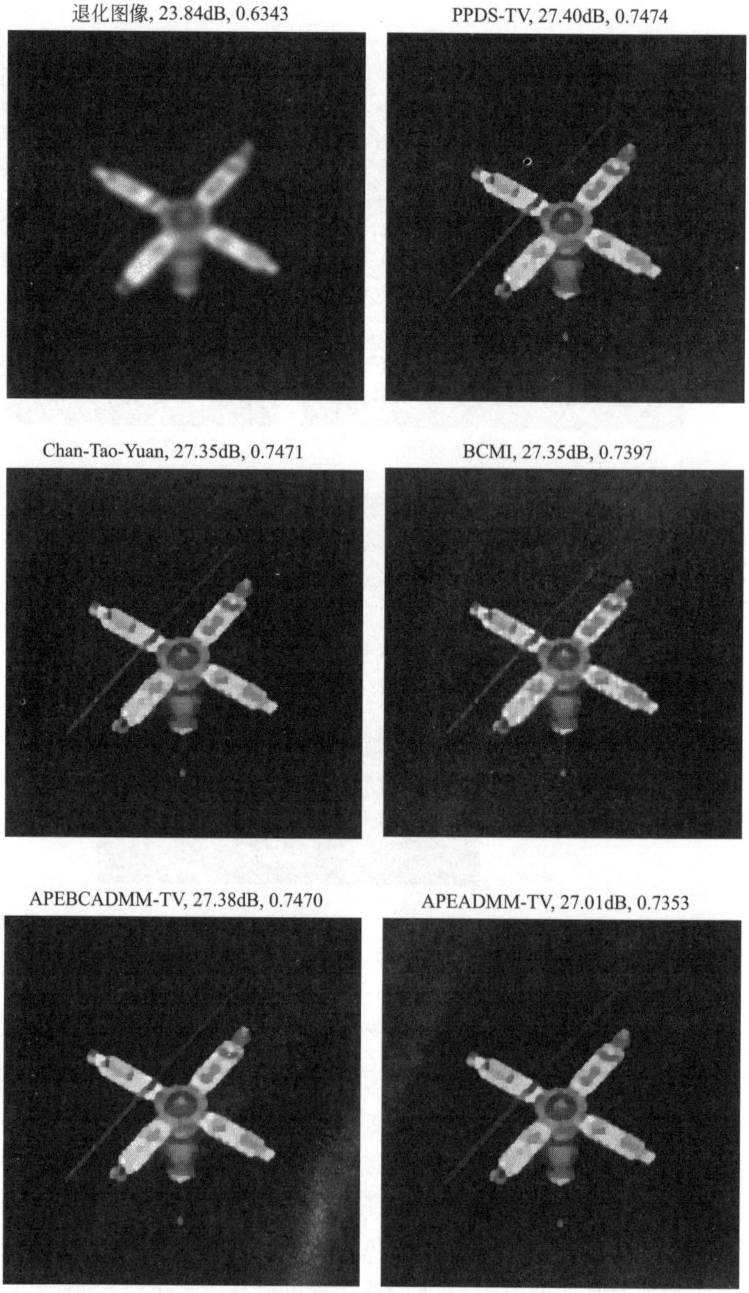

图 6-14 Gauss 噪声条件下，不同算法的 Satellite 复原图像

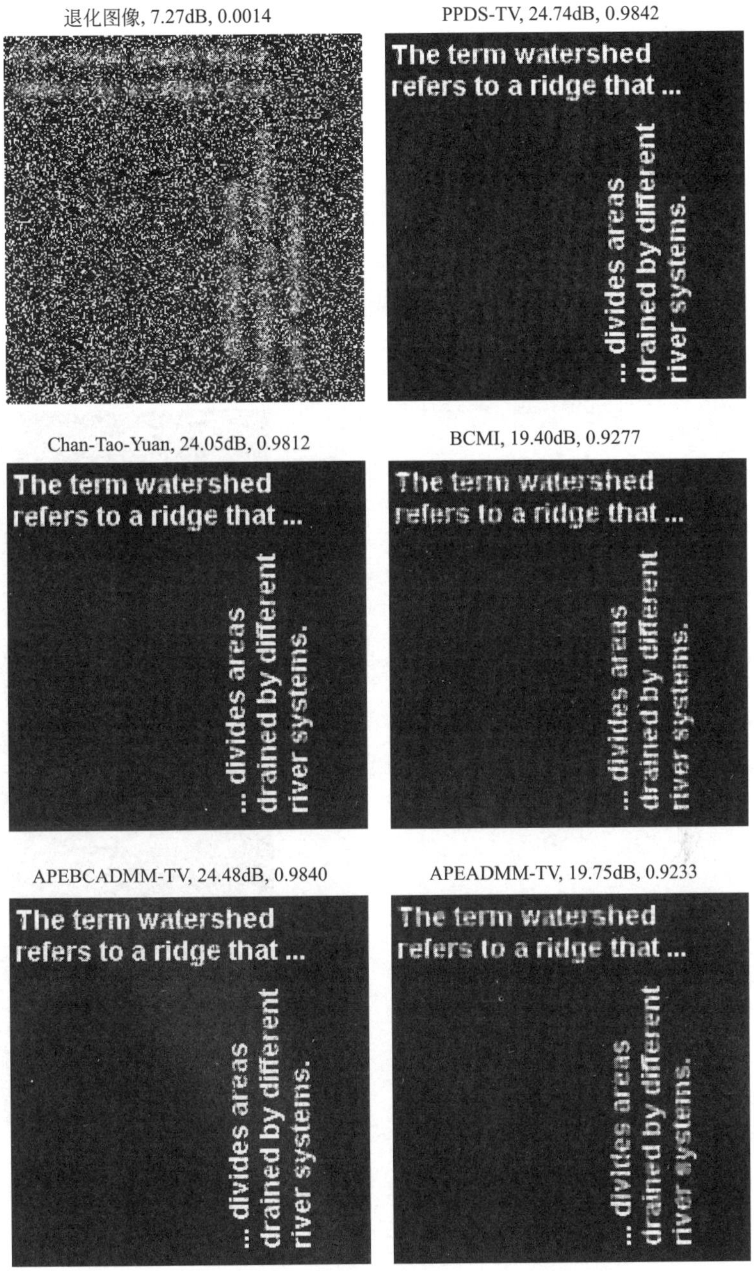

图 6-15 脉冲噪声条件下，不同算法的 text 复原图像

附录

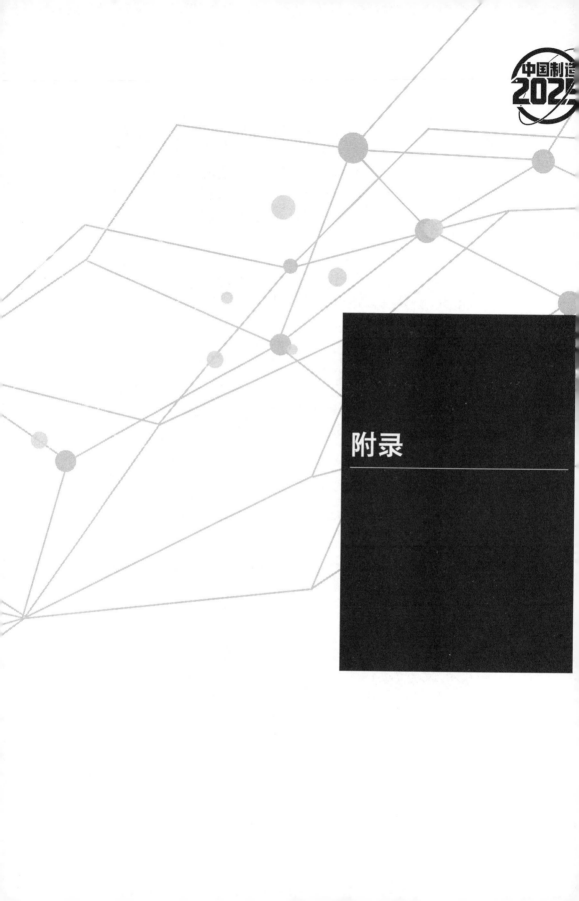

附录1 主要变量符号表

$\mathbb{R}$	实数集
$\mathbb{R}^{+}$	正实数集
$\mathbb{N}$	非负整数集
∇	梯度算子（差分）
∇_1	水平方向差分算子
∇_2	垂直方向差分算子
div	散度算子
ε	对称差分算子
∂	次梯度算子或偏导数算子
H	Hilbert 空间
$\langle \cdot, \cdot \rangle$	Hilbert 空间中的内积
2^X	集合 X 的幂集
$\Gamma_0(D)$	由 D 映射到 $(-\infty, +\infty]$ 的正常凸函数集
inf，min	取下确界或取极小值
sup，max	取上确界或取极大值
f^*	凸函数 f 的 Fenchel 共轭
prox_f	凸函数 f 的临近点算子
ι_Ω	凸集 Ω 的示性函数
σ_Ω	凸集 Ω 的支撑函数
$\boldsymbol{L}^*$	线性算子 $\boldsymbol{L}$ 的 Hilbert 伴随算子
$\Vert\boldsymbol{L}\Vert$	线性算子 $\boldsymbol{L}$ 的范数
$\mathrm{ran}\boldsymbol{M}$	算子 $\boldsymbol{M}$ 的值域
$\mathrm{zer}\boldsymbol{M}$	算子 $\boldsymbol{M}$ 的零域
$\mathrm{gra}\boldsymbol{M}$	算子 $\boldsymbol{M}$ 的图
$\mathrm{Fix}\boldsymbol{M}$	非扩张算子 $\boldsymbol{M}$ 的不动点集

附录 2 主要缩略词说明

英文缩写	中文名称	英文名称
ADM	交替方向法	alternating direction method
ADMM	交替方向乘子法	alternating direction method of multipliers
ALM	增广 Lagrange 方法	augmented lagrangian method
APE-ADMM	参数自适应的 ADMM	adaptive parameter estimation for ADMM
APE-SBA	参数自适应的 SBA	adaptive parameter estimation for SBA
BCMI	区间约束乘性迭代算法	box-constrained multiplicative iterative algorithm
BGV	有界广义变差	bounded generalized variation
BSNR	模糊信噪比	blurred signal-to-noise ratio
BV	有界变差	bounded variation
CS	压缩感知	compressed sensing
DCT	离散余弦变换	discrete cosine transform
DRS	Douglas-Rachford 分裂	Douglas-Rachford splitting
edge-CS	边缘引导压缩感知重建方法	edge guided compressed sensing reconstruction method
EDF	等效自由度	equivalent degrees of freedom
FISTA	快速迭代收缩/阈值算法	fast iterative shrinkage/thresholding algorithm
FBS	前向-后向分裂	forward-backward splitting
FFST	快速有限剪切波变换	fast finite shearlet transform
FFT	快速 Fourier 变换	fast Fourier transform
FPR	不动点残差	fixd-point residual
FTVD	快速全变差反卷积算法	fast total variation deconvolution algorithm
GCV	广义交叉确认法	generalized cross-validation
HDTV	高阶全变差	higher degree total variation
ISNR	提升信噪比	improved-sigal-to-noise ratio

LADMM	线性交替方向乘子法	linearized alternating direction method of multipliers
MRF	Markov 随机场	Markov random field
MRI	核磁共振成像	magnetic resonance imaging
MSE	均方误差	mean square error
PDE	偏微分方程	partial differential equations
PDHG	原始-对偶联合梯度	primal-dual hybrid gradient
PDS	原始-对偶分裂	primal-dual splitting
PLADMM	并行线性交替方向乘子法	parallel LADMM
PPA	临近点算法	proximal point algorithm
PPDS	并行原始-对偶分裂	parallel primal-dual splitting
PRS	Peaceman-Rachford 分裂	Peaceman-Rachford splitting
PSF	点扩散函数	point spread function
PSNR	峰值信噪比	peak-sigal-to-noise ratio
RPCA	鲁棒主元分析	robust principle component a-nalysis
SBA	分裂 Bregman 算法	splitting Bregman algorithm
SSIM	结构相似度	structured similarity index meas-urement
TGV	广义全变差	total generalized variation
TV	全变差	total variation
UPRE	无偏预先风险估计法	unbiased predictive risk esti-mator
VI	变分不等式	variation inequality
VS	变量分裂	variable splitting

参考文献

[1] Campisi P,Egiazarian.K Blind Image Deconvolution-Theory and Applications [M].Boca Raton:CRC Press,2007.

[2] Candès E J,Wakin M B.An introduction to compressive sampling [J].IEEE Signal Processing Magzine, 2008, 25 (2): 21-30.

[3] Tikhonov A,Arsenin V.Solution of Ill-Posed Problems [M]. Washington: Winston and Sons,1977.

[4] Vogel C R.Computational Methods for Inverse Problems. Philadelphia [M]. PA: SIAM,2002.

[5] Bauschke H H,Combettes P L.Convex Analysis and Monotone Operator Theory in Hilbert Spaces [M].New York:Springer,2011.

[6] Rudin L,Osher S,Fatemi E.Nonlinear total variation based noise removal algorithms [J].Physica D:Nonlinear Phenomena,1992, 60(1~ 4):259-268.

[7] Osher S,Burger M,Goldfarb D,et al.An iterative regularization method for total variation-based image restoration. Multiscale Modeling and Simulation [J], 2005,4:460-489.

[8] Guo W,Qin J,Yin W.A new Detail-Preserving Regularity Scheme [J].SIAM Journal on Imaging Sciences, 2014, 7 (2): 1309-1334.

[9] Chen Z,Molina R,Katsaggelos A K.Automated recovery of compressedly observed sparse signals from smooth background [J].IEEE Signal Processing Letters.2014, 21(8):1012-1016.

[10] Babacan S D,Molina R,Do M N,Katsaggelos A K.Blind deconvolution with general sparse image priors [C].European Conference on Computer Vision (ECCV),October 7-13,2012.

[11] Vega M,Mateos J,Molina R,Katsaggelos A K. Astronomical image restoration using variational methods and model combination [J].Statistical Methodology,2012,9(1~ 2):19-31.

[12] S.Villena,Vega M,Babacan S D,Molina R,Katsaggelos A K.Bayesian combination of sparse and non sparse priors in image super resolution [J].Digital Signal Processing,2013,23:530-541.

[13] Amizic B, Spinoulas L, Molina R, Katsaggelos A K.Compressive blind image deconvolution [J]. IEEE Transactions on Image Processing, 2013, 22 (10): 3994-4006.

[14] Li C,Yin W,Jiang H,Zhang Y.An efficient augmented Lagrange method with applications to total variation minimization [J]. Computational Optimization and Applications.2013,56(3):507-530.

[15] Afonso M V,Bioucas-Dias J M,Figueiredo M A T.An augmented Lagrange approach to the constrained optimization formulation

of imaging inverse problems [J]. IEEE Transactions on Image Processing, 2011, 20(3):681-695.

[16] Fehrenbach J,Weiss P,Lorenzo C.Variational algorithms to remove stationary noise-application to microscopy imaging [J]. IEEE Transactions on Image Processing,2012,21(10):4420-4430.

[17] Dong B,Li J,Shen Z.X-ray CT image reconstruction via wavelet frame based regularization and radon domain inpainting [J].Journal of Scientific Computing,2013,54(2-3),333-349.

[18] 杨利红.大视场航天相机遥感图像复原研究[D].北京:中国科学院,2012.

[19] 张雪松,江静,彭思龙.仿射运动模型下的图像盲超分辨率重建算法[J].模式识别与人工智能,2012,25(4):648-655.

[20] Fang S,Ying K,Zhao L,Cheng J P.Coherence regularization for SENSEreconstruction using a nonlocal operator (CORNOL). Magnetic Resonance in Medicine [J].2010,64(5):1414-1426.

[21] Zuo W,Lin Z.A generalized accelerated proximal gradient approach for total variation-based image restoration [J]. IEEE Transactions on Image Processing, 2011, 20(10):2748-2759.

[22] 董芳芳.图像复原与分割中的新模型及快速算法[D].杭州:浙江大学,2011.

[23] 姚伟.基于偏微分方程及变分理论的图像质量改善算法研究[D].长沙:国防科技大学,2010.

[24] 张文星.增广拉格朗日型算法及其在图像处理中的应用[D].南京:南京大学,2012.

[25] 焦李成,侯彪,王爽,刘芳.图像多尺度集合分析理论与应用——后小波分析理论与应用[M].西安:西安电子科技大学出版社,2008.

[26] 冯象初,王卫卫.图像处理的变分和偏微分方程方法[M].北京:科学出版社,2009.

[27] 张文娟,冯象初,王旭东.基于加权总广义变差的 Mumford-Shah 模型[J].自动化学报,2012,38(12):1913-1922.

[28] Chan R H,Ma J.A multiplicative iterative algorithm for box-constrained penalized likelihood image restoration [J]. IEEE Transactions on Image Processing, 2012,21(7):3168-3181.

[29] Chan R H,Tao M,Yuan X.Constrained total variational deblurring models and fast algorithms based on alternating direction method of multipliers [J].SIAM Journal on Imaging Sciences,2013,6(1):680-697.

[30] Wen Y,Chan R H.Parameter selection for total-variation-based image restoration using discrepancy principle [J]. IEEE Transactions on Image Processing, 2012, 21(4):1770-1781.

[31] Gonzalez R C,Woods R E,Eddins S L. Digital imageprocessing using MATLAB [M].Pearson Prentice Hall,2004.

[32] 邹谋炎,反卷积和信号处理[M].北京:国防工业出版社,2001.

[33] Galatsanos N P,Katsaggelos A K.Methods for choosing the regularization parameter and estimating the noise variance in image restoration and their relation [J]. IEEE Transactions on Image Processing, 1992, 1(3):322-336.

[34] Green P J. Bayesian reconstructions from emission tomography data using a modified EM algorithm [J]. IEEE Transactions on Medical Imaging, 1990, 9(1):84-93.

[35] Besag J.Toward Bayesian image analysis [J].Journal of Applied Statistics,

1993,16(3):395-407.

[36] Geman D,Yang C.Nolinear image recovery with half-quadratic regularization [J].IEEE Transactions on Image Processing,1995,4(7):932-946.

[37] Chan T,Shen J.Image Processing and Analysis: Variational, PDE, Wavelet, and Stochastic Methods [M].Philadelphia: SIAM,2005.

[38] Allard W K.Total variation regularization for image denoising,III.Examples [J]. SIAM Journal on Imaging Sciences, 2009 2(2):532-568.

[39] Chambolle A,Levine S E,Lucier B J.An upwind finite-difference method for total variation-based image smoothing [J]. SIAM Journal on Imaging Sciences, 2011,4(1):277-299.

[40] Getreuer P.Contour stencils:total variation along curves for adaptive image interpolation [J].SIAM Journal on Imaging Sciences,2011,4(3):954-979.

[41] Chambolle A,Lions P L.Image recovery via total variation minimization and related problems [J].Numerische Mathematik,1997,76(2):167-188.

[42] Chan T,Marquina A,Mulet P.Higher order total variation-based image restoration [J].SIAM Journal on Scientific Computing,2000,22(2):503-516.

[43] Chan T,Esedoglu S,Park F E.A fourth order dual method for staircase reduction in texture extraction and image restoration problems [R].UCLA CAM Report 05-28,UCLA,Los Angeles,2005.

[44] Maso G D,Fonseca I,Leoni G,Morini M.A higher order model for image restoration: the one-dimensional case [J]. SIAM Journal on Mathematical Analysis, 2009,40(6):2351-2391.

[45] Stefan W,Renaut R A,Gelb A.Improved total variation-type regularization using higher order edge detectors [J].SIAM Journal on Imaging Sciences,2010,3(2):232-251.

[46] Bredies K,Kunisch K,Pock T.Total generalized variation [J].SIAM Journal on Imaging Sciences,2010,3(3):492-526.

[47] Bredies K,Dong Y,Hintermüller M.Spatially dependent regularization parameter selection in total generalized variation models for image restoration [J].International Journal of Computer Mathematics,2013,90(1):109-123.

[48] Yang Z,Jacob M.Nonlocal regularization of inverse problems: a unified variational framework [J].IEEE Transactions on Image Processing,2013,22(8):3192-3203.

[49] Hu Y,Jacob M.Higher degree total variation (HDTV) regularization for image recovery [J]. IEEE Transactions on Image Processing, 2012, 21 (5): 2559-2571.

[50] Hu Y,Ongie G,Ramani S,Jacob M.Generalized higher degree total variation (HDTV) regularization [J].IEEE Transactions on Image Processing, 2014, 23(6):2423-2435.

[51] Lefkimmiatis S,Ward J P,Unser M.Hessian schatten-norm regularization for linear inverse problems [J]. IEEE Transactions on Image Processing, 2013,22(5):1873-1888.

[52] 老大中.变分法基础(第 2 版) [M].北京:国防工业出版社,2010.

[53] Perona P, Malik J. Scale-space and edge detection using anisotropic diffusion [J].IEEE Transactions on Patten Analysis and Machine Intelligence,1990,

12(7):629-639.

[54] Li W,Wang Z,Deng Y.Efficient algorithm for nonconvex minimization and its application to PM regularization [J].IEEE Transactions on Image Processing, 2012,21(10):4322-4333.

[55] Guo Z,Sun J,Zhang D,Wu B.Adaptive Perona-Malik model based on the variable exponent for image denoising [J].IEEE Transactions on Image Processing,2012,21(3):958-967.

[56] Hajiaboli M,Ahmad M,Wang C.An edge-adapting Laplacian kernel for nonlinear diffusion filters [J].IEEE Transactions on Image Processing,2012,21(4):1561-1572.

[57] Weickert J.Multiscale texture enhancement in computer analysis of images and patterns [J]. Lecture Notes in Computer Science: Springer, 1995, 230-237.

[58] Caselles V,Morel J.Introduetion to the special issue on partial differential equations and geometry-driven diffusion in image proeessing and analysis [J].IEEE Transactions on Image Processing,1998,7(3):269-273.

[59] Mallat S.A theory for multiresolution signal decomposition:the wavelet representation [J].IEEE Transactions on Pattern Analysis and Machine Intelligence.1989,11(7): 674-693.

[60] Figueiredo M A T,Nowak R D.An EM algorithm for wavelet-based image restoration [J].IEEE Transactions on Image Processing,2003,12(8):906-916.

[61] Neelamani R,Choi H,Baraniuk R.ForWaRD:Fourier-wavelet regularized deconvolution for ill-conditioned systems [J]. IEEE Transactions Signal Processing,2004,52(2):418-433.

[62] Chai A,Shen Z.Deconvolution:a wavelet frame approach [J]. Numerische Mathematik,2007,106(4):529-587.

[63] Kadri-Harouna S,Dérian P,Héas P,Mémin E.Divergence-free wavelets and high order regularization [J]. Interational Journal of Computer Vision,2013,103(1):80-99.

[64] Cai J,Shen Z.Framelet based deconvolution [J]. Journal of Computational Mathematics,2010,28(3):289-308.

[65] Shen Z,Toh K,Yun S.An accelerated proximal gradient algorithm for frame-based image restoration via the balanced approach [J].SIAM Journal on Imaging Sciences, 2011,4(2):573-596.

[66] Fornasier M,Kim Y,Langer A,Schönlieb C B.Wavelet decomposition method for L2/TV-image deblurring [J]. SIAM Journal on Imaging Sciences,2011,5(3): 857-885.

[67] Xie S,Rahardja S.Alternating direction method for balanced image restoration [J].IEEE Transactions on Image Processing,2012,21(11):4557-4567.

[68] Xue F, Luisier F, Blu T. Multi-wiener SURE-LET deconvolution [J]. IEEE Transactions on Image Processing, 2013,22(5):1954-1968.

[69] Ho J,Hwang W.Wavelet Bayesian network image denoising [J]. IEEE Transactions on Image Processing, 2013,22(4):1277-1290.

[70] Zhang Y,Kingsbury N.Improved bounds for subband-adaptive iterative shrinkage/thresholding algorithms [J].IEEE Transactions on Image Processing,2013,22(4): 1373-1381.

[71] Candès E J.Ridgelets:Theory and Applications [D]. Department of Statistics,

Standford University,1998.

[72] Candès E J.Curvelets [R].Tech.Report,Department of Statistics,Standford University,1999.

[73] Meyer F G,Coifman R R.Brushlets: a tool for directional image analysis and image compression [J]. Applied and Computational Harmonic Analysis,1997, 5:147-187.

[74] Donoho D L,Huo X M.Beamlets and Multiscale Image Analysis s [R].Tech. Report,Standford University,2001.

[75] Donoho D L.Wedgelets:Nearly Minimax Estimation of Edges [R].Tech.Report, Standford University,1997.

[76] Welland G.Beyond Wavelets [M].Waltham: Academic Press,2003.

[77] Pennec E L,Mallat S.Non linear image approximation with bandelets [R].Tech.Report,CMAP Ecole Polytechnique,2003.

[78] Labate D,Lim W Q,Kutyniok G,Weiss G.Sparse multidimensional representation using shearlets [C].Proceedings of SPIE,Bellingham,WA,2005.

[79] Han B,Kutyniok G,Shen Z.Adaptive multiresolution analysis structures and shearlet systems [J].SIAM Journal on Numerical Analysis,2011,49(5),1921-1946.

[80] Kutyniok G,Shahram M,Zhuang X.Shearlab:a rational design of a digital parabolic scaling algorithm [J].SIAM Journal on Imaging Sciences,2012,5(4):1291-1332.

[81] Kutyniok G,Labate D.Shearlets:Multiscale Analysis for Multivariate Data [M].Dordrecht:Springer,2012.

[82] Häuser S,Steidl G.Fast finite shearlet transform.Preprint,arXiv:1202.1773,2014.

[83] He C,Hu C,Zhang W.Adaptive shearlet-regularied image deblurring via alternating direction method [C].IEEE Conference on Multimedia and Expo, Chengdu,Sichuan,China,2014.

[84] Cai J,Dong B,Osher S,Shen Z.Image restoration:total variation,wavelet frames,and beyond [J]. Journal of the American Mathematical Society, 2012, 25 (4): 1033-1089.

[85] Hu W,Li W,Zhang X,Maybank S.Single and multiple object tracking using a multi-feature joint sparse representation [J]. IEEE Transactions on Pattern Analysis and Machine Intelligence, 2015, 37 (4): 816-833.

[86] He R,Zheng W,Tan T,Su Z.Half-quadratic based iterative minimization for robust sparse representation [J].IEEE Transactions on Pattern Analysis and Machine Intelligence, 2014, 36 (2): 261-275.

[87] Xu Y,Yin W.A fast patch-dictionary method for whole-image recovery [R].UCLA CAM Report 13-38,UCLA,Los Angeles,2013.

[88] Bhujle H,Chaudhuri S.Novel speed-up strategies for non-local means denoising with patch and edge patch based dictionaries [J].IEEE Transactions on Image Processing,2014,23(1):356-365.

[89] Jia K,Wang X,Tang X.Image transformation based on learning dictionaries across image spaces [J]. IEEE Transactions on Pattern Analysis and Machine Intelligence, 2013, 35 (2): 367-380.

[90] Xu Y,Hao R,Yin W,Su Z.Parallel matrix factorization for low-rank tensor completion [R].UCLA CAM Report 13-77, UCLA,Los Angeles,2013.

[91] Liu G,Lin Z,Yan S,Sun J,Ma Y.Robust

recovery of subspace structures by low-rank representation [J]. IEEE Transactions on Pattern Analysis and Machine Intelligence, 2013, 35 (1): 171-184.

[92] Ren X,Lin Z.Linearized alternating direction method with adaptive penalty and warm starts for fast solving transform invariant low-rank textures [J] .International Journal on Computer Vision, 2013,104:1-14.

[93] Ono S,Miyata T,Yamada I.Cartoon-texture image decomposition using blockwise low-rank texture characterization [J] .IEEE Transactions on Image Processing,2014,23(3):1128-1142.

[94] Deng Y, Dai Q, Liu R, Zhang Z, Hu S. Low-rank structure learning via nonconvex heuristic recovery [J] .IEEE Trans. Neural Networks and Learning Systems,2013,24(3):383-396.

[95] 林宙辰.秩极小化：理论、算法与应用 [A] .// 张长水，杨强主编.机器学习及其应用 [M] .北京:清华大学出版社，2013: 149-169.

[96] Gou S,Wang Y,Wang Z,Peng Y,Zhang X,Jiao L,Wu J.CT image sequence restoration based on sparse and low-rank decomposition [J] . 2013, PLOS one, 8 (9):1-10.

[97] Cheng B,Liu G,Wang J,Huang Z,Yan S. Multi-task low-rank affinity pursuit for image segmentation [C] .Proceedings of International Conference on Computer Vision (ICCV),2011.

[98] Gao H,Cai J,Shen Z,Zhao H.Robust principal component analysis-based four-dimensional computed tomography [J] . Physics in Medicine and Biology, 2011, 56: 3181-3198.

[99] Bardsley J M, Goldes J. Regularization parameter selection methods for ill-posed Poisson maximum likelihood estimation [J] .Inverse Problems,2009,25 (9):095005.

[100] Carlavan M,Blanc-Feraud L.Sparse Poisson noisy image deblurring [J] . IEEE Transactions on Image Processing, 2012, 21(4):1834-1846.

[101] Geman S,Geman D.Stochastic relaxation, Gibbs distributions, and the Bayesian restoration of images [J] . IEEE Transactions on Pattern Analysis and Machine Intelligence, 1984, 6 (6): 721-741.

[102] Zhu S,Mumford D.Prior learning and Gibbs reaction-diffusion [J] . IEEE Transactions on Pattern Analysis and Machine Intelligence,1997,19(11):1236-1250.

[103] Molina R,Mateos J,Katsaggelos A K.Blind deconvolution using a variational approach to parameter,image,and blur estimation [J] . IEEE Transactions on Image Processing,2006,15(12):3715-3727.

[104] Molina R, M. Vega, Mateos J, Katsaggelos A K. Variational posteriordistribution approximation in Bayesian super resolution reconstruction of multispectral images [J] . Applied and Computational Harmonic Analysis.2008,24(2):251-267.

[105] Willing M, Hinton G, Osindero S. Learning sparse topographic representation with products of students-t distribution [J] . NIPS.2003,15:1359-1366.

[106] Babacan S D,Molina R,Katsaggelos A K. Parameter estimation in TV image restoration using variational distribution approximation [J] . IEEE Transactions on

Image Processing,2008,17(3):326-339.

[107] Babacan S D,Molina R,Katsaggelos A K. Generalized Gaussian Markov field image restoration using variational distribution approximation [C]. IEEE International Conference on Acoustics, Speech, and Signal Processing (ICASSP'08), Las Vegas,Nevada,2008.

[108] Babacan S D,Molina R,Katsaggelos A K.Variational Bayesian blind deconvolution using a total variation prior [J]. IEEE Transactions on Image Processing,2009,18(1):12-26.

[109] Babacan S D, Wang J, Molina R, Katsaggelos A K. Bayesian blind deconvolution from differently exposed image pairs [J]. IEEE Transactions on Image Processing, 2010, 19 (11): 2874-2888.

[110] Amizic B, Molina R, Katsaggelos A K. Sparse Bayesian blind image deconvolution with parameter estimation [J]. Eurasip Journal of Image and Video Processing,2012,2012(20):15.

[111] Chen Z, Babacan S D, Molina R, Katsaggelos A K.Variational Bayesian methods for multimedia problems [J]. IEEE Transactions on Multimedia, 2014, 16(4): 1000-1017.

[112] Bioucas-Dias J M,Figueiredo M A T.An iterative algorithm for linear inverse problems with compound regularizers [C]. Proceedings of IEEE International Conference Image Processing (ICIP),San Diego,CA,USA,2008.

[113] Lee D, Jeong S, Lee Y, Song B. Video deblurring algorithm using accurate blur kernel estimation and residual deconvolution [J]. IEEE Transactions on Image Processing, 2013, 22 (3): 926-940.

[114] Katsaggelos A K.Iterative Image Restoration Algorithms [A].In:Madisetti V K and Williams D B.Digital Signal Processing Handbook [M].Boca Raton: CRC Press LLC,1999.

[115] Chan T,Mulet P.On the convergence of the lagged diffusivity fixed point method in total variation image restoration [J]. SIAM Journal on Numerical Analysis, 1999,36:354-367.

[116] Chambolle A.An algorithm for total variation minimization and applications [J]. Journal of Mathematical Imaging and Vision,2004,20(1~ 2):89-97.

[117] Goldfarb D, Yin W.Second-order cone programming methods for total variation-based image restoration [J]. SIAM Journal on Scientific Computing, 2005,27(2):622-645.

[118] Figueiredo M,Nowak R,Wright S.Gradient projection for sparse reconstruction:application to compressed sensing and other inverse problems [J]. IEEE Journal of Selected Topics in Signal Processing, 2007,1(4):586-597.

[119] Koh K,Kim S,Boyd S.An interior-point method for large-scale 1-regularized logistic regression [J].Journal of Machine Learning Research, 2007, 8(8): 1519-1555.

[120] Bertaccini D, Sgallari F. Updating preconditioners for nonlinear deblurring and denoising image restoration [J]. Applied Numerical Mathematics, 2010, 60(10):994-1006.

[121] Combettes P L, Pesquet J. Proximal splitting methods in signal processing

[A] .//Bauschke H H,et al.Fixed-Point Algorithms for Inverse Problems in Science and Engineering [M]. New York:Springer,2010.

[122] Osher S,Burger M,Goldfarb D,et al.An iterative regularization method for total variation-based image restoration.Multiscale Modeling and Simulation [J], 2005,4:460-489.

[123] Yin W,Osher S,Goldfarb D,et al.Bregman iterative algorithms for l_1-minimization with applications to compressend sensing [J].SIAM Journal on Imaging Sciences, 2008,1(1):143-168.

[124] Cai J,Osher S,Shen Z.Convergence of the linearized Bregman iteration for L_1-norm minimization [J]. Math. Comp.,2009,78(268):2127-2136.

[125] Goldstein T,Osher S.The split Bregman method for L_1-regularized problems [J].SIAM Journal on Imaging Sciences, 2009,2(2):323-343.

[126] Wang Y,Yang J,Yin W,Zhang Y.A new alternating minimization algorithm for total variation image reconstruction [J]. SIAM Journal on Imaging Sciences,2008,1(3):248-272.

[127] He B,Yuan X.On the O(1/n) convergence rate of the douglas-rachford alternating direction method [J].SIAM J.Numer.Anal.,2012,50(2):700-709.

[128] He B,Yuan X.On non-ergodic convergence rate of Douglas-Rachford alternating direction method of multipliers [J]. http://www. optimization-online. org/DBHTML/ 2012 /01/3318.html.

[129] Zhang X,Burger M,Bresson X,Osher S. Bregmanized nonlocal regularization for deconvolution and sparse reconstruction [J].SIAM Journal on Imaging Sciences, 2010,3(3),253-276.

[130] Matakos A,Ramani S,Fessler J.Accelerated edge-preserving image restoration without boundary artifacts [J]. IEEE Transactions on Image Processing,2013,22(5):2019-2029.

[131] Chen D.Regularized generalized inverse accelerating linearized alternating minimization algorithm for frame-based poissonian image deblurring [J].SIAM Journal on Imaging Sciences,2014,7(2):716-739.

[132] Woo H,Yun S.Proximal linearized alternating direction method for multiplicative denoising [J].SIAM Journal on Scientific Computing, 2013, 35(2): 336-358.

[133] Yang J,Yuan X.Linearized augmented-Lagrange and alternating direction methods for nuclear norm minimization [J]. Mathematics of Computation, 2013, 82 (281):301-329.

[134] Ng M K,Wang F,Yuan X.Inexact alternating direction methods for image recovery, SIAM Journal on Scientific Computing,2011,33(4):1643-1668.

[135] Jeong T,Woo H,Yun S.Frame-based Poisson image restoration using a proximal linearized alternating direction method [J]. Inverse Problems,2013,29(7):075007.

[136] Cai X,Gu G,He B,Yuan X.A proximal point algorithms revisit on the alternating direction method of multipliers [J]. Science China Mathematics, 2013,56(10),2179-2186.

[137] Eckstein J,Yao W.Augmented Lagrange and alternating direction methods for convex optimization:a tutorial and some illustrative computational results [R].

RUTCOR Research Report RRR 32-2012,2012.

[138] Glowinski R. On Alternating Directon Methods of Multipliers: A Historical Perspective [A] .//Fitzgibbon W, et al. Modeling, Simulation and Optimization for Science and Technology [M]. Dordrecht:Springer,2014:59-82.

[139] Combettes P L, Wajs V R. Signal recovery by proximal forward-backward splitting [J] .Multiscale Modeling and Simulation,2005,4(4):1168-1200.

[140] Beck A, Teboulle M. Fast gradient-based algorithms for constrained total variation image denoising and deblurring problems [J] .IEEE Transactions on Image Processing,2009,18(11):2419-2434.

[141] Combettes P L, Pesquet J.A Douglas-Rachford splitting approach to nonsmooth convex variational signal recovery [J]. IEEE Journal of Selected Topics in Signal Processing,2007,1(4):564-574.

[142] He B, Liu H, Wang Z, Yuan X.A strictly contractive Peaceman-Rachford splitting method for convex programming [J]. SIAM Journal on Optimization, 2014,24(3):1011-1040.

[143] Davis D,Yin W.Convergence rate analysis of several splitting schemes [R]. UCLA CAM Report 14-51, UCLA, Los Angeles,2014.

[144] Combettes P L,Condat L,Pesquet J-C,et al.A forward-backward view of some primal-dual optimization methods in image recovery [C] .Proceedings of the IEEE International Conference on Image Processing. Paris, France, October 27-30,2014.

[145] Chambolle A,Pock T.A first-order primal-dual algorithm for convex problems with applications to imaging [J]. J. Math. Imag.Vis.,2011,40(1):120-145.

[146] Zhu M,Chan T.An efficient primal-dual hybrid gradient algorithm for total variation image restoration [R]. UCLA CAM Report 08-34, UCLA, Los Angeles,2008.

[147] Fix A, Wang C, Zabih R.A primal-dual method for higher-order multilabel markov random fields [C] .Proc.IEEE Conf. Computer Vision and Pattern Recognition,2014.

[148] Alghamdi M A, Alotaibi A, Combettes P L, Shahzad N.A primal-dual method of partial inverses for composite inclusions [J] .Optimization Letters,2014,8(8):2271-2284.

[149] Condat L.A primal-dual splitting method for convex optimization involving Lipschitzian, proximable and linear composite terms [J] .Journal of Optimization Theory and Applications, 2013,158(2):460-479.

[150] Chen P, Huang J, Zhang X.A primal-dual fixed point algorithm for convex separable minimization with applications to image restoration [J]. Inverse Problems, 2013, 29,025011.

[151] Combettes P L, Pesque J. Primal-dual splitting algorithm for solving inclusions with mixtures of composite, lipschitzian, and parallel-sum type monotone operators [J]. Set-Valued and Variational Analysis. 2012, 20 (2): 307-330.

[152] Setzer S.Operator splittings, Bregman

methods and frame shrinkage in image processing [J]. International Journal on Computer Vison,2011,92(3): 265-280.

[153] Yan M,Yin W.Self equivalence of the alternating direction method of multipliers [R]. UCLA CAM Report 14-59, UCLA,Los Angeles,2014.

[154] He B,Hou L,Yuan X.On full Jacobian decomposition of the augmented Lagrange method for separable convex programming [J]. http://www.optimization-online.org/ DB _HTML/2013/09/4059.html,2013.

[155] Liu R,Lin Z,Su Z.Linearized alternating direction method with parallel splitting and adaptive penalty for separable convex programs in machine learning [J].Machine Learning,2013.

[156] Becker S R,Combettes P L.An algorithm for splitting parallel sums of linearly composed monotone operators, with applications to signal recovery [J].Journal of Nonlinear and Convex Analysis,2014,15(1):137-159.

[157] Eckstein J,Mátyásfalvi G.Object-parallel infrastructure for implementing first-order methods with an example application to LASSO [J].http://www.optimization-online. org/DB _ HTML/2015/01/4748.html,2015.

[158] He B,Liu H,Lu J,Yuan X.Application to the strictly contractive Peaceman-Rachford splitting method to multi-block separable convex optimization [J]. http://www.optimization-online.org/DB _HTML/2014/05/4358.html,2014.

[159] Davis D.Convergence rate analysis of primal-dual splitting schemes [R]. UCLA CAM Report 14-63, UCLA, Los Angeles,2014.

[160] Davis D, Yin W. Faster convergence rates of relaxed Peaceman-Rachford and ADMM under regularity assumptions [J]. Optimizaiton and Control, submitted.

[161] Deng W,Yin W.On the global and linear convergence of the generalized alternating direction method of multipliers [R].UCLA CAM Report 12-52,UCLA,Los Angeles,2012.

[162] Lin T,Ma S,Zhang S.On the global linear convergence of the ADMM with multi-block variables [R].UCLA CAM Report 14-92,UCLA,Los Angeles,2014.

[163] Shi W,Ling Q,Yuan K,Wu G,Yin W.On the linear convergence of the ADMM in decentralized consensus optimization [J].IEEE Transactions on Signal Processing,2014,62(7):1750-1761.

[164] Goldstein T,O'Donoghue B,Setzer S. Fast alternating direction optimization methods [R].UCLA CAM Report 12-35,UCLA,Los Angeles,2012.

[165] Nesterov Y.A method of solving a convex programming problem with convergence rate $O(1/k^2)$ [J]. Soviet Mathematics Doklady,1983,27(2):372-376.

[166] Yang J,Yin W,Zhang Y,Wang Y.A fast algorithm for edge-preserving variational multichannel image restoration [J]. SIAM Journal on Imaging Sciences,2009,2(2):569-592.

[167] Wu C, Tai X. Augmented Lagrange method, dual methods, and split Bregman iteration for ROF,vectorial TV,and high order models [J].SIAM Journal on Imaging Sciences, 2010, 3 (3): 300-339.

[168] He C,Hu C,Zhang W,Shi B.A fast adaptive parameter estimation for total variation image restoration [J].IEEE Transactions on Image Processing, 2014,23(12):4954-4967.

[169] Morozov V A.Methods for Solving Incorrectly Posed Problems [M].New York: Springer-Verlag, 1984, translated from the Russian by Aries A B,translation edited by Nashed Z.

[170] Wen Y,Yip A M.Adaptive parameter selection for total variation image deconvolution [J]. Numerical Mathematics-Theory, Methods, and Applications,2009,2(4):427-438.

[171] Afonso M V,Bioucas-Dias J M,Figueiredo M.Fast image recovery using variable splitting and constrained optimization [J]. IEEE Transactions on Image Processing,2010,19(9):2345-2356.

[172] Ng M,Weiss P,Yuan X.Solving constrained total-variation image restoration and reconstruction problems via alternating direction methods [J].SIAM Journal on Scientific Computing, 2010,32(5):2710-2736.

[173] Golub G H,Heath M,Wahba G.Generalized cross-validation as a method for choosing a good ridge parameter [J]. Technometrics, 1979, 21(2): 215-223.

[174] Liao H,Li F,Ng M.Selection of regularization parameter in total variation image restoration [J]. Journal of the Optical Society of America-A, 2009, 26 (11):2311-2320.

[175] Hansen P C.Analysis of discrete ill-posed problems by means of the L-curve [J]. SIAM Review,1992,34(4):561-580.

[176] Engl H,Grever W.Using the L-curve for determining optimal regularization parameters [J].Numerische Mathematik, 1994,69(1):25-31.

[177] Lin Y,Wohlberg B,Guo H.UPRE method for total variation parameter selection [J]. Signal Processing, 2010, 90(8): 2546-2551.

[178] Montefusco L B,Lazzaro D.An iterative l_1-based image restoration algorithm with an adaptive parameter estimation [J]. IEEE Transactions on Image Processing, 2012,21(4):1676-1686.

[179] Zou M,Unbehauen R.On the computational model of a kind of deconvolution problems [J].IEEE Transactions on Image Processing, 1995, 4 (10): 1464-1467.

[180] Easley G,Labate D,Lim W.Sparse directional image representation using the discrete shearlet transform [J]. Applied and Computatinal Harmonic Analysis,2008,25:25-46.

[181] Guo K,Labate D.The construction of smooth Parseval frames of shearlets [J].Mathematical Modelling of Natural Phenomena,2013,8(1):82-105.

[182] Wang Z,Bovik A C,Sheikh H R,Simoncelli E P. Image quality assessment: from error visibility to structural similarity [J].IEEE Transactions on Image Processing,2004,13(4):600-612.

[183] Fang Y,Zeng K,Wang Z,Lin W,Fang Z,Lin C.Objective quality assessment for image retargeting based on structural similarity [J]. IEEE Journal on Emerging and Selected Topics in Circuits and Systems,2014,4(1):95-105.

[184] Blomgren P,Chan T.Modular solvers for

image restoration problems using the discrepancy principle [J]. Numerical Linear Algebra with Application,2002,9(5): 347-358.

[185] Ekeland I,Témam R.Convex Analysis and Variational Problems (Classics in Applied Mathematics) [M].Philadelphia, PA,USA:SIAM,1999.

[186] Nocedal J,Wright S J.Numerical Optimization,2nd ed [M].New York,NY,USA: Springer-Verlag,2006.

[187] Ma J.Positively constrained multiplicative iterative algorithm for maximum penalized likelihood tomographic reconstruction.IEEE Transactions on Nuclear Science,2010,57(1):181-192.

[188] Chan R H,Liang H,Ma J.Positively constrained total variation penalized image restoration.Advances in Adaptive Data Analysis,2011,3(1/2):187-201.

[189] Duran J,Coll B,Sbert C.Chambolle's projection algorithm for total variation denoising [J].Image Processing on Line,2013,3:311-331.

[190] Getreuer P.Rudin-Osher-Fatemi total variation denoising using split Bregman [J].Image Processing on Line, 2012,2:74-95.

[191] Guo W H,Qin J,Yin W T.A new detail-preserving regularization scheme [J].SIAM Journal on Image Sciences, 2014, 7(2): 1309-1334.

[192] Tian D,Xue D,Wang D.A fractional-order adaptive regularization primal-dual algorithm for image denoising [J].Information Sciences,2015,296:147-159.

[193] He N,Lu K,Bao B,Zhang L,Wang J. Single-image motion deblurring using an adaptive image prior [J].Information Sciences,2014,281:736-749.

[194] Li J,Gong W,Li W.Dual-sparsity regularized sparse representation for single image super-resolution [J]. Information Sciences,2015,298:257-273.

[195] Liu J,Huang T,Selesnick I,Lv X,Chen P.Image restoration using total variation with overlapping group sparsity [J].Information Sciences,2015,295:232-246.

[196] He B,Yuan X.On the direct extension of ADMM for multi-block separable convex programming and beyond: from variational inequality perspective [J]. http://www. optimization-online. org/DB_HTML/2014/03/4293.html,2014.

[197] Deng W,Lai M-J,Peng Z,Yin W.Parallel multi-block ADMM with o(1/k) convergence [R].UCLA CAM Report 13-64, UCLA,Los Angeles,2013.

[198] Weiss P,Blanc-Féraud L,Aubert G.Efficient schemes for total variation minimization under constraints in image processing [J].SIAM Journal on Scientific Computing, 2009, 31 (3): 2047-2080.

[199] Cai J-F,Osher S,Shen Z.Split Bregman methods and frame based image restoration [J]. Multiscale Modelling & Simulation.2010,8(2):337-369.

[200] Lustin M,Donoho D L,Santos J M, Pauly J M.Compressed Sensing MRI:a look at how CS can improve on current imaging techniques [J]. IEEE Signal Processing Magazine, 2008, 25 (3):72-82.

[201] Guo W,Yin W.Edge guided reconstruction for compressive imaging [J].SIAM Journal on Imaging Sciences, 2012, 5 (3): 809-834.

[202] Condat L.A generic proximal algorithm for convex optimization-application to total variation minimization [J].IEEE Signal Processing Letters,2014,21(8):985-989.

[203] Polyak B T,Introduction to Optimization [M]. New York: Optimization Software,1987.

[204] Rajwade A,Rangarajan A,Banerjee A. Image denoising using the higher order singular value decomposition [J].IEEE Transactions on Patten Analysis and Machine Intelligence,2013,35(4):849-862.

[205] He C,Hu C,Zhang W,Shi B.Box-constrained total-variation image restoration with automatic parameter estimation [J].自动化学报,2014,40(8):1804-1811.

[206] He C,Hu C,Li X,etc. A parallel alternating direction method with application to compound l1-regularized imaging inverse problems [J]. Information Sciences,2016,348:179-197.

[207] He C,Hu C,Li X,etc. A parallel primal-dual splitting method for image restoration [J]. Information Sciences,2016,358-359:73-91.

索　引

A

B

D

C

D

F

G

H

J

K

L

M

N

P

Q

S

T